Siemens PLM Software公司GO PLM计划推荐教材

Teaching materials recommended by Siemens PLM Software GO PLM Team

U0890783

Application Development

APPLICATION DEVELOPMENT USING NX OPEN

基于UG NX系统的二次开发

周临震 Zhou Linzhen　李青祝 Li Qingzhu　秦珂 Qin Ke　编著 Compilers

江苏大学出版社 JIANGSU UNIVERSITY PRESS

图书在版编目(CIP)数据

基于UG NX系统的二次开发/周临震,李青祝,秦珂编著.—镇江:江苏大学出版社,2012.3(2022.8重印)
ISBN 978-7-81130-307-0

Ⅰ.①基… Ⅱ.①周…②李…③秦… Ⅲ.①计算机辅助设计—应用软件,UG NX Ⅳ.①TP391.72

中国版本图书馆CIP数据核字(2012)第021545号

内容简介:本书基于Siemens NX系统进行二次开发的基本知识和方法,详细介绍了二次开发的运行模式,创建项目的方法,项目的框架结构和开发流程;二次开发中的编程接口的约定,对象、属性、表达式和链表操作;利用UI Styler,Block UI Styler和MenuScript创建用户对话框、菜单和工具条的技术,对话框控件的访问,常用对话框的运用;日志录制、编辑、回放以及如何通过日志创建二次开发应用程序;访问文本文件、电子表格和数据库等外部数据源的方法;NX Open进行零件设计、装配设计和导出工程图的方法;支持多语言的二次开发工具集NX Open for .NET的应用技术等。本书包含了大量有特定应用场合的开发实例,可使读者在掌握基本知识和方法的同时,运用NX二次开发解决实际问题。

本书适于高等工科院校机械专业或计算机专业的制造业信息化方向本专科学生使用,也可以作为广大从事NX二次开发工程技术人员的参考书或自学教材。

基于UG NX系统的二次开发

编　　著/周临震　李青祝　秦　珂
责任编辑/段学庆
出版发行/江苏大学出版社
地　　址/江苏省镇江市京口区学府路301号(邮编:212013)
电　　话/0511-84443089
传　　真/0511-84446464
排　　版/镇江文苑制版印刷有限责任公司
印　　刷/镇江文苑制版印刷有限责任公司
开　　本/787 mm×1 092 mm　1/16
印　　张/19.5
字　　数/487千字
版　　次/2012年3月第1版
印　　次/2022年8月第6次印刷
书　　号/ISBN 978-7-81130-307-0
定　　价/48.00元

如有印装质量问题请与本社发行部联系(电话:0511-84440882)

Preface

UGS College, derived from GO PLM Program, is the fruit of long-term cooperation between Siemens PLM Software and Yancheng Institute of Technology (China). Guided by talent requirements for the job market, UGS College integrates NX attributes and processes into its curriculum. It initiates a distinctive talent-cultivating model of incorporating the learning and application of NX into the 4 years of undergraduate school. Since Apr. 2008, I have visited the beautiful campus of Yancheng Institute of Technology for several times. I was pleasantly surprised at the innovative engineering design projects by students from UGS College through the comprehensive employment of professional knowledge and NX. Now I am fully confident that UGS School will realize the expected goals of cultivating high quality talents in the digital manufacturing field for enterprises especially for NX users.

Application Development Using NX Open is a representative work of UGS College which integrates correlative NX modules within its subjects. Introducing basic knowledge and methods of development using NX Open, it covers: application development framework using NX Open, user interface development technology, Journaling, and access to external data source; Parts design, assembly design and creating a drawing from an existing 3D model using NX Open; Application technology of the latest tool set NX Open for .NET that supports multiple languages. Following the open automation vision of NX, it takes reusing workflow and domain knowledge over the lifetime of a product, automation design and customizing the NX environment as the main line and incorporates a variety of NX development tools, interfaces and solutions into the whole process of teaching. It is worth mentioning that this textbook contains a large amount of development instances and each of them has specific applications in practice. On the one hand, it imparts basic knowledge and methods. On the other hand, it cultivates students' engineering ability to solve the practical problems with NX Open. This subject is one of the most important courses for UGS College students. Justified by the accomplishment of UGS School students in innovative engineering design projects, the textbook, I dare say, is very successful.

For five years it has been revised five times before this publication. Thus, other GO PLM universities in China may share the teaching outcome of UGS College. I also hope more universities will publish GO PLM textbooks to share their education fruits and experience and contribute more to the China's talents cultivation in digital design and manufacturing field.

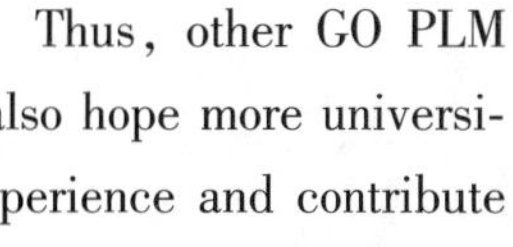

Hulas H. King

January 18, 2012

前　言

本书是 Siemens PLM Software 公司 GO PLM 计划资助教材，是江苏省教育厅“开展国际产学研合作，培养与国际接轨的高等工程应用型人才”项目子课题成果之一，是根据应用型本科制造业信息化方向专业人才培养目标与规格的要求编写的。

NX 是 Siemens PLM Software 公司新一代数字化产品开发系统，是当今世界上最先进和高度集成的、面向制造行业的 CAD/CAE/CAM 软件系统，支持从概念（CAID）到设计（CAD），到分析（CAE），到制造（CAM）的产品开发完整流程。NX 被广泛应用于通用机械、模具、汽车及航空航天领域，被很多世界知名公司选定为企业计算机辅助设计、分析、制造的标准。根据开放式设计的理念，NX 提供了各种开发工具、接口和解决方案，让客户在产品全生命周期中捕捉和保留领域知识，包括捕捉流程知识、自动化设计和定制用户使用环境等。NX 开放式设计支持 C，C ++，Java，VB. NET，C#等多种编程语言，从简单的定制工具集到高级的编程工具包，为自动化和自定义 NX 提供了一个广泛而灵活的环境。为了帮助读者理解和掌握 NX 的二次开发，我们在总结多年开发和教学经验的基础上，编写了此书，以期为读者的应用开发提供帮助。

全书共 10 章。第 1 ~ 3 章是 NX 二次开发的基础，介绍了 NX 二次开发的工具和应用范围，创建项目的方法，项目的框架结构、运行模式和开发流程，及二次开发中应用编程接口的约定，对象、属性、表达式和链表操作；第 4 章介绍了利用 UI Styler，Block UI Styler 和 MenuScript 创建用户对话框、菜单和工具条的技术，对话框控件的访问，各种常用对话框的运用；第 5 章介绍了日志的基本功能，包括日志录制、编辑、回放以及如何通过日志创建二次开发应用程序；第 6 章介绍了利用 NX Open 自带的应用编程接口、ODBC 和 ADO 访问外部数据源的方法，数据源包括：文本文件、电子表格和数据库等；第 7 ~ 9 章介绍了 NX Open 进行零件设计、装配设计和导出工程图的方法；第 10 章介绍了支持多语言的二次开发工具集 NX Open for . NET 的应用技术。

本书第 5 章和第 10 章由李青祝编写，第 4 章第二节和第 8 章由秦珂编写，其余各章由周临震编写。本书编写所使用的 NX 系统由 Siemens PLM Software 公司 GO PLM 计划捐助。

本书在编写过程中得到盐城工学院刘德仿副校长的具体指导以及 Siemens PLM Software 公司资深顾问洪如瑾女士、方正先生、张先宏博士的支持与关注；盐城工学院优集学院刘建钊、花锋、刘聪老师提出了很多宝贵的意见；同时还参考了同行编写的很多同类优秀教材，在此一并致以衷心的感谢。此外，为便于学习，读者可访问网站 http://jpkc. ycit. cn/ug 下载与本书相配的课件和实例的源代码。

限于编者学识水平，书中不妥甚至错误之处在所难免，敬请广大读者批评指正。

编　者

2011 年 11 月

目 录

第1章 概 述

NX 是 Siemens PLM Software 公司新一代数字化产品开发系统,是当今世界上最先进和高度集成的、面向制造行业的 CAD/CAE/CAM 软件系统,支持从概念(CAID),到设计(CAD)、分析(CAE)、制造(CAM)的产品开发完整流程。NX 可以通过过程变更来驱动产品革新,管理生产和系统性能知识,根据已知准则来确认每一个设计决策。NX 建立在为客户提供无与伦比的解决方案的成功经验基础之上,这些解决方案可以全面地改善设计过程的效率,削减成本,并缩短进入市场的时间,使企业能够通过新一代数字化产品开发系统实现向产品全生命周期管理转型的目标。NX 被广泛应用于通用机械、模具、汽车及航空航天领域,被很多世界著名公司选定为企业计算机辅助设计、分析、制造的标准。

1.1 NX 开放式设计

随着 CAx 应用领域的不断扩大和应用水平的不断提高,用户需求与 CAx 系统规模之间的矛盾日益增加,没有一个 CAx 系统能够完全满足用户的各种需求。作为商品化的 CAx 软件产品,是否拥有一个开放的体系结构,是衡量该软件的优劣性、适用性和生命力的重要标志,而是否拥有一个开发简便、运行高效的二次开发平台又是开放式体系结构的核心和关键。目前,主流的 CAx 软件都具有用户定制功能并提供二次开发工具。

知识驱动的自动化一直是 Siemens PLM Software 公司产品的发展愿景,其中心思想就是“开放式设计”的理念,它创造了各种各样的工具,提供柔性化的解决方案以捕捉和保留客户在产品全生命周期中的领域知识。根据开放式设计的理念,NX 提供了各种开发工具、接口和解决方案,使客户在产品全生命周期中捕捉和保留领域知识,包括捕捉流程知识、自动化设计和定制用户使用环境等。NX 开放式设计支持 C、C ++ 、Java、VB. NET、C#等多种编程语言,从简单的定制工具集到高级的编程工具包,为自动化和自定义 NX 提供了一个广泛而灵活的环境。

NX 开放式设计的特点如下:

- ☑ 所有编程语言共享统一的对象编程接口,包括 Knowledge Fusion(知识熔接);
- ☑ 支持目前所有主流编程语言;
- ☑ 对所有编程语言和平台提供日志的录制、编辑和回放;
- ☑ 全方位提供日志和自动化功能;
- ☑ 与高端开发环境集成;
- ☑ 支持 Teamcenter 环境下的日志功能和开发。

NX 开放式设计的优势如下:

- ☑ 提供了 NX 的定制能力,满足客户特定行业和流程的需求;

- ☑ 通过自动化工具简化复杂的、重复的任务,缩短产品的市场响应时间;
- ☑ 通过捕捉和重用公司和行业的最佳实践知识以减少返工现象;
- ☑ 提供了与 NX 样式一致的外观界面,减少用户的培训时间。

1.2 NX 二次开发概述

NX 二次开发是指在 NX 软件平台上,结合具体的应用需求,总结行业的设计知识和经验,开发面向行业和设计流程的应用程序和工具。NX Open 是通过开放性架构促使不同的应用程序与 NX 实现柔性集成的开发工具包,其目的是使集成的应用程序,包括 NX 自身提供或第三方开发的应用程序能够在不同软硬件平台、不同网络或计算机上实现数据共享。通过 NX Open 提供的应用程序和工具,用户可以实现以下功能:

- ☑ 访问 NX 的对象模型;
- ☑ 在 NX 对象模型中创建和编辑对象;
- ☑ 选择熟悉的编程语言;
- ☑ 创建和操纵用户自定义对象(UDO);
- ☑ 管理用户自定义对象和其他 NX 的对象之间的关联;
- ☑ 配置 NX 服务,能够创建远程应用程序;
- ☑ 自定义 NX 界面,使 NX 环境定制符合其特定的工作流程需要;
- ☑ 为第三方开发商应用程序创建自定义菜单。

1.2.1 NX 二次开发工具

NX Open 是 NX 提供的二次开发编程语言工具集,支持全面、复杂层次的编程,支持 C、C ++、C#、VB. NET 和 Java 等主流高级语言。NX Open 提供的二次开发工具主要包括 Common API(通用应用程序接口),Journaling(日志),Classic APIs(经典应用程序接口),Knowledge Driven Automation(知识驱动自动化),Other NX Toolkits(其他 NX 工具包),如图 1-1 所示。

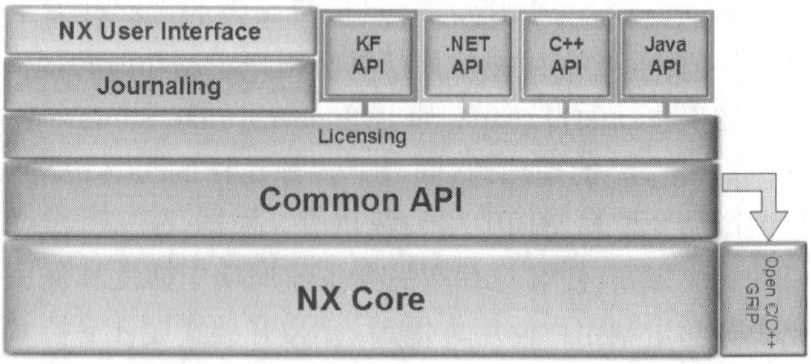

图 1-1 NX Open 架构关系图

1.2.1.1 通用应用编程接口(Common API)

NX 提供了全新自动化的开放式构架(通用应用编程接口),它作为基础可为所有的 NX 应用编程接口提供服务。与以往各种开发语言 API 库单独开发的状况相比,现在 NX 二次开发人员可以采用自己熟悉的开发语言在通用应用编程接口上进行开发,通用对象编程接口为各类语言接口进行转化。换言之,二次开发人员无论采用哪一种语言的 API,其最终调用的是同一个内核函数。在 NX 性能方面,所有开发语言的 API 都有相同的对象集、对象属性、方法及类层次结构,二次开发人员可以与 NX 的内部开发人员访问相同的对象模型。因此,采用通用对象编程接口不会再出现某个 API 只有某一类语言才能支持而不被另一种语言支持的情况,也就是说,新的开放式构架具备了平台无关性和开发语言无关性的特点,这对于二次开发应用的升级和移植都非常有利。到本书出版为止,只有.NET(VB、C#)、Java和C ++ 支持通用对象模型。这种开放式框架可以让二次开发团队在不同的地点(不同的网络)甚至跨网络的环境下,分享不同平台的数据以集成第三方和NX的应用,或者创建客户化的应用软件,从而允许不同地域和多学科的团队更加有效地进行协同化设计、开发和制造他们的产品。

- NX Open for .NET:使用微软的.NET框架,并且可以使用任何.NET兼容的语言(包括VB和C#)创建自动化程序。二次开发人员可以利用.NET框架(包括本地窗口对话框)的开发工具以及所有Visual Studio集成开发环境(IDE)的功能。如果在Windows平台上进行二次开发,建议使用NX Open for .NET的应用编程接口作为开发工具。

- NX Open for Java:使用Sun公司的Java平台。Java提供了独立的开发平台和大量类库,Java的抽象窗口工具包(AWT)和Swing提供了许多可用来建立与平台无关的图形用户界面(GUI)的类,Java可使用远程方法调用(RMI)来建立客户机/服务器的应用程序。如果开发多平台的客户机/服务器应用,建议使用NX Open for Java的应用编程接口作为开发工具。

- NX Open for C ++:提供了访问NX的C ++编程接口。这个新的C ++库和原来的NX Open C、NX Open C ++的应用编程接口兼容。如果在原来NX Open C、NX Open C ++基础上进行二次开发,建议使用NX Open for C ++的应用编程接口作为开发工具。

1.2.1.2 日志(Journaling)

日志是NX推出的新一代自动化工具,能录制、编辑和回放NX交互式对话过程,通过日志可从NX的交互式对话过程中生成一个脚本文件,用户可以在后期运行该文件以重放该对话过程,方便地捕捉工作任务,快速重复工作流。在日志脚本文件的基础上,可以通过简单的二次开发编程和增加用户接口组件快速进行客户化的定制开发,即二次开发人员可将一个日志脚本文件通过编辑、编译链接转化为dll、exe或jar格式来运行自动程序,日志记录基于通用对象编程接口,到本书出版为止,NX已经为大部分API提供了录制功能,NX 7.5的日志录制功能支持VB.NET、C#、C ++和Java 4种语言,回放功能支持VB.NET和C# 2种语言。

1.2.1.3 经典APIs(Classic APIs)

在通用应用编程接口之前已有3种应用编程接口(NX Open C、NX Open C ++、NX Open GRIP),目前这些应用编程接口仍然可以使用,但功能不再增强。

- NX Open C:NX Open C是NX的直接编程接口,用户使用C语言定制应用程序。NX的开发商、客户和合作伙伴常使用该编程接口创建大量的应用程序来增强NX功能或者作为独立的辅助工具。NX Open C也提供了一个完全可扩展的数据模型,允许客户定义新的对象类型,使用时与标准NX对象一样可以永久地存储在NX部件文件中。NX Open C API经过多年的维护,功能逐渐增强,目前拥有5 000多个函数。为了确保新的应用程序可以使用它,NX Open for.NET和NX Open for Java封装了NX Open C的功能。

- NX Open C ++:这是NX的第一个面向对象的应用编程接口。这些应用编程接口充分利用了面向对象特征,包括继承、封装和多态化。NX Open C ++对其类层次结构提供了完整的访问,使用户能够重写方法,自定义类,并在 NX 中建立完全新的、持久的对象。NX Open C ++和 NX Open C 是完全兼容的。

- NX Open GRIP:GRIP(图形交互编程)是一个自动化的 CAD/CAM/CAE 中间脚本语言。GRIP 在加工方面提供了大量的应用编程接口,具有很高的 NC 编程效率,利用该工具可自动生成 NC 代码或自动建模等用户的定制应用。GRIP 常被用来开发一些规模较小的程序,完成某些专业上需要的特定功能。

1.2.1.4 知识驱动自动化(Knowledge Driven Automation)

知识熔接(Knowledge Fusion,简称 KF)是一种利用知识熔接技术实现的、由求解需求驱动的解释性面向对象的语言。通过 KF,用户可在产品模型中以规则的形式增加工程知识,可存取 NX 系统外的数据库和电子表格等知识资源,可联合其他的分析和优化软件系统。KF 可结合知识熔接导航器使用,也可直接编写 DFA 类文件,以扩展知识熔接系统。KF 和 NX 交互系统都可创建 NX 对象,使用 KF 语言创建的对象与 NX 交互环境下创建的对象是一致的,且对象的所有信息是协调一致的。具体来说,若对象被交互地修改建模尺寸,KF 语言描述会自动地反映此变化,反之亦然。通过基于规则的属性设置,可以实现对交互操作系统修改功能的锁定。

1.2.1.5 其他 NX 工具包(Other NX Toolkits)

- Block UI Styler:Block UI Styler 是一个可视化的用户界面生成器,可以设计 NX 交互式风格的对话框。它由 NX 内部开发人员、外部用户和第三方开发人员共同使用。通过该对话框生成器自动生成的文件在 NX 启动时自动加载,而且为应用程序提供必要的事件回调来处理用户的事件。如果创建的应用程序需要运行在多种平台上,推荐使用 Block UI Styler 定制对话框。

- MenuScript:MenuScript 是一种脚本语言,用户和第三方开发人员使用 MenuScript 可以创建和编辑菜单和工具条,也可自定义 NX 的菜单项,支持定制主菜单栏和快速弹出视图菜单。MenuScript 支持 NX 所有版本。

- User Interface Styler (UI Styler):UI Styler 是一个可视化的用户界面生成器。在 Block Styler 对话框生成器出现之前,使用 UI Styler 创建和维护用户自定义对话框。

1.2.2 NX 二次开发应用范围

NX 二次开发主要应用有以下几方面。

1. 专用工具集定制

根据国标、企标以及企业的产品特点、设计要求,建立统一、专用的 NX 开发环境,使所有工程师在同一个平台上进行产品开发,可避免反复设置各种不同的环境参数,节省重复工作的时间,从而提高设计质量和设计效率。专用工具集定制主要包括:根据企业要求及标准来配置 NX 的缺省启动文件;提供用户化 CAx 规范;提供用户化标准件库;定制用户化 CAx 界面等。

2. 产品智能设计系统开发

产品智能设计系统是运用知识工程(Knowledge Based Engineering, 简称 KBE)的基本原理,将基于实例推理技术与系统建模技术有机地结合起来,面向具体产品所开发的设计系统。它能满足客户对系列产品、通用产品个性化变型设计的需求。产品智能设计系统不仅是产品结构自动智能设计的工具，同时也是保证产品设计质量的工具，能够大幅度缩短产品设计周期，降低设计成本，有利于与客户之间的沟通，有效地提高了企业的市场快速反应速度和竞争能力。

1.2.3 NX二次开发流程

NX系统提供了强大的二次开发工具包与特征扩展功能，利用这些工具可对NX系统进行用户化定制与开发，满足用户的特定需求。一个完整的NX二次开发应用程序开发步骤包括：

（1）编辑源文件；

（2）编译源文件为目标文件；

（3）链接对象为可执行文件；

（4）运行可执行文件，并进行测试；

（5）如果运行成功，应用程序开发完成后进行程序发布，否则重复以上步骤；

（6）向用户发布应用程序。

NX二次开发的总体开发流程如图1-2所示。

在编辑源文件过程中需要进行多次测试，测试应用程序通常包括启动NX来加载和执行应用程序。如果应用程序需要修改并且重新测试，则需要重新创建和加载可执行文件，通常的做法是重新启动NX，加载可执行文件的当前版本。在开发过程中可能需要多次测试，而重新启动NX可能耗时较长。为了简化测试过程，NX二次开发提供了卸载选项。通过设置卸载选项"Immediately"，当应用程序终止时，NX系统将自动卸载该应用程序，这样可以编辑、编译和链接应用程序的新版本，再次执行该应用程序，而无需重新启动NX即可加载和执行应用程序的新版本。

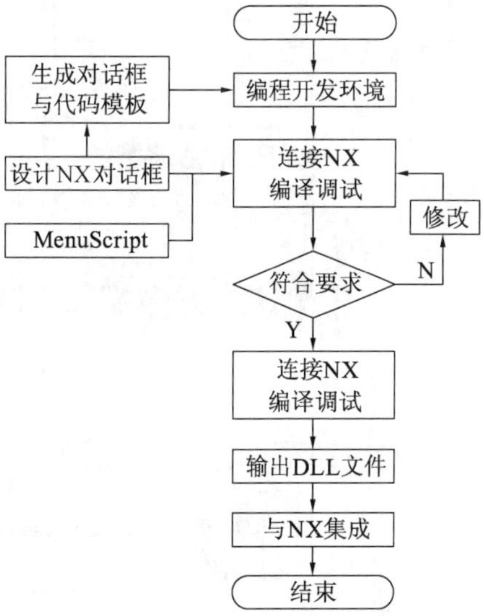

图1-2 NX二次开发的总体开发流程

1.3 一个简单的应用程序

为便于用户了解NX Open二次开发的流程，下面将创建一个简单的应用程序，其功能是在NX环境中显示一个消息对话框"Hello NX"。运行平台为Windows 7，开发平台为Visual Studio 2010和NX 7.5。

1.3.1 创建项目

如果先安装编程开发环境Visual Studio，后安装NX 7.5，则在Visual Studio新建工程选项里会自动添加NX开发向导(NX Open Wizard)。

如果先安装NX 7.5，再安装Visual Studio，可手动将"NX 7.5\ugopen\v7_files"下的内容

拷贝到"Microsoft Visual Studio 10.0\VC"的目录下覆盖，即可在 Visual Studio 的新建工程选项中添加 NX 开发向导。

利用 NX Open Wizard 向导创建工程项目，该向导是 NX 软件本身提供的应用向导，不支持 MFC 类库，常应用于辅助工具的开发。下面将在 Visual Studio 2010 和 NX 7.5 开发平台上利用 NX Open Wizard 向导创建工程项目。

运行 Visual Studio 2010，新建一个项目，如图 1-3 所示。选择对话框中的 NX7 Open Wizard向导创建 NX 应用工程，输入工程名称"FirstProject"，然后单击"确定"按钮，弹出 NX7 Open Wizard 对话框，如图 1-4 所示。对话框将提示当前项目的默认设置，如果用户接受当前默认设置，可以直接单击"Finish"按钮确定，此时向导将按默认设置创建工程项目。

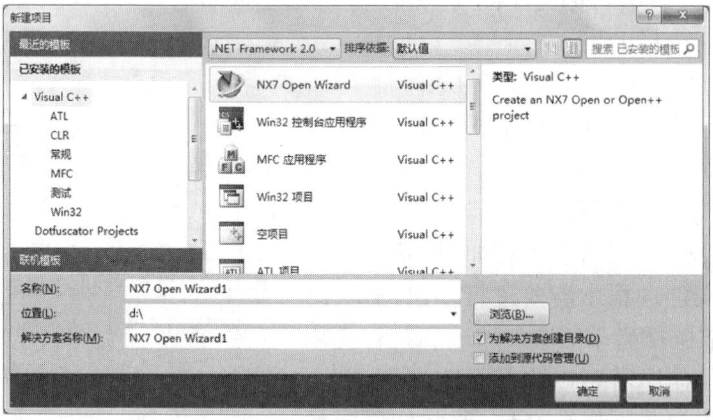

图 1-3　新建项目对话框

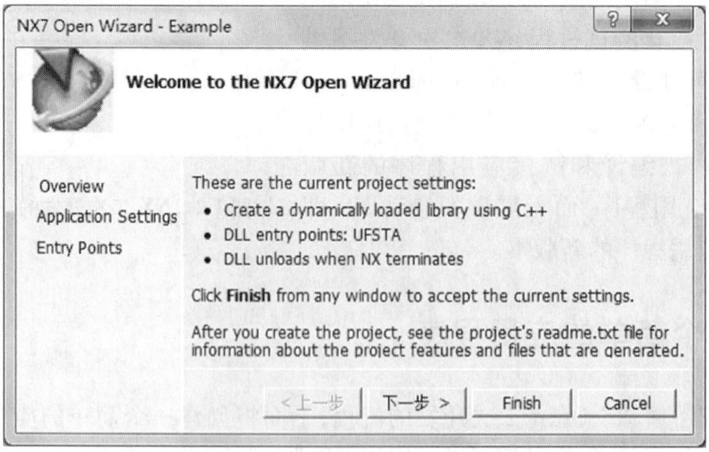

图 1-4　NX7 Open Wizard 的 Overview 对话框

如果不接受当前默认设置，用户可以通过 NX7 Open Wizard 的 Application Settings 对话框和 NX7 Open Wizard 的 Entry Points 对话框进行修改，2 个对话框分别如图 1-5 和图 1-6 所示。NX7 Open Wizard 的 Application Settings 对话框可使用户选择工程项目的运行模式和编程语言，NX7 Open Wizard 的 Entry Points 对话框可使用户选择程序入口方式，最后单击"Finish"按钮确定。

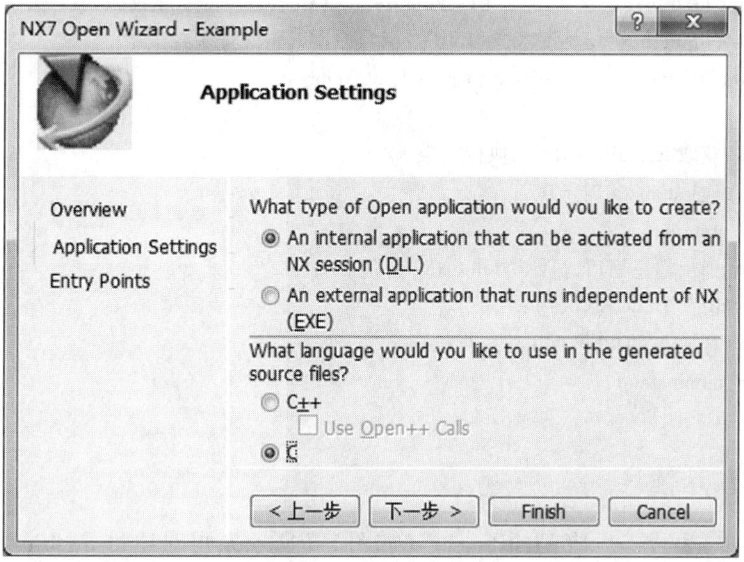

图 1-5 NX7 Open Wizard 的 Application Settings 对话框

图 1-6 NX7 Open Wizard 的 Entry Points 对话框

1.3.2 编辑代码

用户可以在生成的工程模板中添加代码。首先在 Visual Studio 集成开发环境中打开 main. cpp 文件代码窗口,然后输入代码并保存。

输入代码如下:

```
#include <uf.h>          /* 包含 UF_initialize()和 UF_terminate()函数原型的头文件 */
#include <uf_ui.h>       /* 包含 uc1601()函数原型的头文件 */
extern void ufusr( char * param,int * retcod,intparam_len)
{
    /* 获取 NX OPENAPI 的执行权限 */
    If(UF_initialize()! =0)
        return;
    /* 弹出消息窗口,显示"Hello NX" */
    uc1601("Hello NX",1);
    /* 释放 NX OPEN API 的执行权限 */
    UF_terminate();
}
```

1.3.3 编译链接

单击主菜单"生成→生成 FirstProject"(如图 1-7 所示),可对项目 FirstProject 进行编译、链接,生成.dll 文件(文件位置可在项目属性的"链接器→常规→输出文件"中设置)。

图 1-7 编译链接项目

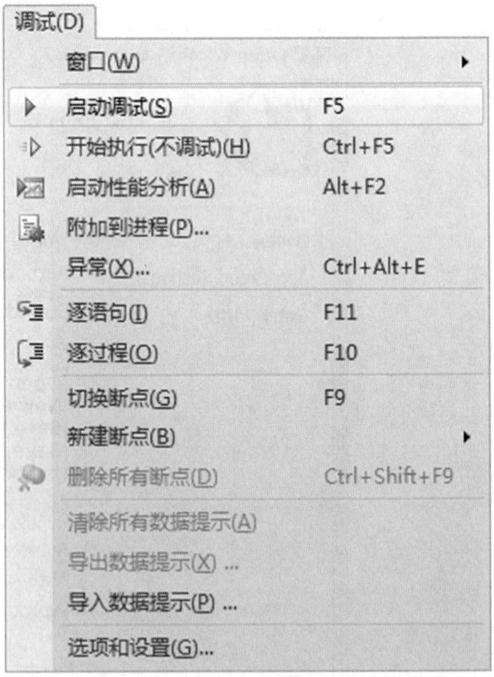

图 1-8 调试程序

1.3.4 调试程序

方法 1 程序编译后,首先应在程序中设置断点,单击主菜单"调试→启动调试",如图 1-8 所示,启动 NX 系统。在 NX 系统中激活生成的.dll 程序,程序进入调试状态,"F10"功能键是逐过程调试,"F11"功能键是逐语句调试。

注意 在调试程序之前,必须对项目属性的调试部分进行设置。

方法2 程序编译后，首先应在程序中设置断点，启动 NX 7.5 系统；回到 Visual Studio集成开发环境，单击主菜单"工具→附加到进程"，系统打开"附加到进程"对话框，如图1-9所示，选择列表中的"ugraf.exe"，单击"选择"按钮，打开"选择代码类型"对话框，如图1-10所示，选择调试程序类型为"本机"，单击"确定"按钮，系统进入程序调试状态，按功能键"F10"或"F11"进行逐语句或逐过程调试。

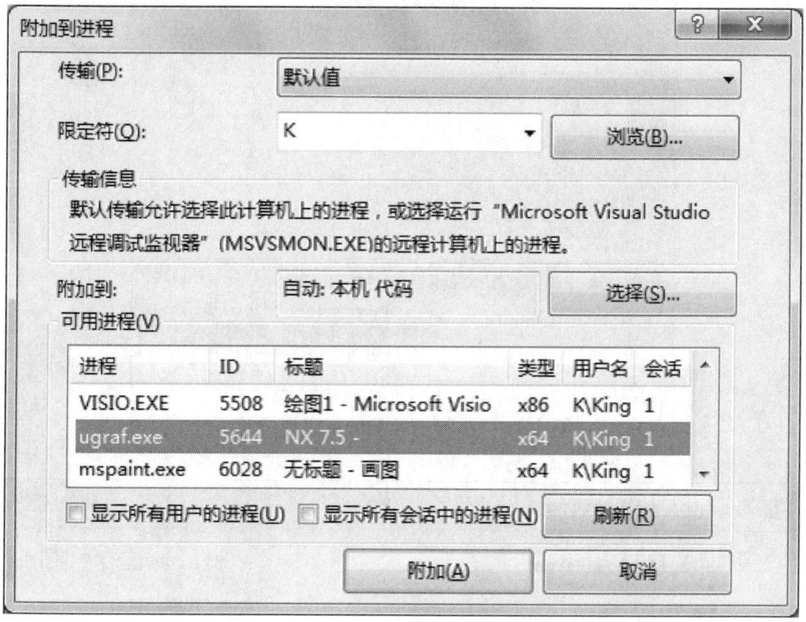

图1-9 "附加到进程"对话框

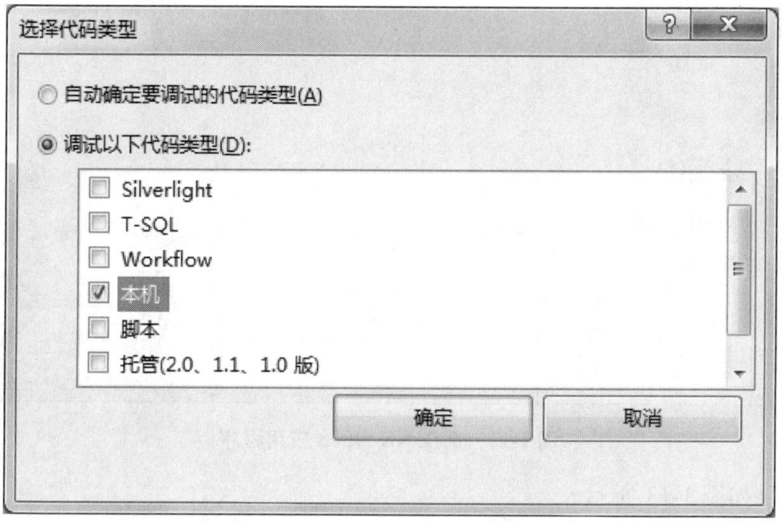

图1-10 "选择代码类型"对话框

1.3.5 运行应用程序

在 NX 界面中选择菜单“File→Execute→NX Open”，在系统弹出的文件选择对话框中选择动态链接库“FirstProject. dll”，如图 1-11 和图 1-12 所示。

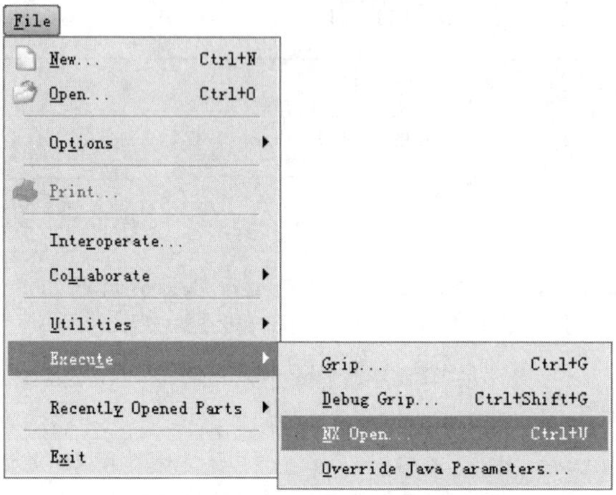

图 1-11　执行 NX Open 应用程序

图 1-12　选择 NX Open 应用程序

运行结果如图 1-13 所示。

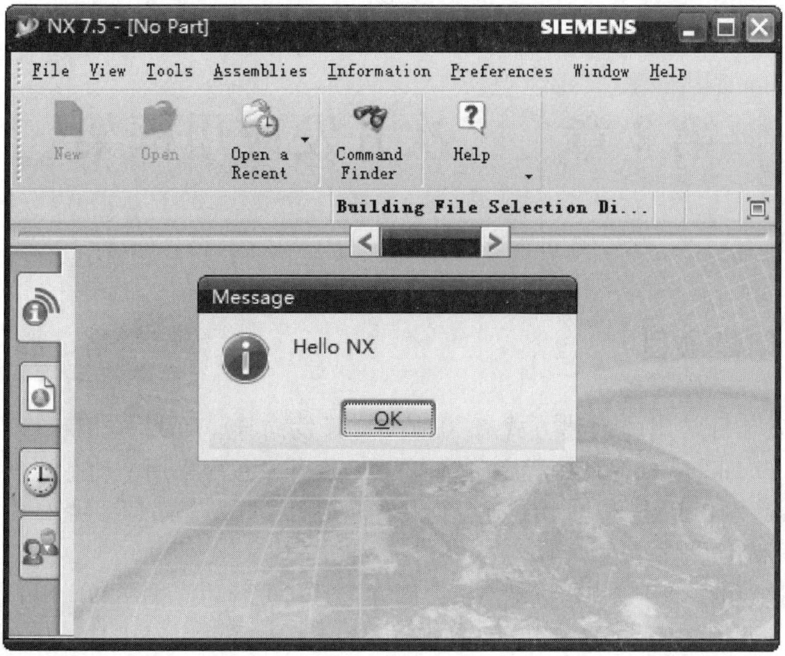
NX 7.5 - [No Part]
SIEMENS
File View Tools Assemblies Information Preferences Window Help
New
Open
Open a Recent
Command Finder
Help
Building File Selection Di...
Message
Hello NX
OK

图 1-13 运行结果

第 2 章　二次开发应用框架

2.1　创建项目

二次开发项目常用的创建方式有 3 种：NX 开发向导、Win32 应用程序向导和 MFC（Microsoft Foundation Class）应用程序向导。NX 二次开发程序采用了动态链接库（Dynamic Link Library，简称 DLL）技术，使用上述任何一种应用向导开发程序时，最终生成的结果都是 DLL 文件，供 NX 进程加载。

NX 内部应用程序开发规定以动态链接库方式对其进行功能扩展和应用开发。动态链接库被映射到调用它的应用程序空间中执行，与应用程序可以看成是一体的。在 Visual Studio 中将应用程序编译链接生成动态链接库文件（后缀名为. dll），NX 启动时会自动加载动态链接库文件供用户调用，从而实现了应用开发程序与 NX 平台的无缝集成。

1. 利用 NX 开发向导

第 1 章的 1.3 节详细介绍了使用 NX Open Wizard 创建一个简单的 FirstProject 程序的过程。该向导是 NX 软件本身提供的开发向导，它随着 NX 版本和开发环境的升级而升级。该向导操作简便，运行稳定，可以快速构建开发体系，但通常不支持 MFC 类库，因此，它常常应用于小型辅助工具的开发。

2. 利用 Win32 控制台应用程序

NX 二次开发程序还可以采用 Win32 控制台应用程序进行创建。Win32 控制台应用程序可以创建 Windows 常规 DLL，它只能导出 C 样式函数，不能导出 C ++ 类、成员函数和重载函数，同 NX Open Wizard 向导创建项目一样不支持 MFC 类库。利用 Win32 应用程序向导创建工程项目包括 2 个步骤：新建项目和设置项目属性。

步骤 1　新建项目。

打开 Visual Studio，选择“新建项目”菜单项，将显示如图 2-1 所示的“新建项目”对话框。选择“Visual C ++ ”下的“Win32 控制台应用程序”，在名称框中输入项目名称后单击“确定”按钮。此时将显示如图 2-2 所示的“Win32 应用程序向导”，选择“应用程序设置”属性页，在应用程序类型中选择“DLL”，并在附加选项中选择“空项目”，然后单击“完成”按钮建立新项目。此时新建的项目中没有向导默认添加的文件，需要自己添加所需文件，如图 2-3 所示。

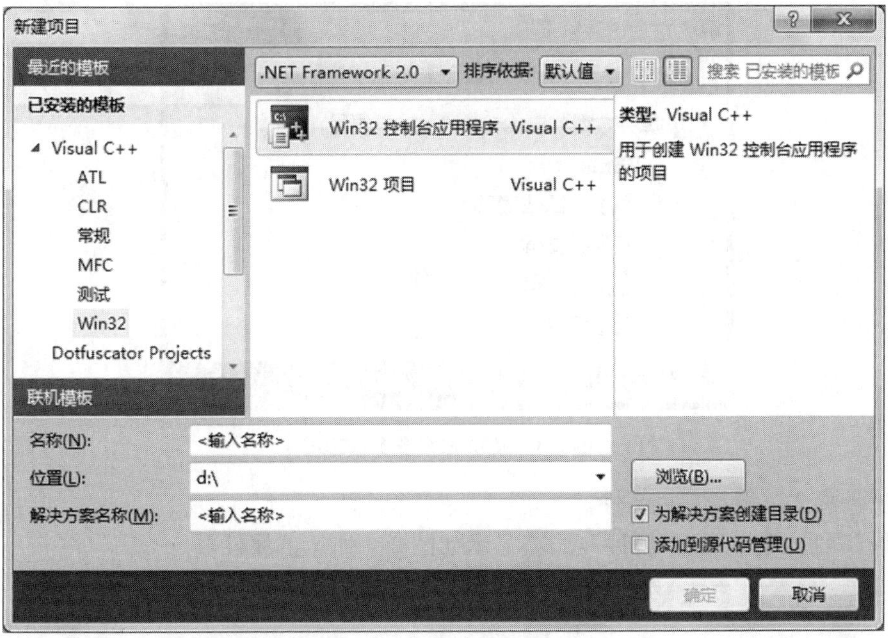

图 2-1　“新建项目”对话框

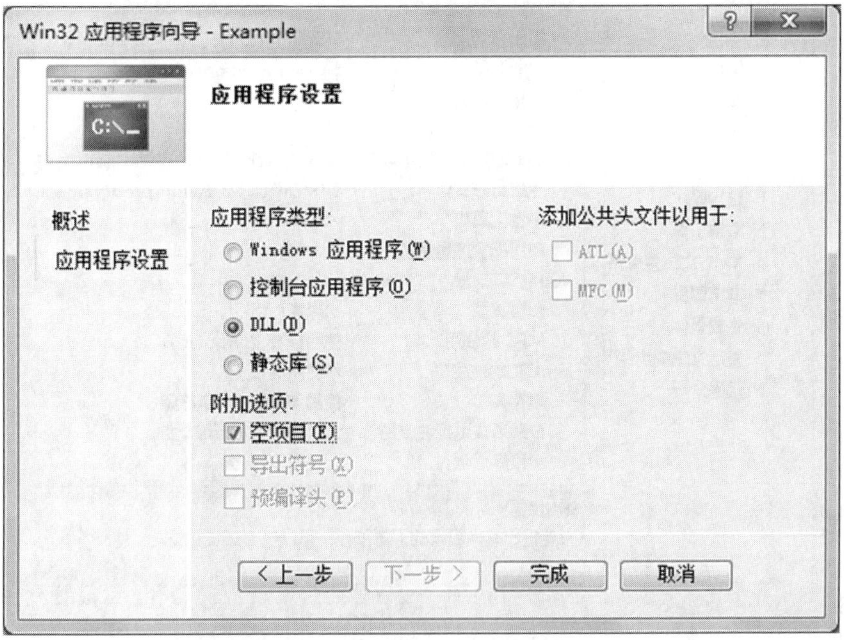

图 2-2　“Win32 应用程序向导”对话框

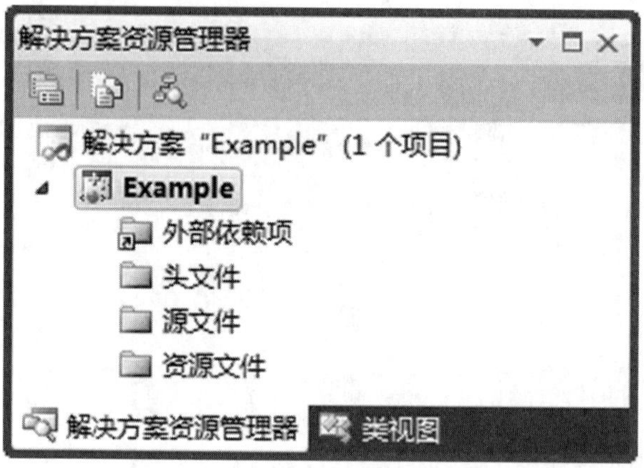

图 2-3　解决方案资源管理器

步骤 2　设置项目属性。

选择"项目"菜单下的"属性"项,将显示如图 2-4 所示的属性页。

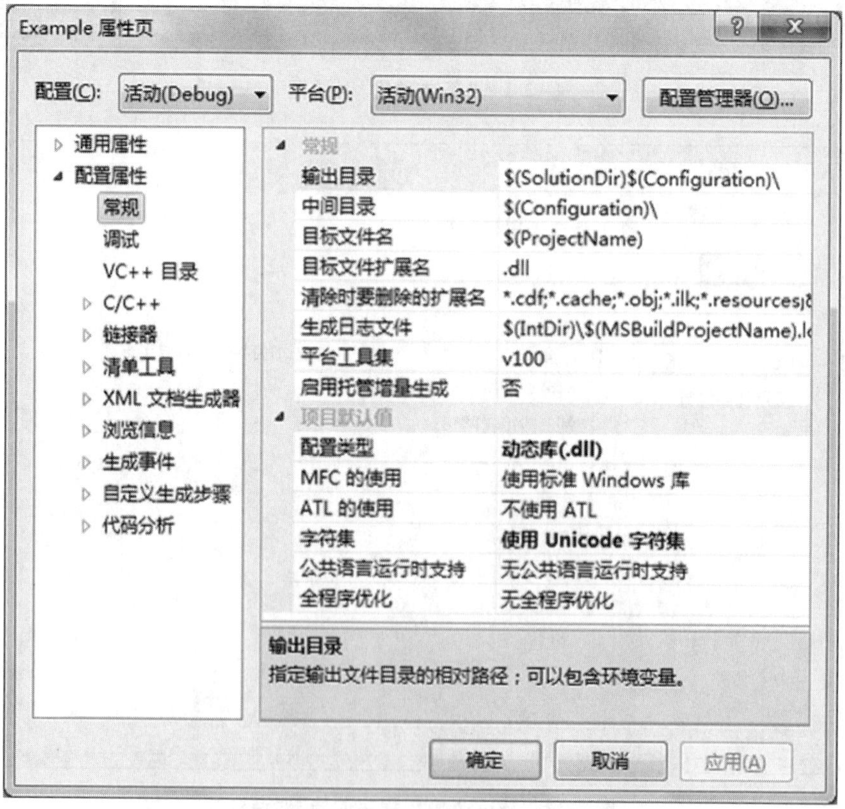

图 2-4　项目属性页的"常规"选项

在图 2-4 中确认项目默认值框中配置类型为"动态库(. dll)",然后选择"调试"选项,将显示如图 2-5 所示的界面。在图 2-5 中,将操作框中的"命令"项设置为系统中的 NX 执行文件"ugraf. exe",以便调试应用程序。

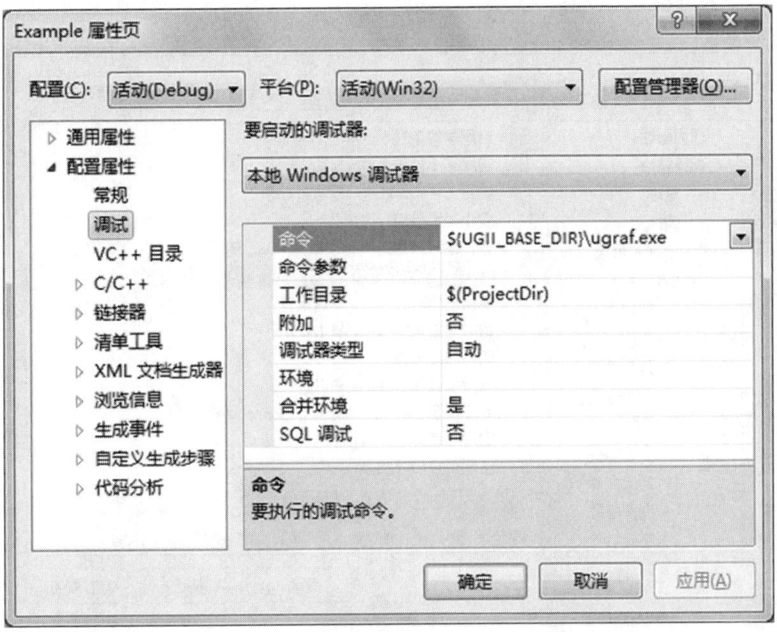

图 2-5　项目属性页的"调试"选项

选择"C/C ++"项,将"附加包含目录"项设置为"$ {UGII_BASE_DIR} \ugopen",如图 2-6 所示。

图 2-6　项目属性页的"C/C ++→常规"选项

选择"C/C ++"项中的"代码生成"选项,将"运行库"设置为"多线程调试 DLL (/MDd)",如图 2-7 所示。

选择"链接器"项中的"常规",设置附加库目录为"$ {UGII_BASE_DIR} \ugopen",如图 2-8 所示。

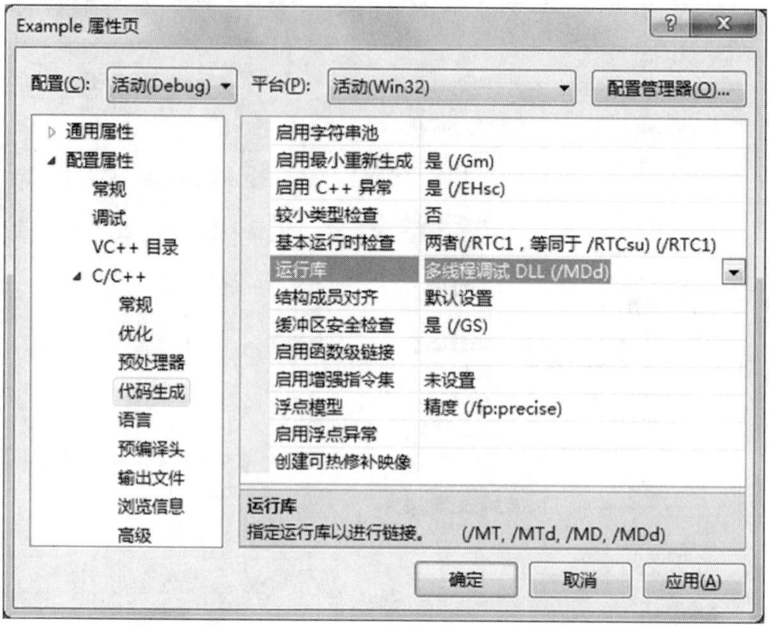

图 2-7 项目属性页的“C/C ++→代码生成”选项

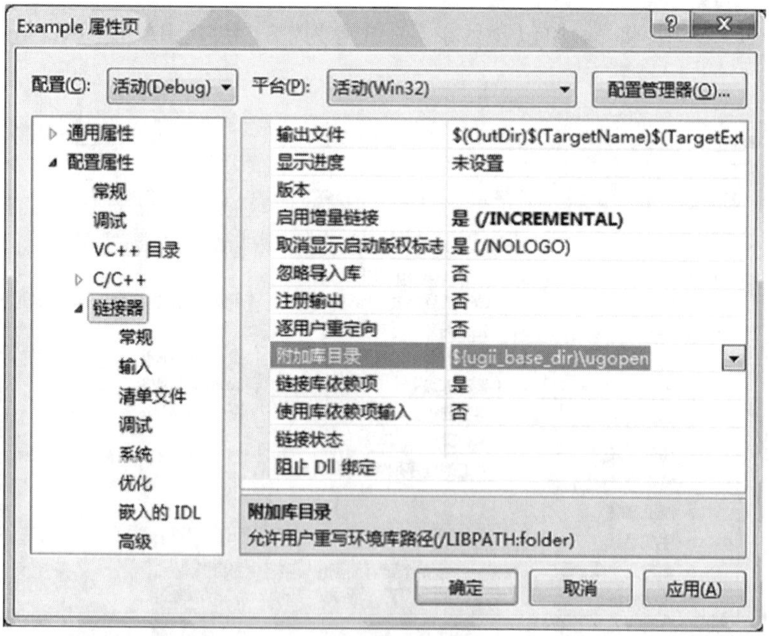

图 2-8 项目属性页的“链接器→常规”选项

选择“链接器”项中的“输入”选项，设置“附加依赖项”为“libugopenint. lib； libufun. lib”（如果需要使用 NX Open C ++，还要加入 C ++ 库“libnxopencpp. lib；libnxopenuicpp. lib”）。这 2 个文件是 NX 二次开发所必需的库文件，如图 2-9 所示。

设置好以上选项后单击“确定”按钮，关闭项目属性对话框。

如果需要开发 64 位的 NX 二次开发应用程序，还需要选择链接器项中的“高级”选项，设置“目标计算机”为“MachineX64 (/MACHINE：X64)”。

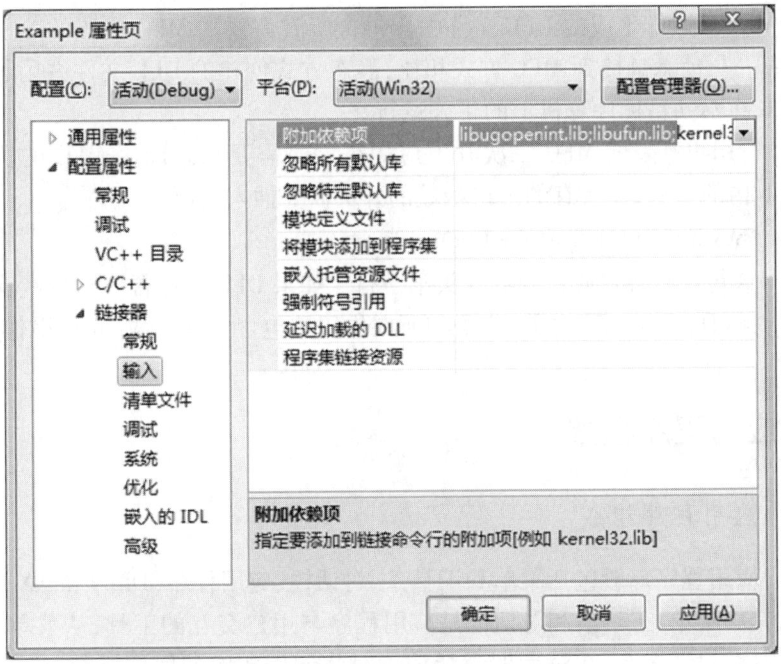

图2-9　项目属性页的“链接器→输入”选项

注意事项：

★如果要开发64位的NX二次开发应用程序，必须保证在安装Visual Studio 2010时勾选“Visual C ++”项目下的“X64 编译器和工具”。如果没有安装它，可以通过Visual Studio 2010的安装程序的“添加或删除功能”将其添加进来。

★开发64位的NX二次开发应用程序时，前面引用的“附加包含目录”和“附加库目录”一定要引用64位的NX，否则程序不能正确编译。

★开发的64位NX二次开发应用程序不能够在32位NX下运行，同样32位的NX二次开发应用程序也不能够在64位NX下运行。如果要开发能够同时在32位和64位NX下运行的二次开发应用程序，可以使用NX Open for .NET进行开发。

3. 利用MFC应用程序向导

NX二次开发程序也可以利用MFC应用程序向导进行创建，应用程序可以方便地调用MFC类库中的资源，增强程序功能。项目创建过程与Win32应用程序向导(DLL)项目创建过程基本相同。

MFC类库是Windows下C ++编程使用最广泛的类库。MFC封装了Windows API函数，并设计了一套方便的消息映射机制，有效灵活的MFC框架结构可以方便开发者的编程工作，达到事半功倍的效果。

计算机在运行使用MFC的NX二次开发程序时，需要Microsoft Visual C ++ Redistributable Package(简称vcredist)的支持。根据开发环境Visual Studio版本的不同，vcredist又分为2003、2005、2008、2010等版本，每个版本又有32位、64位及不同的SP版本，在发布程序时需要根据实际情况选择对应的vcredist，与应用程序同时发布。

如果不想在开发的应用程序目标计算机上安装vcredist，可以在项目属性中选择“在静态库中使用 MFC”,这样生成的 DLL 文件中会包含所有需要的 MFC 代码的一份拷贝,即成为自包含的库。与动态链接到 MFC 方式相比,静态方式创建的 DLL 文件占用了更多空间,但确保了 DLL 在不同目标计算机上的正确运行。

当 NX 执行用户开发的 MFC 二次开发应用程序时需要动态调用 MFC 的资源,为保证正确调用 DLL 内的资源,在所有的出口函数的开头需要插入宏语句:

```
AFX_MANAGE_STATE ( AfxGetstaticModuleState( ) );
```

注意 这句代码必须放在函数开头第一行。如果 DLL 中包含 Windows 窗体,则必须放在“CDialog * pDlg = NULL”之前,宏语句所在作用域包含 DestroyWindow 操作。

2.2 应用程序框架

2.2.1 应用程序组成

NX Open 应用程序一般包括菜单和工具条、对话框、应用程序(DLL)和 NX Open API 库函数 4 部分,其中菜单、工具条和对话框是应用程序与用户交互的工具,从菜单和工具条可以启动应用程序、对话框等,在对话框激活控件时将调用相应的回调函数,应用程序(回调函数)利用编程语言和 NX Open 提供的相应应用编程接口进行编码。

- 菜单和工具条:NX Open 提供了菜单和工具条开发工具 MenuScript,它提供用户创建并编辑 NX 的菜单及工具条。菜单文件扩展名为. men,工具条文件扩展名为. tbr,这 2 类文件放在应用程序目录的 Startup 子目录中。
- 对话框:UI Styler 和 Block UI Styler 模块提供了强大的创建 NX 风格对话框的功能。对话框文件扩展名为. dlg 或. dlx,这类文件放在应用程序目录的 Application 子目录中。
- 应用程序:编程语言源代码程序,在 Visual Studio 集成开发环境中创建、编辑、编译链接并运行,生成. dll 文件,放在应用程序目录的 Startup, Application 或 Udo 子目录中。
- NX Open API 库函数:默认存放在“% UGII_BASE_DIR% \ugopen”目录中。在创建应用程序时需要对其进行配置。NX Open 应用程序框架如图 2-10 所示。

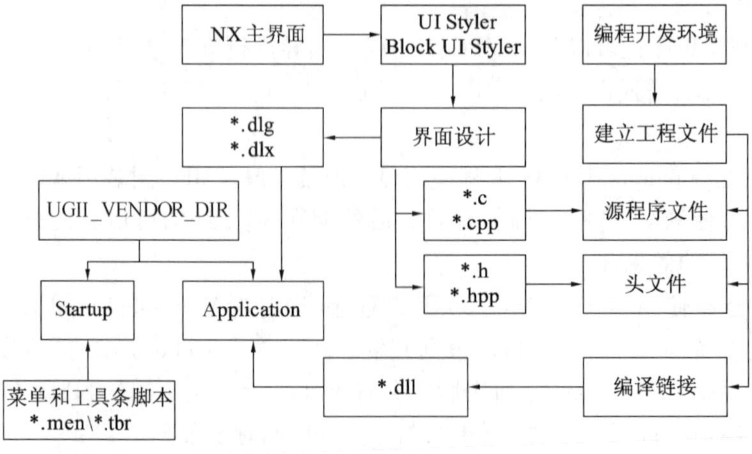

图 2-10 NX Open 应用程序框架

2.2.2　项目目录结构

在用户设定的项目路径下需要建立 NX 系统规定的项目目录结构。NX 启动时会在规定目录中寻找并加载相应的应用程序和资源。应用程序项目目录有 Startup，Application 和 Udo 等。NX 对存放的文件做了如下的规定：

(1) Startup：它是与整个 NX 系统应用相关的文件存放的文件夹，该子目标下的文件在 NX 启动时自动加载，包括动态链接库文件（ *. dll）、菜单脚本文件（ *. men）和工具条脚本文件（ *. tbr）。

(2) Application：它是与某个特定的应用模块相关的文件存放的文件夹，当应用程序进入这些特定的模块时，该子目标下的文件被自动动态加载，包括动态链接库文件（ *. dll）、对话框文件（ *. dlg 或 *. dlx）、图标位图文件（ *. bmp）和位图调色板文件（ *. ubm）等。

(3) Udo：它用于存放用户定义的数据和链接等。

考虑到项目开发的需要和文档的完整性，除了 NX 系统规定的目录外，还需要建立一些自定义目录，这些目录有 Code，Configure 和 Document 等（仅供参考）。这些目录中存放的文件类型有如下规定：

(1) Code 目录存放具体的程序代码，该目录在新建项目时创建。

(2) Configure 目录存放开发中所必需的配置文件，如文本文件（ *. txt）、自定义配置文件（ *. cfg）和电子表格 Excel 文件（ *. xls）等。Configure 目录的名称可以根据具体的项目需要由开发者选定，例如 Excel，Temp 等。

(3) Document 目录存放用户的文档文件，如视频演示文件（ *. avi）、安装使用说明书（ *. doc）和软件开发说明书（ *. doc）等。

图 2-11 为一个 NX Open 应用程序的项目目录结构，开发者可以根据实际情况作适当调整。

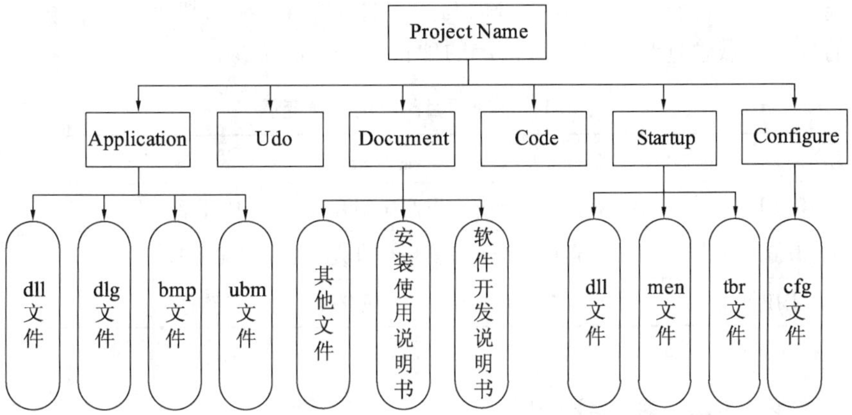

图 2-11　项目目录结构

2.3　项目路径设置

项目路径是指安装在目标硬盘的用户工程的路径，设置项目路径的目的是让 NX 软件在启动运行时能找到应用程序的物理位置，自动加载应用程序。例如，1.3 节实例的项目路径是“D:\FirstProject”。项目路径下至少需要 2 个文件夹 Startup 和 Application，用户可以将相关的文件放入这些文件夹中。注册项目路径有 2 种方法：配置文件法和修改环境变量法。

2.3.1 配置文件法

在默认情况下，NX 规定了配置文件 custom_dirs.dat 用于指明用户的项目路径，该文件位于路径“%UGII_BASE_DIR%\ugii\menus\”。NX 启动时会自动检查该文件中注册的项目路径并自动加载该路径下的所有资源，包括用户菜单、工具条、对话框和动态链接库等。配置文件 custom_dirs.dat 的基本语法如下：

（1）文件中允许使用注释，注释是以注释符“#”开头的一行文字；

（2）每一行只能写一条项目路径，要确保路径的正确；

（3）custom_dirs.dat 允许添加多个文件路径，NX 在启动时将按照先后顺序依次载入。

该方法操作简便，并且可以同时载入多个项目，因此得到广泛使用。值得注意的是，在多个项目同时载入的情况下，应避免项目间 DLL 文件重名的情况发生。如果发生重名，系统会认为是重复注册现象，并且只载入注册靠前的项目而忽略其他的项目。例如，custom_dirs.dat 按照先后顺序注册了 2 个项目路径 Path1 和 Path2，但它们的 DLL 文件名称相同，此时无论激发哪个项目，都将执行路径 Path1 下的项目应用程序。

用户也可以自定义 custom_dirs.dat 文件，把该文件放置在当前项目路径下，只需要设置环境变量 UGII_CUSTOM_DIRECTORY_FILE 指向该文件。其用法和使用“%UGII_BASE_DIR%\ugii\menus\”下的 custom_dirs.dat 相同。

2.3.2 修改环境变量法

NX 环境配置文件 ugii_env.dat 中有 3 个用于注册项目路径的环境变量，如表 2-1 所示。当去掉环境变量前的注释符“#”，在等号后写入具体的项目路径，则 NX 在启动的同时会按照优先级的顺序加载这些环境变量所指定的项目路径中的资源。

表 2-1 注册项目路径的环境变量

环境变量名	项目路径	优先级
UGII_VENDOR_DIR	存放 NX 指定开发商应用开发产品的项目路径	最高
UGII_SITE_DIR	存放其余开发商应用开发产品的项目路径	其次
UGII_USER_DIR	存放用户自己应用开发产品的项目路径	最低

2.4 NX Open 运行模式

早期版本的 NX 利用 NX Open 编写的程序源代码并不能直接被 NX 运行，必须通过编译链接形成动态链接库或可执行文件后才能运行，从 NX 6.0 起可以通过日志功能直运行脚本文件。NX 二次开发应用程序有交互式、批处理和远程 3 种运行模式，不同的运行模式将依赖于应用程序使用的开发语言和应用编程接口库。

2.4.1 交互模式(亦称内部模式)

交互模式(Interactive)的应用程序只能在NX的界面环境下运行。在运行交互模式应用程序时,它们以动态链接库的方式被加载到NX的进程空间中。交互模式应用程序有下列特点:

- ☑执行代码小,连接快;
- ☑交互模式应用程序一旦被加载到内存中,只能通过NX Open的卸载功能才能从NX进程空间中卸载它,或者通过"File→Utilities→Unload Shared Image"功能卸载;
- ☑运行结果在NX的交互环境中可见;
- ☑出口函数是ufusr或ufsta。

交互模式最大的优点是能处理NX的UI的对象接口,实现和NX界面的无缝集成并能扩充NX的特定功能,而且它执行时每个步骤都能从NX的客户窗口得到动态反映,因此能方便地通过UI界面对象来实现与用户的交互、屏幕选取等复杂操作。

交互模式应用程序是以动态链接库的形式创建并编译的,因此它必须启动NX才能运行。交互模式应用程序可以通过下列几种方式执行。

1. 直接激活方式

该方式无需设置环境变量,程序编译连接后即可执行。

在NX环境中选择菜单"File→Execute→NX Open",将出现一个文件打开对话框,选取应用程序(.dll)即可。

2. 用户菜单调用方式

使用该方式必须设置环境变量UGII_USER_DIR,将环境变量UGII_USER_DIR指向应用程序主目录,将应用程序(.dll)放置到主目录的%UGII_USER_DIR%\application或%UGII_USER_DIR%\startup子目录下。

3. 回调函数方式

在UI Styler或Block UI Styler创建的对话框回调函数中激活应用程序(.dll)。

4. 通过用户出口

根据用户出口不同设置相应的环境变量,NX在运行过程中触发条件时激活动态链接库中对应的出口函数。

内部程序的一般格式如下:

```
#include <uf.h>  /*头文件*/
void ufusr()
{
  /*声明变量*/
  UF_initialize();
  /*用户代码*/
  UF_terminate();
}
```

2.4.2 批处理模式(亦称外部模式)

批处理模式(Batch)应用程序是可执行程序,可以在操作系统下运行,不必在NX交互环境中作为 NX 的子程序运行,运行时需有 NX 执行许可权限的支持。它的优点是不必启动 NX 系统,这样可以节约运行时间;其缺点是它不能和 NX 发生交互,因而不能利用 NX 的显示窗口动态反馈操作结果,同时也不能实现一些用户的交互操作和管理,所以它一般用于部件文件的大批量处理,而不适用于用户交互性操作。

批处理模式应用程序的一般格式如下:

```
#include <uf.h>        /* 头文件 */
int main(int argc, char ** argv)
{
  /* 声明变量 */
  UF_initialize();
  /* 用户代码 */
  UF_terminate();
}
```

2.4.3　远程模式

远程模式(Remote)允许从 NX 的一个独立进程中执行应用程序,远程模式应用程序可以在本机或远程网络计算机上运行,远程模式是通过.NET 框架或 Java 的 RMI 来实现的。

2.5　应用程序的初始化及终止

所有 NX Open 应用程序的使用都必须及时进行初始化和终止,以确保获取或释放 NX 的执行许可权限。在调用 NX Open 的函数前,应先调用 UF_initialize()来获得执行许可权限。一般来说,第一个调用的 NX Open 函数就是 UF_initialize()。当不再调用 NX Open 的 API 函数时,必须调用 UF_terminate()来释放执行许可权限。

UF_initialize()函数的调用应该紧跟程序中的变量声明部分,而 UF_terminate()则应在程序最后才被调用,对于交互式、批处理和远程模式都是如此。这说明批处理模式的运行虽然脱离 NX 环境,但仍离不开 NX 执行许可权限的支持。下例说明了 UF_initialize()和 UF_terminate()的使用情形:

```
int DQXSJ_ok_cb ( int dialog_id,
                  void * client_data,
                  UF_STYLER_item_value_type_p_t callBack_data)
{
  char step_id[] ="11";
  char step_status[] ="1";
  char dsn_name[] ="dqxsj";
  char table_name[] ="exp_know",table_name1[] ="condition_data";
  int flag;

  if ( UF_initialize() != 0)
      return ( UF_UI_CB_CONTINUE_DIALOG );
  UG_OPEN_dqxsj_accept_data ( dialog_id,&flag);
```

```
    if (flag == 1)
    {
        UG_OPEN_dqxsj_explain_data(dialog_id);
        UG_OPEN_delet_instance(step_id);
        UG_OPEN_add_part_to_product(dsn_name,step_id);
        UG_OPEN_edit_expression(dsn_name,table_name,table_name1);
        UG_OPEN_set_order_knowledge(step_id,step_status);
    }
    UF_terminate();
        return (UF_UI_CB_EXIT_DIALOG);
}
```

2.6 用户出口

用户出口(User Exit)是 NX Open 中的一个重要概念。NX 在运行过程中某些特定的位置存在规定的出口,当进程执行到这些出口时,NX 会自动检查用户是否在此处已定义了指向内部程序位置的环境变量:若没有定义,则以 NX 默认的方式继续运行下去;若已定义,则从该处自动运行用户定制的应用程序。利用不同的 User Exit,可使用户定制的应用程序在 NX 运行到特定点时被自动执行。每个 User Exit 都有唯一的出口名称,以便用户在子程序中调用,不同的 User Exit 使用不同的出口函数,最常用的 User Exit 是 ufsta( )与 ufusr( ),ufsta( )是 NX菜单启动时的 User Exit,ufusr( )是直接激活的 User Exit。通常情况下,User Exit 函数的参数和返回值都相同。User Exit 函数的定义如下:

```
void entry_point ( char * param, int * retcode, int rlen );
```

其中 param 和 retcode 是输出参数,rlen 是指参数 param 的长度,由 NX 系统自动处理。

2.6.1 ufusr( )

1.3 节的 FirstProject 应用程序采用了直接激活(Explicit Activation)的 User Exit,其出口函数为 ufusr( )。直接激活的操作方式如下:选择菜单命令“File→Execute→NX Open”(或按快捷键 Ctrl + U),在弹出的 Execute User Function 对话框中选择 DLL 文件,即可执行应用开发程序中的 ufusr( )函数。这种 User Exit 只是一个面向过程的程序处理任务,它有唯一的运行起止点,程序码在起止点间顺序进行。ufusr( )的函数体如下所示:

```
extern "C" DllExport void ufusr(char * param, int * retcod, int parm_len)
{
    int errorCode = UF_initialize(); //初始化
    if ( 0 == errorCode )
    {
        /* 添加用户代码 */
        errorCode = UF_terminate(); //终止
    }
    PrintErrorMessage ( errorCode ); //打印错误信息
}
```

2.6.2 ufsta()

ufsta()是最常用的出口函数之一，当 NX 启动时激活该 User Exit 并执行函数中的内容。为了实现用户菜单的调用功能，通常的做法是在 NX 启动时注册用户菜单的信息，当 NX 启动后选择菜单命令时即可调用指定的应用程序。注册方法有 2 种：UF_MB_add_style_actions()和 UF_MB_add_actions()。此外也可以直接在该出口函数中写入一个应用，当 NX 启动时执行。ufsta()的函数体如下：

```
extern "C" DllExport void ufsta (char * param, int * returnCode, int rlen)
{
  if((UF_initialize())! =0) return; //初始化
  /* 添加用户代码 */
  UF_terminate();                  //终止
  return;
}
```

下面的例子很好地表明了 ufsta()函数的功用。可以在 ufsta()函数体中添加一行代码，实现弹出一个消息对话框的功能。编译完成后，打开 NX，发现 NX 启动过程中会显示出一个消息对话框，即当 NX 启动时执行了 ufsta()函数中的内容。

```
extern "C" DllExport void ufsta ( char * param, int * returnCode, int rlen )
{
  if((UF_initialize())! =0) return;    //初始化
  uc1601("ufsta", 1);                  //添加的一行代码
  UF_terminate();                      //终止
  return;
}
```

2.6.3 其他用户出口

每个用户出口都有唯一的环境变量相对应。这些环境变量在 NX 环境配置文件 ugii_env.dat(位于 NX 根目录下的 UGII 文件夹中)中定义。表 2-2 所示列出了 NX 软件提供的 User Exit，具体说明可参考 Open C Reference Manual 或头文件 uf_exit.h。

表 2-2 其他 User Exit

User Exit	环境变量名	出口函数
Open Part	USER_RETRIEVE	ufget
New Part	USER_CREATE	ufcre
Save Part	USER_FILE	ufput
Save Part As	USER_SAVEAS	ufsvas
Import Part	USER_MERGE	ufmrg
Execute GRIP Program	USER_GRIP	ufgrp
Add Existing Part	USER_RCOMP	ufrcp

续 表

User Exit	环境变量名	出口函数
Export Part	USER_FCOMP	uffcp
Component Where-used	USER_WHERE_USED	ufusd
Plot File	USER_PLOT	ufplt
2D Analysis Using Curves	USER_AREAPROPCRV	uf2da
User Defined Symbols	USER_UDSYMBOL	ufuds
Open CLSF	USER_CLS_OPEN	ufclso
Save CLSF	USER_CLS_SAVE	ufclss
Rename CLSF	USER_CLS_RENAME	ufclsr
Generate CLF	USER_CL_GEN	ufclg
Postprocess CLSF	USER_POST	ufpost
Create Component	USER_CCOMP	ufccp
Change Displayed Part	USER_CDISP	ufcdp
Change Work Part	USER_CWORK	ufcwp
Remove Component	USER_DCOMP	ufdcp
Reposition Component	USER_MCOMP	ufmcp
Substitute Component Out	USER_SCOMP1	ufscpo
Substitute Component In	USER_SCOMP2	ufscpi
Replace Reference Set	USER_RRSET	ufrrs
Rename Component	USER_NCOMP	ufncp
NX Startup	USER_STARTUP	ufsta
Access Genius Library Management System	USER_GENIUS	ufgen
Execute Debug GRIP	USER_GRIPDEBUG	ufgrpd
Execute Open C API	USER_UFUN	ufufun
Open Spreadsheet	USER_SPRD_OPN	ufspop
Close Spreadsheet	USER_SPRD_CLO	ufspcl
Update Spreadsheet	USER_SPRD_UPD	ufspup
Finish Updating Spreadsheet	USER_SPRD_UPF	ufspuf
CAM User Defined Operation	<user assigns variable name>	udop
CAM User Defined Drive Path	<user assigns variable name>	dpud
CAM New Operation	USER_CREATE_OPER	ufnopr
CAM Startup	USER_CAM_STARTUP	ufcams

这些 User Exit 的实现方式如下：在配置文件 ugii_env. dat 中找到 User Exit 环境变量，去掉环境变量左边的注释符“#”，然后按照“环境变量名 = DLL 全路径”格式进行修改，最后在应用开发程序中添加该 User Exit 出口函数并编写代码。编译通过后触发 User Exit 即可执行用户应用程序。

下面的一段程序在 1.3 节实例的基础上增加一个“New Part”的 User Exit，对应的出口函数为 ufcre( )，当触发 NX 菜单命令“File→New”时执行生成用户消息对话框的功能。实现步骤如下：

在 main. cpp 文件中添加 ufcre( ) 函数体：

```
extern "C" DllExport void ufcre ( char * param, int * retcode, int rlen )
{
  if((UF_initialize())! =0) return;
  int response = 0;
  uc1601("File New",1 ); //用户功能
  * retcode = 1;//激活用户应用后，系统将不启动 NX 原有"File→New"功能
  UF_terminate();
  return;
}
```

打开 NX 配置文件 ugii_env. dat，修改环境变量 USER_CREATE，如图 2-12 所示。

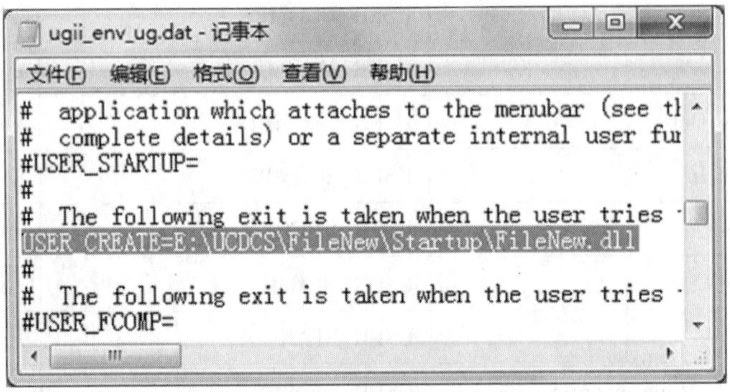

图 2-12　配置环境变量 USER_CREATE

启动 NX，选择菜单命令“File→New”（或单击工具图标 New），系统将执行用户应用程序并覆盖原有“File→New”功能。值得注意的是，如果 ufcre( ) 函数的形参“ * retcode”的值设为 1，系统只执行用户在出口函数中定义的功能；如果“ * retcode”的值设为 2，系统在执行完用户功能后还要执行 NX 原新建文件的功能。具体可参考 ufcre( ) 函数的说明。

如果取消该 User Exit，只需删除 ufcre( ) 函数体并注释环境变量 USER_CREATE 的定义即可。

第3章　编程基础

3.1　NX Open C 的函数

3.1.1　函数名称的约定

NX Open C 共有2类名称约定:一个是标准的 NX Open C 的函数名称约定;另一个是以前版本原有的名称约定。

1. 标准名称约定

【格式】　UF_ < area > _ < name >

【说明】

(1) UF:User Funciton 的简写,表示该函数为 NX Open C 函数。

(2) < area > :应用或模块的名称缩写。例如 MODL 和 DISP 分别是 Modeling 模块和 Display 功能的名称缩写。

(3) < name > :表示其实现功能的语言描述,一般由下划线分开的动词和名词(或词组)组成。常用的动词有 ask(查询)、create(创建)、edit(编辑)、set(设置)、delete(删除)等。

例如:

UF_MODL_create_block1( )为创建块的函数;

UF_DISP_set_highlight( )为高亮显示对象的函数。

2. 非标准名称约定

【格式】　uc < × × × × > 和 uf < × × × × >

【说明】　代表 NX Open C 函数, < × × × × > 通常为4位数或3位数接一个字母。

例如:uc1601 为一个提示信息函数。

3.1.2　函数参数的约定

NX Open C 提供的函数遵守 ANSI/ISO C 的标准,并以下列格式在头文件中提供函数原型:

<返回数据类型>　<函数名>(变量列表);

返回数据类型通常是 C 语言数据类型或 NX Open C 自定义数据类型。参数的输入输出方式有3种,分别为 I(Input)、O(Output)和 OF(Output Free),具体说明见表3-1。

表 3-1 参数输入方式说明

元　素	描　　述
I	表示参数为输入方式,参数在使用前必须赋值
O	表示参数为输出方式,使用前无须赋值
OF	表示参数为输出方式,且使用后需要释放内存。NX Open 提供的常用释放内存函数有 UF_free( )、UF_free_string( )和 UF_STYLER_free_value( )等,至于选择哪种释放函数需视具体情况而定

例如,函数 UF_PART_open( )的相关信息如下:

【名称】 UF_PART_open

【使用环境】 Internal & External

【语法格式】

```
int UF_PART_open(
    char  * part_name,
    tag_t  * part,
    UF_PART_load_status_t  * error_status  );
```

【描述】 加载一个 NX 部件文件到 NX 的交互环境中,并把它设为工作部件和当前显示部件,该函数的描述见表 3-2。

表 3-2 函数 UF_PART_open 参数描述

参　数	输入/输出	类　型	描　述
part_name	I	char *	要打开的部件文件名,包含详细路径
part	O	tag_t *	打开部件的标识,当打开部件文件失败时为 NULL_TAG,打开成功时为一无符号整型数
error_status	O	UF_PART_load_status_t *	当加载部件失败时,该结构中将包含错误代码和部件文件名称,使用结束后应用 UF_free_string_arry( )和 UF_free( )释放内存
return	O	int	返回代号: 为 0 时表示正常; 为非 0 时表示错误代号

3.2 NX Open C 的数据类型

除了 C 语言标准的数据类型外,NX Open C 还提供了一些自定义的数据类型,如 tag_t 类型、结构类型(Structure Type)、枚举类型(Enum Type)、联合类型(Union Type)与指针类型(Pointer Type)等,它们统一用后缀“_t”表示,且这些数据类型的指针用后缀“_p_t”命名表示。

数据类型约定如表 3-3 所示。

表3-3　数据类型约定

后　缀	描　　述
_t	数据类型
_p_t	数据类型的指针
_s	结构类型
_e	枚举类型
_u	联合类型
_f_t	函数指针

3.2.1　tag_t 类型

NX Open C 使用最多的数据类型是 tag_t，在“%UGII_BASE_DIR%\ugopen”目录下，文件uf_defs.h中定义如下：

```
typedef unsigned int tag_t, *tag_p_t;
```

在 NX 环境中，tag_t 是 NX 对象的句柄，即任何确定存在的 NX 对象的唯一标识。它是一种不重复的无符号整型数值，主要用于标识应用程序中的对象，如部件、特征、草图、曲线、属性和表达式等。NX 应用程序只能访问句柄，而不能直接访问句柄所指示的实际对象。应用程序一般通过调用 API 函数获取句柄，并且在其他 API 函数中使用这个句柄，以引用它指示的对象。在此过程中，句柄的实际值对程序来说是无关紧要的。NULL_TAG 是用来表示暂时不标识任何对象的 Tag，相当于初值为零。此外，tag_p_t 是指向 tag_t 数据类型的指针。

以部件对象为例，下面的代码首先获取工作部件的 tag_t 值，然后获取该句柄所引用部件对象的文件名：

```
tag_t tWorkPart;
char cPartName[128];
tWorkPart = UF_ASSEM_ask_work_part();
UF_PART_ask_part_name(tWorkPart,cPartName);
```

3.2.2　结构类型

NX Open C 采用 C 语言的语法定义了一些常用的结构类型，将相关的不同类型数据封装在一起使用，这些结构类型用后缀“_s”表示。例如：

```
struct UF_STYLER_item_value_type_s
{
  int reason;
  const char * item_id;
  int subitem_index;
  int count;
  int item_attr;
  int indicator;
```

```
    UF_STYLER_value_t value;
}
Typedef struct UF_STYLER_item_value_type_s UF_STYLER_item_value_type_t,
 * UF_STYLER_item_value_type_p_t;
```

结构体 UF_STYLER_item_value_type_s 封装了 UI Styler 对话框控件的基本属性，如 reason、item_id 和 value 等。NX Open 使用关键字 typedef 将该结构类型定义为新类型 UF_STYLER_item_value_type_t，用户可以使用它定义结构变量，然后引用结构体内的数据成员。例如：

```
UF_STYLER_item_value_type_t data;
UF_STYLER_ask_value(dialog_id, &data);
...
UF_STYLER_free_value(&data);
```

3.2.3 枚举类型

枚举类型将变量的值一一列举出来，变量的值只限于所列举值的范围。NX Open C 采用 C 语言的语法定义了一些常用的枚举类型，使用后缀"_e"表示。以枚举类型 UF_ASSEM_load_status_e 为例，下面给出其详细定义：

```
enum UF_ASSEM_load_status_e
{
    UF_ASSEM_ok,
    UF_ASSEM_suppressed,
    UF_ASSEM_not_loaded,
    UF_ASSEM_instance_suppressed
};
typedef enum UF_ASSEM_load_status_e UF_ASSEM_load_status_t;
```

枚举类型 UF_ASSEM_load_status_e 表示部件在装配体中的状态。NX Open C 使用 typedef 关键字将该枚举类型定义为新类型 UF_ASSEM_load_status_t，例如：

```
char sPartPath[] = "E:\\Example\\part.prt";
tag_t tPart = NULL_TAG;
UF_ASSEM_load_status_t error_status;
UF_PART_open(sPartPath, &tPart, &error_status);
```

3.2.4 联合类型

有时需要将不同数据类型的变量放在同一段内存单元中，这种使不同变量占用同一段内存的结构类型称为联合类型。联合类型与结构类型的定义形式相似，但含义不同。联合类型变量所占的内存长度等于其内部最长数据成员的长度，而结构类型变量所占的内存长度则是其各数据成员所占内存长度之和。

NX Open C 采用 C 语言的语法定义了一些常用的联合类型，使用后缀"_u"表示。以联合类型 UF_STYLER_value_u 为例，下面给出其详细定义：

```
union UF_STYLER_value_u
{
```

```
    char        * string;
    char       ** strings;
    int         integer;
    int         * integers;
    double      real;
    double      * reals;
    UF_UI_selection_p_t          selection;
    UF_STYLER_notification_p_t notify;
    UF_UI_attachment_t            attach;
    UF_UI_option_toggle_t        option_toggle;
};
typedef union UF_STYLER_value_u UF_STYLER_value_t;
```

联合体 UF_STYLER_value_u 封装了 UI Styler 对话框对话框控件的属性值,如 string、integer和 real 等。NX Open 使用 typedef 关键字将该联合类型定义为新类型 UF_STYLER_value_t,它是 UF_STYLER_item_value_type_t 中的数据成员 value 的类型,例如:

```
UF_STYLER_item_value_type_t data;
double rValue;
sel_data. item_id = REAL_BUTTOM_DIAMETER;
UF_STYLER_ask_value ( dialog_id, &sel_data );
rValue = data. value. real;
```

3.3 NX 对象类型及基本操作

NX 中的所有对象都是通过唯一的 tag_t 值进行标识的,这些对象大致可以分为部件对象、UF 对象、表达式、链表对象和属性对象等。

3.3.1 部件对象

部件对象是 NX 最基本的操作对象之一,不仅包含了零件的几何信息,还包含了大量的非几何信息。其中,非几何信息包括:创建部件的计算机类型;保存部件的 NX 版本;部件的历史信息(例如部件文件的保存记录等);状态、描述和用户区的可永久保存在部件文件中的信息。

部件对象基本操作所涉及的函数主要包括 UF_PART_new、UF_PART_open、UF_PART_close_all、UF_PART_save 和 UF_PART_close。所有函数的返回值是错误代码,可以利用 UF_get_fail_message 得到其所对应的错误信息。

1. UF_PART_new

```
extern int UF_PART_new(
  char * part_name,//输入参数,指向新创建文件路径和名称的字符串指针
  int units,         //输入参数,表示新创建文件使用的单位制,1 表示米制,0 表示英制
  tag_t * part       //输出参数,是指向新创建部件文件的 tag_t);
```

2. UF_PART_open

```
extern int UF_PART_open(
```

```
        char * part_name,  // 输入参数,指向打开部件文件路径和名称的字符串指针
        tag_t * part,        //输出参数,是指向打开部件文件的 tag_t
        UF_PART_load_status_t * error_status //输出参数,表示打开文件的操作是否产生错误);
```

3. UF_PART_close_all

```
extern int UF_PART_close_all( );
```

将当前会话中的所有部件文件关闭。对于被修改的部件文件,UF_PART_close_all 将其直接关闭,不会提示用户存盘。

4. UF_PART_save

```
extern int UF_PART_save( );
```

将当前会话中显示的部件文件存盘。由于 NX 本身并不对部件文件自动存盘,所以存盘需求都需要用户进行维护。

5. UF_PART_close

```
extern int UF_PART_close(
tag_t part,   //输入参数,表示关闭操作的部件的标识
int scope,    //输入参数,表示被关闭文件涉及的范围
                //scope =1 表示关闭部件文件和其所有子装配
                //scope =0 表示仅仅关闭部件文件本身
int mode       //输入参数
                //mode =0 时,如果被关闭的部件文件被修改过,则询问用户是否关闭
                //mode =1 时,表示即使文件被修改了,也要执行关闭操作
                //mode =2 时,表示如果部件文件被修改了,则放弃关闭操作)
```

NX Open 还提供了许多查询部件文件的函数,如表 3-4 所示。

表 3-4　部件对象查询函数

函数名称	函数功能及要点
UF_OBJ_cycle_objs_in_part	在部件中查询对象
UF_ATTR_ask_part_attrs	访问部件的属性
UF_PART_reopen	再打开部件
UF_PART_ask_part_name	获取部件的文件名
UF_PART_ask_customer_area UF_PART_ask_description UF_PART_ask_status	查询其他信息,包括查询用户定义的数据、部件文件的描述信息,部件文件的状态信息
UF_PART_ask_part_history	查询部件文件的历史
UF_PART_ask_compression_flags UF_PART_set_compression_flags	查询及设置部件文件的压缩标记

下面举例说明部件操作的使用方法,代码实现的功能是弹出对话框供用户自定义文件名,利用用户输入的文件名新建一个部件。

```
extern logical Test_new_part_dialog ( char *file_name, tag_t *part_tag )
{
    int units  =  UF_PART_METRIC;
```

```
    int response;
    logical is_success = FALSE;
    if ( UF_PART_ask_display_part( ) == NULL_TAG )
    {
        sprintf( file_name, "%s", "" );
        UF_UI_ask_create_part_filename( file_name, &units, &response );
        if ( response == UF_UI_OK )
        {
            UF_PART_new( file_name, units, part_tag );
            is_success = TRUE;
        }
        else
            is_success = FALSE;
    }
    return is_success;
}
```

3.3.2 UF 对象

3.3.2.1 UF 对象定义及操作

UF 对象是那些具有标识的 NX 对象,包括几何对象和非几何对象。其中几何对象又可细分为实体、点、线、面等,非几何对象包括坐标系、尺寸、颜色、线型等。NX Open 利用类型与子类型来区别部件文件中的不同对象。每个 UF 对象都有一种类型,在头文件 uf_object_types.h中详细定义了这些对象的类型(type)和子类型(subtype),子类型可以更加精确地描述 UF 对象,但不是所有的对象都拥有子类型。例如:

```
#define UF_group_type                          15
…
#define UF_dimension_type                      26
#define     UF_dim_horizontal_subtype               1
#define     UF_dim_vertical_subtype                 2
#define     UF_dim_parallel_subtype                 3
#define     UF_dim_cylindrical_subtype              4
#define     UF_dim_perpendicular_subtype            5
#define     UF_dim_angular_minor_subtype            6
#define     UF_dim_angular_major_subtype            7
#define     UF_dim_arc_length_subtype               8
#define     UF_dim_radius_subtype                   9
#define     UF_dim_diameter_subtype                10
#define     UF_dim_hole_subtype                    11
#define     UF_dim_conc_circle_subtype             12
#define     UF_dim_ordinate_horiz_subtype          13
#define     UF_dim_ordinate_vert_subtype           14
#define     UF_dim_assorted_parts_subtype          15
```

```
#define    UF_dim_folded_radius_subtype       16
#define    UF_dim_chain_dimensions_subtype    17
#define    UF_dim_ordinate_origin_subtype     18
#define    UF_dim_perimeter_subtype           19
#define    UF_dim_chamfer_subtype             20
```

其中，UF_group_type 表示组类型，类型值为 15，无子类型；UF_dimension_type 表示尺寸类型，类型值为 26，1 ~ 20 表示它的子类型的值，分别表示为垂直尺寸、水平尺寸、平等尺寸等。

NX Open 所提供的访问和操作 UF 对象的函数包括 UF 对象的查询、遍历、删除等（见表 3-5）。对象操作函数请参考头文件 uf_obj. h 中的定义。

表 3-5　UF 对象基本操作函数

函数名称	函数功能及要点
UF_OBJ_set_name UF_OBJ_ask_name UF_OBJ_delete_name	指定、查问及删除单个对象的名称
UF_OBJ_cycle_objs_in_part UF_OBJ_cycle_all UF_OBJ_cycle_by_name UF_LAYER_cycle_by_layer	查询遍历对象，可以在指定部件中遍历对象，在当前工作部件中遍历对象，通过对象名称和图层查询对象
UF_MODL_delete_exp UF_MODL_delete_feature UF_OBJ_delete_object UF_OBJ_delete_array_of_objects	对象删除
UF_UI_select_single UF_UI_select_by_class UF_UI_select_feature UF_UI_select_sketch	对象选择

3.3.2.2　UF 对象状态

UF 对象的状态可使用函数 UF_OBJ_ask_status( ) 来查询。UF 对象的状态如表3-6所示。

表 3-6　UF 对象状态标识

对象状态	描　述
UF_OBJ_DELETED	被删除的状态
UF_OBJ_TEMPORARY	临时状态。例如临时坐标系由 UF_CSYS_create_temp_csys 函数创建，不会被保存
UF_OBJ_CONDEMNED	不正常状态。一般由被其他对象引用的对象被删除导致。只有所有的这些引用被删除后，该对象才从模型中被删除，该状态的对象永远不被显示
UF_OBJ_ALIVE	激活状态

3.3.2.3　UF 对象访问

创建对象时可以直接得到对象标识。但是,多数情况下需要访问已经在部件文件中存在的对象。一般可通过以下 2 种方法来获取 UF 对象的标识。

(1) 循环法

例如在获取目标实体表面标识的循环过程中,插入下段程序,则该段程序会高亮显示目标实体表面并弹出一个需用户确认的对话框,对话框中显示该表面对象的标识号。其中 tem_tag 为目标实体表面的标识。

```
UF_DISP_set_highlight(tem_tag,1);
sprintf(mess, "The object is %d!", i);
uc1601(mess, 1);
UF_DISP_set_highlight(tem_tag,0);
```

(2) 参数法

例如利用函数 UF_MODL_ask_face_data 获得目标实体表面的参数,包括表面的类型、表面的法向和表面的原点等信息。下面一段程序是为了获得圆柱体的圆柱表面。

```
//通过圆柱特征标识,获得圆柱表面的链表
UF_MODL_ask_feat_faces( cyl_eid, &face_list);
UF_MODL_ask_list_count( face_list,&num);
for ( i = 0; i < num; i ++ )
  {
    UF_MODL_ask_list_item(face_list, i, &face);
    //获得每个圆柱表面的参数
    UF_MODL_ask_face_data(face, &type, point, face_dir,
                                box, &radius, &rad_data, &sense);
    //将类型为的 16(圆柱表面)表面取出赋给变量 tem_tag 并退出循环
    if (type == 16  )
    {
      tem_tag = face;
      break;
    }
  }
  //删除链表,释放内存
UF_MODL_delete_list(&face_list)
```

3.3.2.4　设置可显示的 UF 对象

NX Open C 提供了对可显示的 UF 对象的层、颜色、线型等属性进行设置和查询的编程接口(见表 3-7、表 3-8)。除了高亮状态外,其他信息都可以保存到部件文件中。

表 3-7　可显示 UF 对象成员变量

成员变量	成员变量描述
int layer	UF 对象所在的层
int color	UF 对象的颜色

续 表

成员变量	成员变量描述
int blank_status	UF 对象的隐藏状态: UF_OBJ_NOT_BLANKED;UF_OBJ_BLANKED
int line_width	UF 对象的线宽: UF_OBJ_WIDTH_NORMAL;UF_OBJ_WIDTH_THICK; UF_OBJ_WIDTH_THIN;UF_OBJ_WIDTH_ORIGINAL
int font	UF 对象的线型
logical highlight_status	UF 对象的高亮显示状态

表 3-8 设置可显示 UF 对象函数

函数名称	函数功能及要点
UF_OBJ_ask_display_properties	用于查询可显示 UF 对象的显示属性
UF_OBJ_set_layer	用于设置可显示 UF 对象的层
UF_0BJ_set_color	用于设置可显示 UF 对象的颜色
UF_0BJ_set_blank_status	用于设置可显示 UF 对象的 blank 状态
UF_OBJ_set_line_width	用于设置可显示 UF 对象的线型
UF_OBJ_set_font	用于设置可显示 UF 对象的字体
UF_DISP_set_highlight	用于设置可显示 UF 对象的高亮(highlight)状态

3.3.3 表达式

3.3.3.1 表达式的定义

NX Open C 创建的表达式和 NX 交互环境下产生的表达式同样在“表达式编辑器”中可见。

表达式提供 NX 的参数化建模机制,表达式能控制特征,且特征随表达式值的改变而改变。一个表达式可在多个特征中使用,这样它的变化将改变多个特征。

表达式的形式一般是“name = value”。

表达式名的首字符必须是字母,其他字符可以是数字、字母、下划线等。表达式名对字母大小写是不敏感的,一个部件文件中的表达式名应唯一。表达式值可以是数字和条件等式,表达式名可以用于表达式值中。

3.3.3.2 表达式的使用

NX Open C 允许用户创建、查询和编辑表达式和几何表达式,对表达式进行各种操作的函数包含在头文件 uf_modl. h 中,对几何表达式进行各种操作的函数包含在头文件 uf_gexp. h 中。

如果表达式串中仅仅提供表达式值,NX 系统会自动给它一个名字。例如,表达式串定义为“diameter/2”,则 NX 赋给它一个类似“p0”的名字。建议按下列形式赋值:“radius = diameter/2”。

可以用函数 UF_MODL_create_exp( )创建表达式;当需要得到创建的表达式的标签时,

可使用函数 UF_MODL_create_exp_tag( )。常用表达式操作函数如表 3-9 所示。

表 3-9　常用表达式操作函数

函数名称	函数功能及要点
UF_MODL_create_exp	创建表达式
UF_MODL_create_exp_tag	创建表达式,返回新建表达式的标识
UF_MODL_import_exp	从文件输入表达式,即可引用其他部件的表达式文件,操作完成后必须用函数 UF_MODL_update( )更新数据库
UF_MODL_dissect_exp_string	分解名字和值返回名字、值和表达式的标识
UF_MODL_eval_exp	输入表达式的名,返回表达式的值
UF_MODL_edit_exp	用新的值替换表达式中原有的值。使用后应用函数 UF_MODL_update( )来更新模型
UF_MODL_rename_exp	给已有表达式赋新的名称
UF_MODL_ask_exp	返回表达式名和表达式完整字符串
UF_MODL_ask_exps_of_feature	返回制约某特征的所有表达式的标识
UF_MODL_ask_exps_of_part	返回某部件文件的所有表达式的标识
UF_MODL_ask_exp_tag_string	输入表达式标识,返回该表达式串
UF_MODL_ask_exp_tag_value	通过表达式标识获得表达式值

下面举例说明函数 UF_MODL_edit_exp( )的使用方法,代码实现的功能是将表达式 p1 的值改为 20。

```
char sExp[ ] = "p1 =20";
UF_MODL_edit_exp(sExp);
UF_MODL_update( );
```

注意　函数 UF_MODL_edit_exp( )的输入参数为整个表达式,并且编辑表达式后必须更新模型才能及时反映其变化。

3.3.4　链表对象

为了提高编程的灵活性,NX Open C 提供了链表对象。它是用来存放对象或特征的标识,链表的每个节点保存一个对象或特征的标识。uf_list_p_t 表示一个 NX 对象链表的结点指针,它指向由 2 个成员组成的结构,eid 表示链表中的一个实体,*next 表示指向链表中下一项的指针。

具体定义:typedef struct uf_list_s *uf_list_p_t;

struct uf_list_s {tag_t eid ;struct uf_list_s *next;};

与链表有关的操作函数如表 3-10 所示,它们包含在头文件 uf_modl.h 中。

表 3-10 链表操作函数

函数名称	函数功能及要点
UF_MODL_create_list	创建一个链表,并返回链表的头指针
UF_MODL_put_list_item	插入元素到链表中。该函数只将对象加入到链表的尾部,不校验链表中是否有重复对象
UF_MODL_ask_list_count	获取链表中元素的个数。该函数计算从链表的头开始到第一个出现 NULL_TAG 节点之间的节点个数。因此,如果链表中包含 NULL_TAG,那么得不到链表的真实长度
UF_MODL_ask_list_item	查询链表中的对象标识。该函数通过标识在链表中的位置返回对象标识
UF_MODL_delete_list_item	将指定的对象从链表中删除
UF_MODL_delete_list	删除链表,并释放内存

下面举例说明链表对象的使用方法,代码实现的功能是利用曲线数组创建曲线链表。需要注意的是,链表使用完后应利用 UF_MODL_delete_list( )删除不需要的链表。

```
uf_list_p_t curves_list  =  NULL;
int i  =  0, irc  =0;
UF_MODL_create_list( &curves_list) ;
for( i =0; i < n_curves; i ++ )
UF_MODL_put_list_item( curves_list, curves[ i] ) ;
…
UF_MODL_delete_list( &curves_list) ;
```

3.3.5 属性对象

NX 环境下的属性是用户附加到部件或对象上的字符串、整形数值、实型数值的字段,用于对部件或对象进行说明或作标记。NX Open 在头文件 uf_attr. h 中提供了与部件或对象属性的编程接口。与属性对象有关的操作函数如表 3-11 所示。

表 3-11 属性操作函数

函数名称	函数功能及要点
UF_ATTR_ask_part_attribute	获取工作部件的部件属性对象标识
UF_ATTR_ask_part_attrs	用于从加载到 NX 中的抽取属性对象的属性
UF_ATTR_ask_part_attrs_in_file	用于从磁盘文件中抽取部件的属性对象的属性,而不用把该部件加载到 NX 中
UF_ATTR_assign	给指定的部件属性或部件分派一个属性
UF_ATTR_count_attributes	计算属于某一个对象的指定类型的属性数
UF_ATTR_cycle	遍历对象某一类型的所有属性项,返回下一个属性标题及属性值
UF_ATTR_delete	从对象上删除指定类型的属性
UF_ATTR_delete_all	从对象上删除指定类型的所有属性
UF_ATTR_find_attribute	查找某一属性标题的特定属性类型
UF_ATTR_read_value	读取给定类型和标题的属性的值

NX 提供了 7 种属性类型，分别为 UF_ATTR_any、UF_ATTR_string、UF_ATTR_integer、UF_ATTR_real、UF_ATTR_null、UF_ATTR_time 和 UF_ATTR_reference，其中 UF_ATTR_any 表示所有属性类型。

部件属性对象是 UF_part_attribute_type 类型，它包含整个部件的属性信息，比如模型的材料等属性。每个 NX 部件中都有一个部件属性对象，部件属性对象可以附加多个属性项。

第 4 章　用户界面开发技术

NX 用户可以通过用户界面与应用程序及 NX 系统进行交互操作，界面开发工具包括对话框编辑工具 UI Styler 和 Block UI Styler、菜单和工具条编辑工具 MenuScript、系统对话框以及编程语言提供的界面开发工具等，用户可以综合运用各种界面开发工具开发适合自己的菜单、工具条和对话框，从而实现应用程序与 NX 系统用户界面的无缝集成。

4.1　UI Styler 对话框

UI Styler 全称为 User Interface Styler，是用户开发 NX 对话框的可视化工具，它可以避免复杂的图形用户接口（GUI）编程，其设计对话框的方式与 Visual Studio 提供的界面开发工具很相似，即利用对话框中基本单元的组合生成不同的对话框（见图 4-1），对话框中所有控件设计都是实时可见的。

图 4-1　UI Styler 对话框

UI Styler 主要提供以下的功能：

☑ 提供了让用户创建 NX 风格对话框的可视化环境，并能生成 UI Styler 文件和源代码模板，使用户在使用时不必考虑图形界面的实现；

☑ 利用可视化环境快速生成 NX 风格的对话框，从而减少开发时间；

☑ 通过选取和放置控件，从而实现所见即所得；

☑ 可以在对话框中实现用户自定义的位图；

☑ 提供了属性编辑器，从而允许用户设置和修改控件属性；

☑ UI Styler 生成的对话框可与 MenuScript、NX Open、NX Open GRIP 集成，便于用户执行二次开发程序。

4.1.1　对话框的应用环境

NX 的 UI Styler 应用模块为用户提供了可视化建立 NX 风格对话框的功能。在 NX 主菜单中选择菜单项“Application→User Interface Styler...”，进入 UI Styler 应用模块，如果使用了 NX 6 或更新版本，需要在 NX 主菜单中选择“Application→Pre NX6 UI Styler...”进入 UI Styler 应用模块。UI Styler 可视化界面如图 4-2 所示。

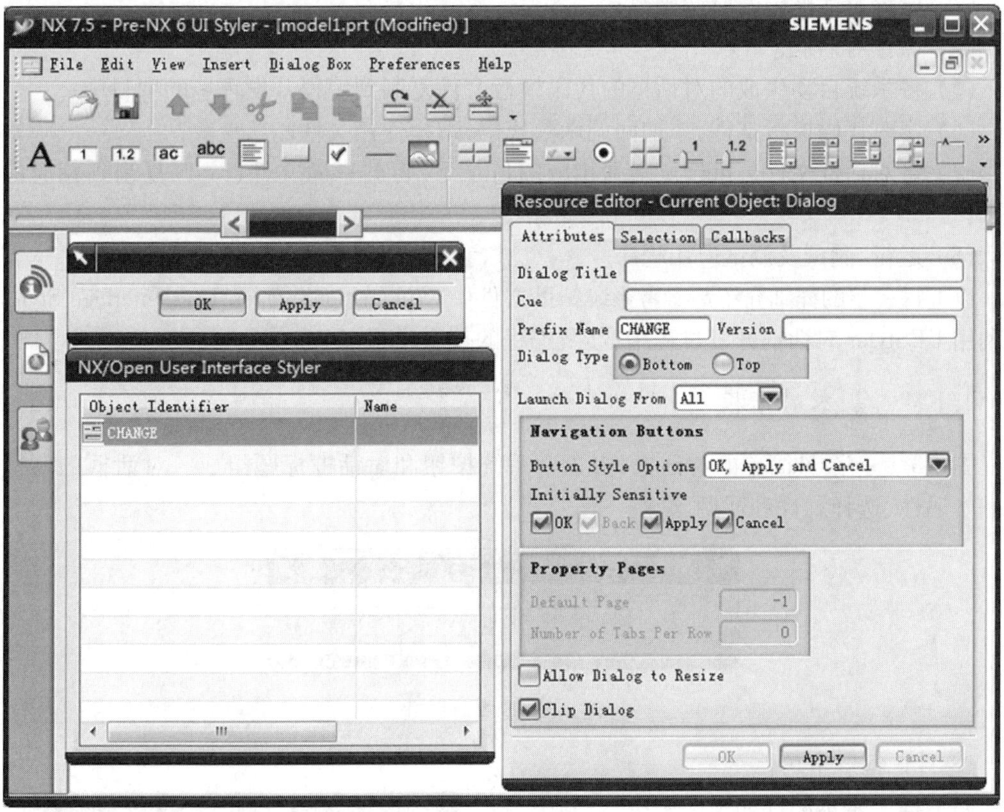

图4-2　UI Styler可视化界面

4.1.2　对话框设计

UI Styler可视化界面包括基本对话框、对象浏览器、属性编辑器、控件栏和控件编辑工具5个部分。用户在控件栏中选择控件后放置在基本对话框中，可通过对象浏览器查看在基本对话框中设置的控件对象信息，利用控件编辑工具调整控件布局，通过属性编辑器编辑对话框及指定控件的属性。

利用UI Styler创建对话框并保存，系统将根据选择的编程语言自动生成代码模板文件和对话框文件，对话框文件(*.dlg)文件需要被复制到项目主目录的application子目录下，由用户应用程序调用。

不同的编程语言自动生成的代码模板文件也不相同，目前UI Styler支持C、C++、C#、Java、VB.NET 5种编程语言，二次开发人员只需编辑模板文件，补充回调函数代码，将生成对话框应用程序文件(.dll文件)放在项目主目录的startup或application子目录下，它们在NX系统启动时加载或通过菜单调用时加载。

4.1.3　对话框的应用步骤

(1) 设计对话框界面草图；

(2) 利用UI Styler工具创建对话框；

(3) 设置对话框中的回调函数;

(4) 保存对话框;

(5) 将系统自动生成的对话框的代码模板文件复制到编程开发环境的项目中;

(6) 修改代码模板文件,添加回调函数代码,编译连接文件;

(7) 将对话框文件(.dlg)复制到相应的目录下,将共享库文件(.dll)复制到相应的目录下;

(8) 运行、测试及调试应用程序。

以上每一步的详细介绍请参考系统帮助文件中"Automation→Open User Interface Styler"。在利用 UI Styler 对话框开发过程中,涉及编程的仅有步骤(5)和(6)。

4.1.4 基本对话框

图 4-3 是一个最简单的对话框,由 3 个系统按钮和对话框标题组成。对话框的属性包括基本属性、选择属性和回调函数。

图 4-3 基本对话框

1. 对话框基本属性

对话框的基本属性如图 4-4 所示,其中包括对话框标题、提示信息、前缀名称、调用对话框的形式以及导航按钮等。

图 4-4 对话框基本属性

- 对话框标题(Dialog Title):对话框标题显示在对话框的标题栏中。
- 提示信息(Cue):对话框提示信息将显示在 NX 的提示栏中。
- 前缀名称(Prefix Name):对话框前缀名称将作为所有对话框控件名和对话框回调函数名的前缀,默认值为 CHANGE。注意:同一工程中的不同对话框应选用不同的前缀名称。
- 对话框类型(Dialog Type):对话框类型有 Bottom 和 Top 两种。Bottom 类型表明该对话框需使用导航按钮,Top 类型则相反,没有导航按钮,一般主对话框采用 Bottom 类型。
- 对话框调用点(Launch Dialog From):对话框调用点是指对话框被调用的位置和方式,包括回调函数调用、菜单调用、用户出口调用和所有调用方式。
- 导航按钮(Navigation Buttons):UI Styler 提供了 OK、Back、Apply、Cancel 和 Close 等 5

种导航按钮。对已经选择的导航按钮,系统还可以指定其激活状态。如果在导航按钮激活栏里设置了未激活的导航按钮,则当对话框被调用时,该按钮是不能被单击的。

允许对话框尺寸改变开关(Allow Dialog to Resize):当设置对话框的尺寸允许改变属性时,若对话框被调用,则允许用户改变对话框的尺寸。

2. 对话框选择属性

对话框的选择属性如图 4-5 所示,它包含了对话框激活开关、对话框选择方式和对话框选择范围定义。选择方式定义了在当前对话框被激活时,在窗口中选择对象的方式是否变化,它共有 3 种,即无变化(继承上次选择操作的属性定义)、单选、多选等。选择范围定义了当前对话框被激活时,被选择对象所有范围是否变化。它包括 4 种方式,即不变化(No Change)、在装配中(Any in Assembly)、仅在工作部件中(Work Part Only)、在工作部件和子装配中(Work Part and Subassembly)。

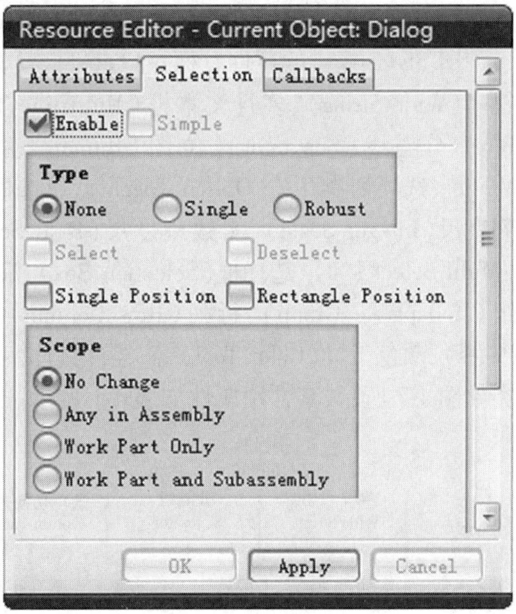

图 4-5　对话框选择属性

3. 对话框回调函数

对话框的回调函数如图 4-6 所示。所有对话框都有 6 种基本回调函数,它们分别是 Apply 按钮的回调函数、Back 按钮的回调函数、Cancel 按钮的回调函数、OK 按钮的回调函数、对话框构造函数和析构函数。对话框构造函数在 NX 对话框构造完成之后、用户应用

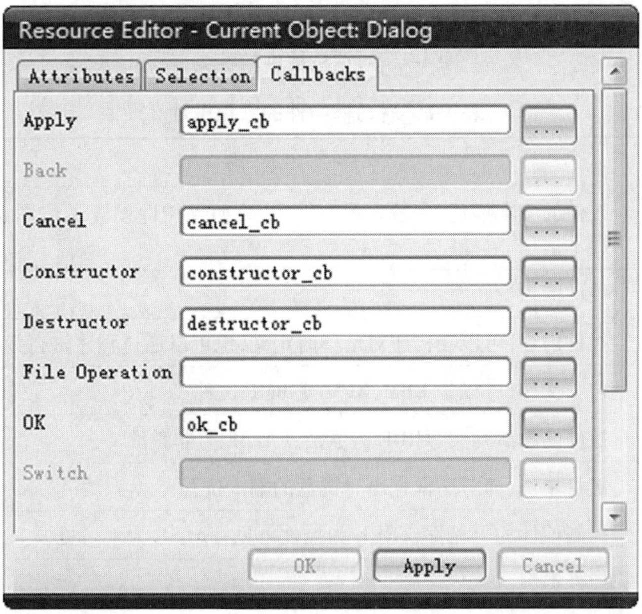

图 4-6　对话框回调函数

执行之前调用，由于此时对话框上的所有控件都可以被使用，因此构造函数是初始化对话框的最佳位置。对话框析构函数是在 NX 对话框关闭之前被调用，此时对话框中的控件仍然可以被访问，对话框析构函数为用户提供了诸如释放内存等析构操作的位置。

4.1.5　控件种类

UI Styler 提供的控件有标签（Label）、整数（Integer）、实数（Real）、字符串（String）、宽字符串（Wide String）、多行文本框（Multi-line Text Box）、按钮（Push Button）、复选框（Check Box）、分隔线（Separator）、位图（Bitmap）、按钮布局（Button Layout）、选项菜单（Option Menu）、选项切换开关（Option Toggle）、单选框（Radio Box）、工具资源板（Tool Palette）、整数刻度尺（Integer Scale）、实数刻度尺（Real Scale）、单选列表（Single Select List）、多选列表（Multi Select List）、选择框（Selection Box）、滚动窗口（Scrolled Window）、组（Group）、可折叠组（Collapsible Group）、行列（Row Column）、选项卡控件（Tab Control）、属性页（Property Pages）、颜色工具（Color Tool）等，控件具体用法与 VB 等可视化语言相似。UI Styler 控件种类如图 4-7 所示，其常用属性如表 4-1 所示。

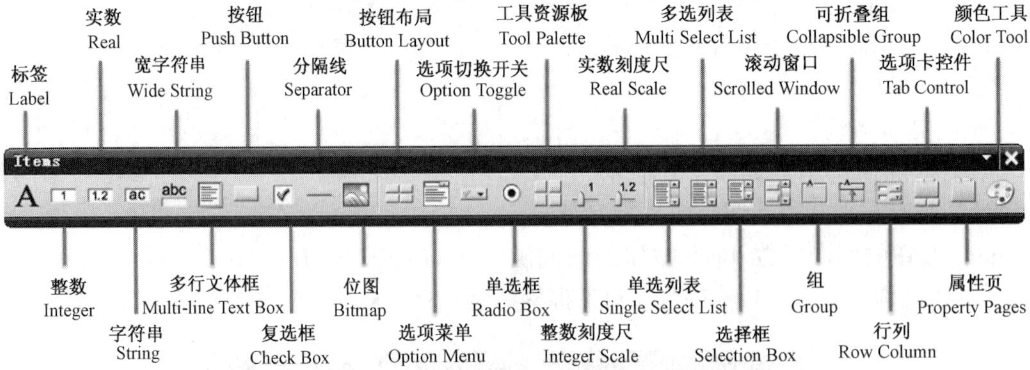

图 4-7　对话框控件的种类

表 4-1　对话框控件的常用属性

属　性	描　述
label	控件的文本描述，一般表示控件用途；如果控件设置了位图属性，则显示为文本提示信息
object identifier	控件标识
value	控件内容，可以在构建对话框时定义，也可以通过程序进行设定
bitmap	位图文件，可以是 UBM、XPM 或 BMP 文件
sensitive	控件的激活开关，TRUE 为激活，FALSE 为非激活
focus	键盘聚焦，即对话框弹出时键盘的输入位置
visibility	控制控件的可见性，TRUE 为控件可见，FALSE 为不可见
item type	控件类型
list deselect	取消列表框中选项的选中状态

续表

属　性	描　述
list insert	在列表框中插入若干选择项
list delete	删除列表框中的指定选项
list show	设置列表框中显示的选择项

4.1.6　控件访问

4.1.6.1　常用数据类型和函数

访问 UI Styler 对话框控件经常用到的数据类型是结构 UF_STYLER_item_value_type_s，以及创建对话框函数 UF_STYLER_create_dialog()、查询对话框控件属性值函数 UF_STYLER_ask_value()和设置对话框控件属性值函数 UF_STYLER_set_value()。

结构 UF_STYLER_item_value_type_s 通常在查询对话框控件属性值和设置对话框控件属性值时使用，例如作为函数 UF_STYLER_ask_value()的输出参数和函数 UF_STYLER_set_value()的输入参数。结构 UF_STYLER_item_value_type_s 的成员变量如表 4-2 所示，其定义如下：

```
struct UF_STYLER_item_value_type_s {
        int reason;
        const char * item_id;
        int subitem_index;
        int count;
        int item_attr;
        int indicator;
        UF_STYLER_value_t value;
};
```

表 4-2　结构 UF_STYLER_item_value_type_s 的成员变量

成员变量	成员变量说明
reason	表明触发回调函数的原因，一般不需要用户修改
item_id	表示控件的标识
subitem_index	用来标识某些控件（比如 Option Menu、Radio Box）子对象
count	当 value 是数组时，表示数组的长度
item_attr	当前结构变量描述的控件属性
indicator	指明 value 的数据类型
value	union 类型的数据，表明控件的值。注意：必须利用函数 UF_STYLER_free_value 释放字符串或数组申请的内存

1. UF_STYLER_ask_value 函数

函数 UF_STYLER_ask_value 用来查询对话框控件的属性值，其成员说明如表 4-3 所示。

该函数只能用在对话框定义的回调函数中，其语法格式如下：

```
extern int UF_STYLER_ask_value(
  int dialog_id,
  UF_STYLER_item_value_type_p_t value);
```

表 4-3 函数 UF_STYLER_ask_value 的成员说明

参 数	描 述
dialog_id	输入参数。表示被查询控件所属对话框的标识，通常是由 UI Styler 对话框传递给回调函数
value	输入/输出参数。作为输入参数，value 指明查询对象和该对象的属性；作为输出参数，value返回被查询控件的属性。必须利用函数 UF_STYLER_free_value 释放字符串或数组申请的内存

2. UF_STYLER_set_value 函数

函数 UF_STYLER_set_value 用来设置控件的属性值，其成员说明如表 4-4 所示。该函数只能用在对话框定义的回调函数中，其语法格式如下：

```
extern int UF_STYLER_set_value(
   int dialog_id,
   UF_STYLER_item_value_type_p_t value);
```

表 4-4 函数 UF_STYLER_set_value 的成员说明

参 数	描 述
dialog_id	输入参数，表示被查询控件所属对话框的标识，通常是由 UI Styler 对话框传递给回调函数
value	输入参数，用于指明被修改的控件、控件属性和控件属性值

4.1.6.2 字符串(String)控件

设置字符串输入框的控件属性时涉及的变量与参数如表 4-5 所示。

表 4-5 设置 String 控件属性

属 性	变 量	输入参数
bitmap	item_attr	UF_STYLER_BITMAP
	item_id	被设置的控件标识
	value. string	位图文件名，为 UBM、XPM 或 BMP 文件
label	item_attr	UF_STYLER_LABEL
	item_id	被设置的控件标识
	value. string	显示在输入框左边的文本内容
value	item_attr	UF_STYLER_VALUE
	item_id	被设置的控件标识
	value. string	显示在输入框中的文本内容

续表

属　性	变　量	输入参数
sensitive	item_attr	UF_STYLER_SENSITIVITY
	item_id	被设置的控件标识
	value. integer	TRUE 为控件激活,FALSE 为非激活
visibility	item_attr	UF_STYLER_VISIBILITY
	item_id	被设置的控件标识
	value. integer	TRUE 为控件可见,FALSE 为不可见
focus	item_attr	UF_STYLER_FOCUS
	item_id	被设置的控件标识

下面的代码实现设置字符串控件激活状态的功能：

```
extern void Test_set_sensitivity ( int  dialog_id, char  *item_id, logical  check )
{  UF_STYLER_item_value_type_t  item_sensitivity = {0};
   item_sensitivity. item_attr = UF_STYLER_SENSITIVITY;
   item_sensitivity. item_id = item_id;//字符串输入框控件标识
   item_sensitivity. value. integer = check ? 1 : 0;//控制字符串输入框控件激活状态
   UF_STYLER_set_value ( dialog_id, &item_sensitivity );
}
```

获取字符串输入框的控件属性时涉及的变量与参数如表4-6所示。

表4-6　获取String控件属性

属　性	输入/输出参数	变　量	数　值
value	输入参数	item_attr item_id	UF_STYLER_VALUE 控件标识
	输出参数	indicator count value. string	UF_STYLER_STRING_VALUE 1 字符串输入框的内容
sensitive	输入参数	item_attr item_id	UF_STYLER_SENSITIVITY 控件标识
	输出参数	indicator count value. integer	UF_STYLER_INTEGER_VALUE 1 TRUE 为激活;FALSE 为非激活
visibility	输入参数	item_attr item_id	UF_STYLER_VISIBILITY 控件标识
	输出参数	indicator count value. integer	UF_STYLER_INTEGER_VALUE 1 TRUE 为可见;FALSE 为非可见

续表

属　性	输入/输出参数	变　量	数　值
item type	输入参数	item_attr item_id	UF_STYLER_ITEM_TYPE 控件标识
	输出参数	indicator count value. integer	UF_STYLER_INTEGER_VALUE 1 UF_STYLER_STRING_TYPE

下面的代码实现获取字符串输入框控件输入值的功能：

```
extern void Test_read_string ( int  dialog_id, char  * item_id, char  * value )
{  UF_STYLER_item_value_type_t  Text = {0};
   Text. item_attr = UF_STYLER_VALUE;
   Text. item_id = item_id;    //字符串输入框控件标识
   UF_STYLER_ask_value ( dialog_id, &Text );
   sprintf ( value, "%s", Text. value. string );
   UF_STYLER_free_value ( &Text );
}
```

4.1.6.3 按钮(Push Button)控件

设置按钮的控件属性时涉及的变量与参数如表 4-7 所示。

表 4-7　设置 Push Button 控件属性

属　性	变　量	输入参数
bitmap	item_attr	UF_STYLER_BITMAP
	item_id	被设置的控件标识
	value. string	位图文件名,为 UBM、XPM 或 BMP 文件
label	item_attr	UF_STYLER_LABEL
	item_id	被设置的控件标识
	value. string	显示在按钮上的文本内容
sensitive	item_attr	UF_STYLER_SENSITIVITY
	item_id	被设置的控件标识
	value. integer	TRUE 为控件激活,FALSE 为非激活
visibility	item_attr	UF_STYLER_VISIBILITY
	item_id	被设置的控件标识
	value. integer	TRUE 为控件可见,FALSE 为不可见
focus	item_attr	UF_STYLER_FOCUS
	item_id	被设置的控件标识
default action	item_attr	UF_STYLER_DEFAULT_ACTION
	item_id	被设置的控件标识

下面的代码实现设置按钮控件标签的功能：

```
extern void Test_set_label ( int  dialog_id, char  * item_id, char  * name )
{  UF_STYLER_item_value_type_t  Text = {0};
   Text. item_attr = UF_STYLER_LABEL;
   Text. item_id = item_id;  //按钮控件标识
   Text. value. string = name; //设置按钮控件标签
   UF_STYLER_set_value ( dialog_id, &Text );
}
```

获取按钮控件属性时涉及的变量与参数如表 4-8 所示。

表 4-8　获取 Push Button 控件属性

属　性	输入/输出参数	变　量	数　值
sensitive	输入参数	item_attr item_id	UF_STYLER_SENSITIVITY 控件标识
	输出参数	indicator count value. integer	UF_STYLER_INTEGER_VALUE 1 TRUE 为激活，FALSE 为非激活
visibility	输入参数	item_attr item_id	UF_STYLER_VISIBILITY 控件标识
	输出参数	indicator count value. integer	UF_STYLER_INTEGER_VALUE 1 TRUE 为可见；FALSE 为非可见
item type	输入参数	item_attr item_id	UF_STYLER_ITEM_TYPE 控件标识
	输出参数	indicator count value. integer	UF_STYLER_INTEGER_VALUE 1 UF_STYLER_ACTION_BUTTON_TYPE

下面的代码实现获取按钮控件可见性状态的功能：

```
extern void Test_set_visibility ( int  dialog_id, char  * item_id, logical  check )
{  UF_STYLER_item_value_type_t  item_visibility = {0};
   item_visibility. item_attr = UF_STYLER_VISIBILITY;
   item_visibility. item_id = item_id;  //按钮控件标识
   item_visibility. value. integer = check ? 1 : 0;
   UF_STYLER_set_value ( dialog_id, &item_visibility );
}
```

4.1.6.4　单选框(Radio Box)控件

设置单选框的控件属性时涉及的变量与参数如表 4-9 所示。

表 4-9　设置 Radio Box 控件属性

属　性	变　量	输入参数
label	item_attr	UF_STYLER_LABEL
	item_id	被设置的控件标识
	value. string	控件的描述文本内容
value	item_attr	UF_STYLER_VALUE
	item_id	被设置的控件标识
	subitem_index	被选中的按钮索引,必须在选择范围之内
sensitive	item_attr	UF_STYLER_SENSITIVITY
	item_id	被设置的控件标识
	value. integer	TRUE 为控件激活,FALSE 为非激活
	subitem_index	被选中的按钮索引,必须在选择范围之内
visibility	item_attr	UF_STYLER_VISIBILITY
	item_id	被设置的控件标识
	value. integer	TRUE 为控件可见,FALSE 为不可见
default action	item_attr	UF_STYLER_DEFAULT_ACTION
	item_id	被设置的控件标识

下面的代码实现设置单选框控件标识的功能:

```
extern void Test_set_radio ( int  dialog_id, char  * item_id, int  value )
{  UF_STYLER_item_value_type_t   Radio = {0};
   Radio. item_attr = UF_STYLER_VALUE;
   Radio. item_id = item_id;  //单选框控件标识
   Radio. subitem_index = value;
   UF_STYLER_set_value ( dialog_id, &Radio );
}
```

获取单选框的控件属性时涉及的变量与参数如表 4-10 所示。

表 4-10　获取 Radio Box 控件属性

属　性	输入/输出参数	变　量	数　值
value	输入参数	item_attr item_id	UF_STYLER_VALUE 控件标识
	输出参数	indicator count value. string	UF_STYLER_STRING_VALUE 1 被选中对象的值

续表

属　性	输入/输出参数	变　量	数　值
sensitive	输入参数	item_attr item_id	UF_STYLER_SENSITIVITY 控件标识
	输出参数	indicator count value. integer	UF_STYLER_INTEGER_VALUE 1 TRUE 为激活;FALSE 为非激活
visibility	输入参数	item_att ritem_id	UF_STYLER_VISIBILITY 控件标识
	输出参数	indicator count value. integer	UF_STYLER_INTEGER_VALUE 1 TRUE 为可见;FALSE 为非可见
item type	输入参数	item_attr item_id	UF_STYLER_ITEM_TYPE 控件标识
	输出参数	indicator count value. integer	UF_STYLER_INTEGER_VALUE 1 UF_STYLER_RADIO_BOX_TYPE

下面的代码实现获取单选框控件标识的功能：

```
extern void Test_read_radio ( int   dialog_id, char   * item_id, int   * value )
{  UF_STYLER_item_value_type_t    Radio  =  {0};
   Radio. item_attr  =  UF_STYLER_VALUE;
   Radio. item_id  =  item_id; //单选框控件标识
   UF_STYLER_ask_value ( dialog_id, &Radio );
   * value  =  Radio. value. integer;
   UF_STYLER_free_value ( &Radio );
}
```

4.1.6.5 选项菜单(Option Menu)控件

设置选项菜单的控件属性时涉及的变量与参数如表4-11所示。

表4-11　设置 Option Menu 控件属性

属　性	变　量	输入参数
bitmap	item_attr	UF_STYLER_BITMAP
	item_id	被设置的控件标识
	value. strings	位图文件构成的数组。如果所有位图文件在同一文件夹中，则只需设置一个入口即可。需注意的是,文件的数目必须与设定的数目一致
	count	选项的数量
label	item_attr	UF_STYLER_LABEL
	item_id	被设置的控件标识
	value. string	控件的文本描述

续表

属性	变量	输入参数
items	item_attr	UF_STYLER_SUBITEM_VALUES
	item_id	被设置的控件标识
	value. strings	所有下拉选项构成的数组,包括所有文本和位图文件
	count	选项的数量
value	item_attr	UF_STYLER_VALUE
	item_id	被设置的控件标识
	subitem_index	选中的下拉选项,必须处在选择范围之内
sensitive	item_attr	UF_STYLER_SENSITIVITY
	item_id	被设置的控件标识
	value. integer	TRUE 为激活,FALSE 为非激活
	subitem_index	如果设定整个控件的激活状态,则设为 UF_STYLER_NO_SUB_INDEX;如果设定单个下拉选项的激活状态,则设为下拉选项值
visibility	item_attr	UF_STYLER_VISIBILITY
	item_id	被设置的控件标识
	value. integer	TRUE 为控件可见,FALSE 为不可见

下面的代码实现选中选项菜单控件某选项的功能:

```
extern void Test_set_option_activeitem ( int  dialog_id, char  * item_id,  int  value )
{  UF_STYLER_item_value_type_t  Option = {0};
   Option. item_attr = UF_STYLER_VALUE;
   Option. item_id = item_id;
   Option. subitem_index = value;
   UF_STYLER_set_value ( dialog_id, &Option );
}
```

获取选项菜单控件属性时涉及的变量与参数如表 4-12 所示。

表 4-12 获取 Option Menu 控件属性

属性	输入/输出参数	变量	数值
item	输入参数	item_attr item_id	UF_STYLER_SUBITEM_VALUES 控件标识
	输出参数	indicator value. strings	UF_STYLER_STRING_PTR_VALUE 下拉选项构成的数组,必须用 UF_STYLER_free_value 释放内存

续表

属　性	输入/输出参数	变　量	数　值
value	输入参数	item_attr item_id	UF_STYLER_VALUE 控件标识
	输出参数	indicator count value. integer	UF_STYLER_INTEGER_VALUE 1 被选中对象的值
sensitive	输入参数	item_attr item_id	UF_STYLER_SENSITIVITY 控件标识
	输出参数	indicator count value. integer	UF_STYLER_INTEGER_VALUE 1 TRUE 为激活;FALSE 为非激活
visibility	输入参数	item_attr item_id	UF_STYLER_VISIBILITY 控件标识
	输出参数	indicator count value. integer	UF_STYLER_INTEGER_VALUE 1 TRUE 为可见;FALSE 为非可见
item type	输入参数	item_attr item_id	UF_STYLER_ITEM_TYPE 控件标识
	输出参数	indicator count value. integer	UF_STYLER_INTEGER_VALUE 1 UF_STYLER_OPTION_MENU_TYPE

下面的代码实现获取选项菜单控件所有选项值的功能：

```
    extern void Test_read_option_allitems ( int  dialog_id, char  * item_id,
int  * count, char  *** strings )
    {  UF_STYLER_item_value_type_t  Option = {0} ;  int i, error = 0;
       Option. item_attr = UF_STYLER_SUBITEM_VALUES;
       Option. item_id = item_id;
       Option. indicator = UF_STYLER_STRING_PTR_VALUE;
       UF_STYLER_ask_value ( dialog_id, &Option ) ;
       ( * count) = Option. count;
       ( * strings) = (char ** ) UF_allocate_memory ( Option. count *
sizeof ( char * ), &error ) ;
       for ( i = 0; i < Option. count; i ++ )
       {  ( * strings)[i] = NULL;
          ( * strings)[i] = (char * )UF_allocate_memory( 133 * sizeof(char),&error);
          sprintf ( ( * strings)[i], "%s", Option. value. strings[i] ) ;
       }  UF_STYLER_free_value ( &Option ) ;
    }
```

4.1.6.6　单选列表(Single Select List)控件

设置单选列表控件属性时涉及的变量与参数如表 4-13 所示。

表 4-13 设置 Single Select List 控件属性

属 性	变 量	输入参数
items	item_attr	UF_STYLER_SUBITEM_VALUES
	item_id	被设置的控件标识
	value. strings	选项构成的数组
	count	选项数目
value	item_attr	UF_STYLER_VALUE
	item_id	被设置的控件标识
	subitem_index	要选中的选项
list deselect	item_attr	UF_STYLER_LIST_DESELECT
	item_id	被设置的控件标识
	subitem_index	取消选中的选择项
list insert	item_attr	UF_STYLER_LIST_INSERT
	item_id	被设置的控件标识
	subitem_index	设定选择项插入位置
	indicator	UF_STYLER_STRING_VALUE：如果只插入一个选择项，且 value. string必须包含该选择项 UF_STYLER_STRING_PTR_VALUE：如果插入的是一系列选择项，且 value. strings 必须包含要插入的选择项，count 定义插入选择项的数目
	value. string	插入项，只插入单个选择项时使用
	value. stirngs	插入项，插入一系列选择项时使用
	count	要插入的选择项数目
list delete	item_attr	UF_STYLER_LIST_DELETE
	item_id	被设置的控件标识
	subitem_index	要删除的选择项
list show	item_attr	UF_STYLER_SHOW
	item_id	被设置的控件标识
	subitem_index	当前显示在列表框顶端的选择项值

下面的代码实现选中单选列表框控件某一选项的功能：

```
    extern void Test_set_singleselectlist_activeitem ( int  dialog_id, char  * item_id,
int  value )
    {  UF_STYLER_item_value_type_t  Singleselectlist = {0};
       Singleselectlist. item_attr = UF_STYLER_VALUE;
       Singleselectlist. item_id = item_id;
       Singleselectlist. subitem_index = value;
```

```
    UF_STYLER_set_value ( dialog_id, &Singleselectlist );
}
```

获取单选列表框的控件属性时涉及的变量与参数如表 4-14 所示。

表 4-14　获取 Single Selection List 控件属性

属　性	输入/输出	变　量	数　值
item	输入参数	item_attr item_id	UF_STYLER_SUBITEM_VALUES 控件标识
	输出参数	indicator value. strings count	UF_STYLER_STRING_PTR_VALUE 列表框选项构成的数组,必须用 UF_STYLER_free_value 释放内存 获得选择项的数目
value	输入参数	item_attr item_id indicator	UF_STYLER_VALUE 控件标识 UF_STYLER_INTEGER_VALUE 表示选项的索引;UF_STYLER_STRING_VALUE 表示选项内容
	输出参数	count value. integer 或 value. string	0 表示未选中,1 表示有一项被选中
sensitive	输入参数	item_attr item_id	UF_STYLER_SENSITIVITY 控件标识
	输出参数	indicator count value. integer	UF_STYLER_INTEGER_VALUE 1 TRUE 为激活,FALSE 为非激活
visibility	输入参数	item_attr item_id	UF_STYLER_VISIBILITY 控件标识
	输出参数	indicator count value. integer	UF_STYLER_INTEGER_VALUE 1 TRUE 为可见;FALSE 为非可见
item type	输入参数	item_attr item_id	UF_STYLER_ITEM_TYPE 控件标识
	输出参数	indicator count value. integer	UF_STYLER_INTEGER_VALUE 1 UF_STYLER_STRING_LIST_TYPE

下面的代码实现获取单选列表框控件所有选项值的功能:

```
extern void Test_read_singleselectlist_allitems ( int dialog_id, char *item_id, int *count,
char *** strings )
{
    UF_STYLER_item_value_type_t  Singleselectlist = {0};
      int i, error = 0;
```

```
        Singleselectlist.item_attr = UF_STYLER_SUBITEM_VALUES;
        Singleselectlist.item_id = item_id;
        UF_STYLER_ask_value ( dialog_id, &Singleselectlist );
         ( * count) = Singleselectlist.count;
         ( * strings) = (char * * ) UF_allocate_memory (Singleselectlist.count * sizeof ( char * ),
&error );
        for ( i = 0; i < Singleselectlist.count; i ++ )
        {
         ( * strings)[i] = NULL;
            ( * strings)[i] = (char * )UF_allocate_memory(133 * sizeof(char),&error);
            sprintf ( ( * strings)[i], "%s", Singleselectlist.value.strings[i] );
        }
        UF_STYLER_free_value ( &Singleselectlist );
    }
```

4.2 Block UI Styler

Block UI Styler 是一个可视化的用户界面生成器,用于创建基于 NX 块样式对话框的工具。Block UI Styler 用户界面由“块”和“组”构成,如图 4-8 所示。块(Block)是指可重用的对话框组件,如文本框、列表框等;组(Group)是指可以放置“块”的容器及其包含的块。

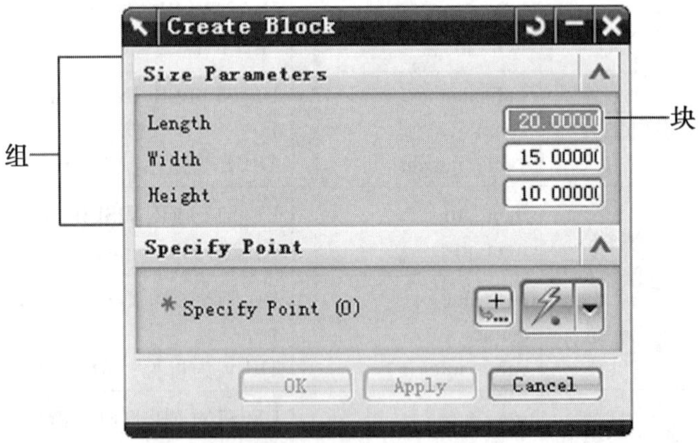

图 4-8 Block UI Styler

目前 Block UI Styler 支持 C ++ 、VB.NET、C#和 Java 4 种语言,不支持 C 语言,因此无法在 NX Open C 环境下使用 Block UI Styler。Block UI Styler 与 MenuScript 兼容,能够开发出 NX 样式的对话框并生成代码构架,缩短开发周期。使用 Block UI Styler 创建的对话框支持 NX 的本地化功能。

4.2.1 Block UI Styler 界面

Block UI Styler 界面由工具条、块目录、可视化界面设计器和对话框窗口组成,如图 4-9 所示。

图 4-9　Block UI Styler 用户界面

4.2.1.1　工具条

工具条中的键钮从左到右分别是新建、打开、保存、剪切、复制、粘贴、上移、下移、从组内移出，如图 4-10所示。

图 4-10　工具条

4.2.1.2　块目录

块目录包含了所有可以使用的块，共包含 5 大类，分别为“基本(Basic)”、“数字(Numbers)”、“布局(Layout)”、“选择(Selection)”和“特殊(Special)”，如图 4-11 所示。每一大类又包含若干个块，例如“基本”目录内就包含了标签、列表、分隔符等多个块。用户只需单击块，即可把相应的块添加到对话框中。

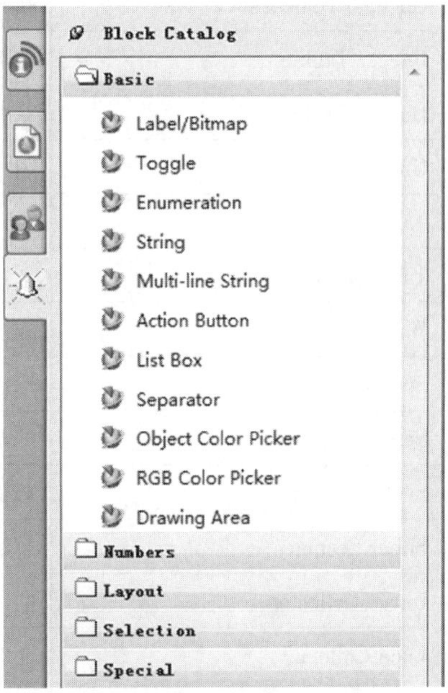

图 4-11　块目录

块说明信息如表 4-15 所示。

表 4-15 块说明信息

类型	名称	说明
Label/Bitmap	标签/位图	显示文字或位图
Toogle	切换开关	复选框
Enumeration	枚举	下拉列表框
String	字符串	字符串输入框
Multi-line String	多行字符串	多行字符串输入框
Action Button	操作按钮	按钮
List Box	列表框	列表框
Separator	分隔线	分隔线
Object Color Picker	对象颜色拾取器	拾取对象颜色
RGB Color Picker	RGB 颜色拾取器	拾取 RBG 颜色
Drawing Area	绘图区	绘图控件
Integer	整数	整数输入框
Double	双精度数	双精度数输入框
Expression	表达式	表达式输入框
Linear Dimension	线性尺寸	输入长度类型表达式
Angular Dimension	角度尺寸	输入角度类型表达式
Radius Dimension	半径尺寸	输入半径类型表达式
On Path Dimension	轨迹上尺寸	沿曲线输入表达式
Integer Table	整数表	输入一组整数
Double Table	双精度表	输入一组双精度数
Group	组	以组方式包含块
Table	表	以表方式包含块
Tab Control	选项卡控件	选择卡控件
Wizard	向导	向导控件
Scrolled Window	滚动窗口	滚动窗口控件
Select Object	选择对象	选择对象
Section Builder	截面构建器	截面构建器
Super Section	超级截面	超级截面
Curve Collector	曲线收集器	曲线收集器
Face Collctor	面收集器	面收集器
Body Collector	体收集器	体收集器

续表

类 型	名 称	说 明
Select Feature	选择特征	选择特征
Specify Point	指定点	指定点
Specify Vector	指定矢量	指定矢量
Specify Axis	指定轴	指定轴
Specify Plane	指定平面	指定平面
Specify CSYS	指定 CSYS	指定 CSYS
Specify Location	指定位置	指定位置
Specify Orientation	指定原点	指定原点
Select Part from List	从列表选择部件	从列表选择部件
Select Node	选择节点	选择节点
Select Element	选择单元	选择单元
Reverse Direction	反向	反向
Set List	集列表	集列表
OrientXpress	OrientXpress	选择轴、平面和 CSYS
Microposition	微定位	滑杆控件
File Selection with Browse	文件选择对话框	文件选择对话框
Folder Selection with Browse	文件夹选择对话框	文件夹选择对话框
Choose Expression	选择表达式	选择表达式
Tree List	树列表	树列表

4.2.1.3 对话框窗口

对话框窗口包含了 2 个标签，分别为对话框（Dialog）和代码生成（Code Generation）。其中对话框标签中包含了块（Blocks）和属性（Properties）2 个组。

1. 块

在“对话框”标签中以树形方式列出了当前对话框中用到的块，树的结点有 3 种类型，分别为对话框本身、容器（Group、Tabbed Pages、Scrolled Windows 等）和块。树的顶结点代表对话框本身。列出的块包含 4 个属性，如表 4-16 所示。

表 4-16 Blocks 结点属性

属 性	属性说明
BlockID	块的 ID 号
Label	标签
BlockType	块类型
Notes	说明信息，可通过右击块 ID 选择“AddNote”来添加说明信息

2. 属　性

在“对话框”标签中列出了当前选择结点的属性，用户可以通过双击或右击修改这些属性值。

3. 代码生成

“代码生成”标签的类别、属性与说明如表 4-17 所示。

表 4-17　代码生成

类别	属性与说明
General	Language：右击可以选择生成的代码语言，包含 C#、C ++ 、Java 和 VB. NET 共 4 种 Generate Comment：是否生成注释代码
Entry Points	选择生成的入口点，包含 Callback、Menu 和 User Exit 共 3 个入口点，用户可以根据需要选择生成其中一个或多个入口点
Dialog Callbacks	选择需要生成的回调函数，包含 Filter、Update、OK、Apply、Cancel、Initialize 和 Destructor等

（1）入口点说明

- Callback：表示对话框通过回调函数调用，例如通过另一个对话框的按钮调用本对话框；
- Menu：表示对话框通过菜单调用；
- User Exit：表示对话框通过用户出口调用。

（2）回调函数说明

- Filter：选择对象时调用，只用于具有选择功能的块；
- Update：块更新时调用，例如在文本框中输入数据时调用；
- OK：单击 OK 按钮时调用；
- Apply：单击 Apply 按钮时调用；
- Cancel：单击 Cancel 按钮时调用；
- Initialize：初始化对话框时调用；
- Dialog Shown：对话框显示之前调用；
- Focus Notify：当控件获得焦点时调用，只用于不需要键盘输入的块，例如“Selection”块；
- Keyboard Focus Notify：当控件获得焦点时调用，只用于需要键盘输入的块，例如“Double”块。

4.2.2　Block UI Styler 实例实践

由于 Block UI Styler 不支持 NX Open C，这里采用了 NX Open for . NET，编程语言为 C#。NX Open for . NET 相关内容请参阅第 10 章。本例通过创建指定长、宽、高的长方体来说明 Block UI Styler 的用法，步骤如下：

（1）启动 NX 7.5 系统，新建一个部件文件。

（2）单击“Start→All Applications→Block UI Styler”，进入 Block UI Styler 设计界面。

（3）单击“Block Catalog”中“Numbers”类别下的“Double”块 3 次，添加 3 个浮点数输入块，如图 4-12 所示。

（4）为对话框、Group 和 Double 设置 Block ID 和 Lable，如图 4-13 所示。

（5）设置属性后的对话框如图 4-14 所示。

（6）单击“Code Generation”标签，设置代码生成方式，如图 4-15 所示。

图 4-12　添加 3 个浮点数输入块

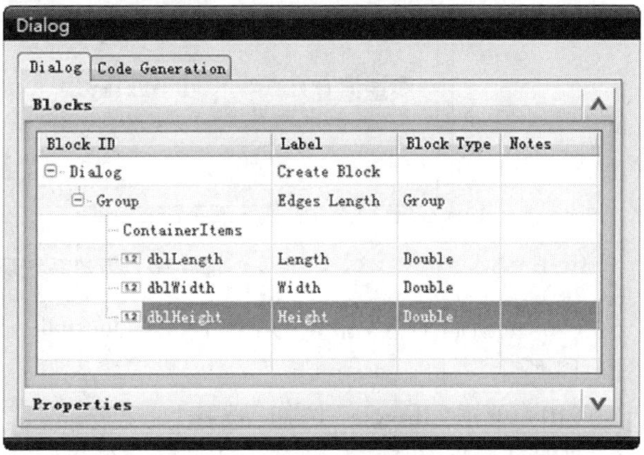

图 4-13　设置属性

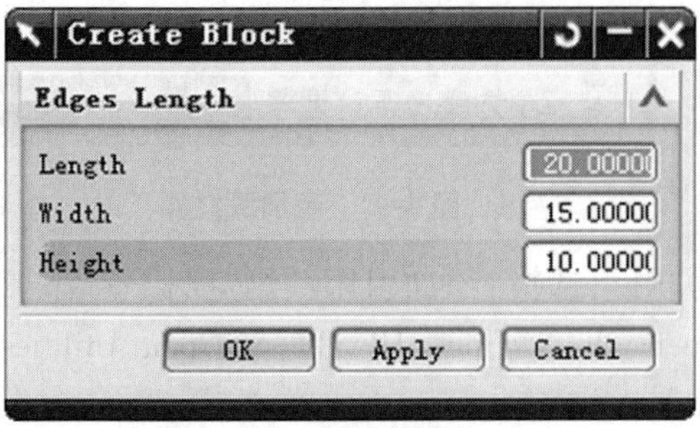

图 4-14　设置属性后的对话框

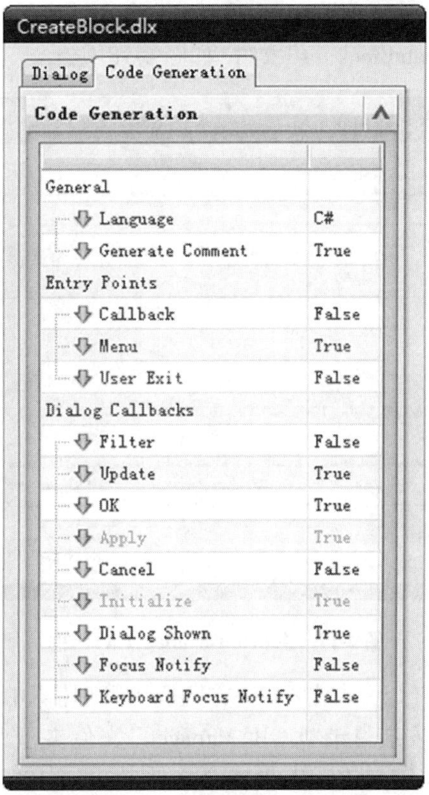

图 4-15　代码生成方式

（7）单击“File→Save”，输入文件名“CreateBlock”，保存对话框文件，得到 2 个文件，分别为 CreateBlock. cs 和 CreateBlock. dlx。

(8) 将 2 个文件复制到“... \ Example \ application”文件夹下,设置系统环境变量“UGII_USER_DIR”为“... \Example”,如图 4-16 所示。

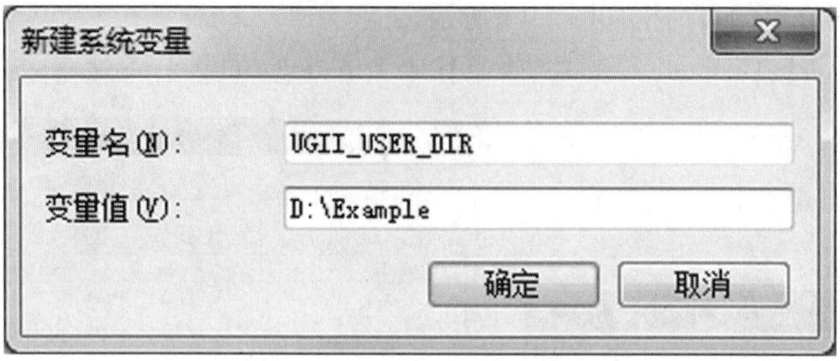

图 4-16　新建系统环境变量

(9) 重新启动 NX 7.5,单击“Tools→Journal→Play”,弹出“Journal Manager”对话框,如图 4-17 所示。

(10) 单击“Browse”按钮,选择“... \ Example \ application \ CreateBlock. cs”文件,单击“Run”即可看到对话框。这种方法不需要编译就可以运行源代码文件,能简单测试对话框。

(11) 启动 Visual Studio,新建一个 C#类库项目,项目名称为“CreateBlock”。

(12) 删除 Visual Studio 自动生成的“Class1. cs”文件,添加通过 Block UI Styler 生成的“CreateBlock. cs”文件,如图 4-18 所示。

图 4-17　Journal Manager 对话框

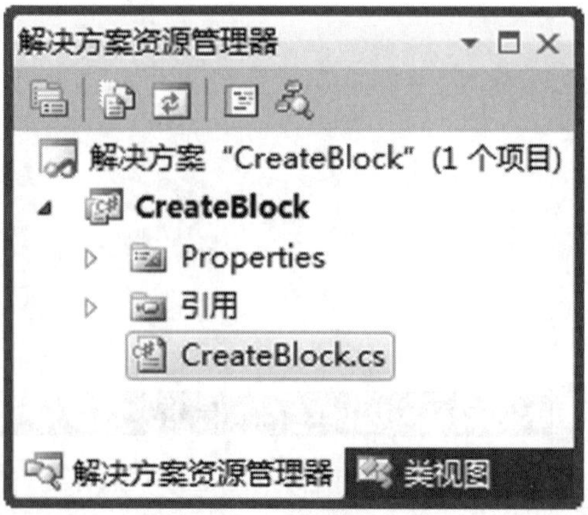

图 4-18　添加源文件

(13) 右击“解决方案资源管理器”中的“引用”,选择“添加引用→浏览”标签,添加 NX 7.5 安装目录“UGII\Managed”文件夹下 NXOpen. dll、NXOpen. UF. dll、NXOpen. Utilities. dll 和 NXOpenUI. dll 共 4 个文件,如图 4-19 所示。

图 4-19　添加引用

(14) 在 Visual Studio 中打开"CreateBlock. cs",找到"Apply_cb"方法,添加创建长方体的代码,完成后的代码如下所示:

```
public int Apply_cb()
{
    int errorCode = 0;
    try
    {
        Session ssn = Session.GetSession();
        NXOpen.UF.UFSession ufs = NXOpen.UF.UFSession.GetUFSession();
        Part workPart = ssn.Parts.Work;
        Part displayPart = ssn.Parts.Display;

        string blkLength = dblLength.GetProperties().GetDouble("Value").ToString();
        string blkWidth = dblWidth.GetProperties().GetDouble("Value").ToString();
        string blkHeight = dblHeight.GetProperties().GetDouble("Value").ToString();


        NXOpen.Features.BlockFeatureBuilder blockFeatureBuilder =
workPart.Features.CreateBlockFeatureBuilder(null);
        blockFeatureBuilder.BooleanOption.Type =
NXOpen.GeometricUtilities.BooleanOperation.BooleanType.Create;
        blockFeatureBuilder.BooleanOption.SetTargetBodies(new Body[1] { null });
        blockFeatureBuilder.Type =
NXOpen.Features.BlockFeatureBuilder.Types.OriginAndEdgeLengths;
        blockFeatureBuilder.SetOriginAndLengths(new Point3d(0.0, 0.0, 0.0), blkLength,
blkWidth, blkHeight);
        blockFeatureBuilder.SetBooleanOperationAndTarget(NXOpen.Features.Feature.
BooleanType.Create, null);
        NXOpen.Features.Feature featBlock = blockFeatureBuilder.CommitFeature();
```

```
            blockFeatureBuilder.Destroy();
        }
        catch (Exception ex)
        {
            //---- Enter your exception handling code here -----
            errorCode = 1;
            theUI.NXMessageBox.Show("Block Styler", NXMessageBox.DialogType.Error,
ex.ToString());
        }
        returnerrorCode;
    }
```

(15) 编译源代码,把生成的"CreateBlock. dll"文件复制到"... \Example\application"文件夹下,此时在 NX 下新建一个部件文件后,通过"File→Excute→NX Open"功能运行"... \Example\application"文件夹下的"CreateBlock. dll"文件,可以看到对话框已能够显示,并能够根据用户输入的尺寸创建长方体。

(16) 编写菜单文件"CreateBlock. men",并将其放到"... \Example\startup"文件夹下,内容如下所示:

```
VERSION 160
EDIT UG_GATEWAY_MAIN_MENUBAR

AFTER UG_HELP
  CASCADE_BUTTON MENU_EXAMPLE
  LABEL Example
END_OF_AFTER

MENU MENU_EXAMPLE
  BUTTON BTN_CREATE_BLOCK
  LABEL Create Block...
  ACTIONS CreateBlock.dll
END_OF_MENU
```

(17) 此时"CreateBlock"项目已经完成,重新启动 NX 7.5,新建一个部件文件,可以看到 NX 中新添加的菜单项"Example",如图 4-20 所示。生成的长方体如图 4-21 所示。

图 4-20 菜单项

图 4-21 效果图

4.3 MenuScript 应用

MenuScript 是 NX Open 的一个重要组成部分，是一种 NX 定义的具有一定语法规则的脚本语言。通过它，用户不仅可以对 NX 中原有的菜单进行编辑、隐藏，重新摆放菜单项的位置，改变菜单的显示文本或响应行为等，而且可以为定制的应用程序开发相应的菜单。菜单脚本文件的扩展名为 *. men（文本文件），工具条文件的扩展名为 *. tbr（文本文件），工具条 *. tbr 没有 ACTIONS 响应应用程序的命令，只有保持 *. men 和 *. tbr 中的 BUTTON 的 ID 一致，才能使工具条自动调菜单里的响应应用程序。图 4-22 和图 4-23 就是使用 MenuScript 创建的菜单和工具条。

MenuScript 的应用包括以下 2 部分：

（1）编辑纯文本的 MenuScript 脚本文件来创建并修改 NX 的工具条、主菜单及下拉菜单，而无需开发应用程序；

（2）利用 NX Open 提供的 MenuScript 相关函数可以定制菜单选项的 NX 应用，这些应用对应的回调函数也是用 NX Open 编写的。

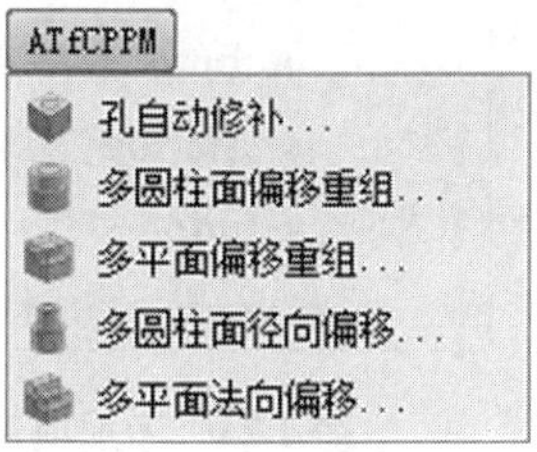

图 4-22　用户创建的菜单

图 4-23　用户创建的工具条

4.3.1　环境变量设置

NX 系统在启动时，通过访问系统来获得 NX 的环境变量。系统环境变量定义在 ugii_env. dat 文件中，若要修改环境变量的值，可以在该文件中进行修改，但应注意备份系统定义的值。

1. 系统默认的路径与环境变量

系统默认的主菜单文件 ug_main. men、弹出式菜单文件 ug_view_popup. men、与应用相关的菜单文件的位置由 3 个环境变量控制，如表 4-18 所示。

表 4-18　与系统菜单文件相关的环境变量

环境变量	描　述
UGII_DEFAULT_MENU_DIR	NX 的系统菜单文件所在的路径 默认值为 ${UGII_BASE_DIR}/ugii/menus
UGII_MAIN_MENU_FILE	主菜单文件的路径 ${UGII_DEFAULT_MENU_DIR}/ug_main. men
UGII_VIEW_POPUP_MENU_FILE	弹出式菜单文件的路径 ${UGII_DEFAULT_MENU_DIR}/ug_view_popup. men

环境变量 UGII_DEFAULT_MENU_DIR 的值不可更改。

环境变量 UGII_MAIN_MENU_FILE 和 UGII_VIEW_POPUP_MENU_FILE 的值可以更改。可以把 ug_main. men 和 ug_view_popup. men 剪切或复制到一个目录下,然后使这 2 个环境变量指向该目录,此时 NX 仍然可以正确地加载菜单。

与应用相关的菜单文件是由 APPLICATION_BUTTON 下的 MENU_FILES 指定的。

2. 用户相关的路径与环境变量

当 NX 启动时,系统会从环境变量 UGII_CUSTOM_DIRECTORY_FILE 指定的文件(默认为 \${UGII_BASE_DIR}/ugii/menus/custom_dirs. dat,它在文件 ugii_env. dat 中定义)中搜索用户接口定制文件(包括用户菜单文件、工具条文件、共享库等)所在的路径。这样用户就可以在 custom_dirs. dat 的文件末尾添加一行路径,然后将接口定制文件放在该路径下(要创建与路径相应的文件夹),NX 启动时就会像加载系统文件一样来加载用户的文件。

例如,创建如图 4-24 所示的项目路径时,只需在 custom_dirs. dat 中添加一行"D:\UFSolution",当 NX 系统启动时,它就会自动加载 D:\UFSolution 目录下所有资源。添加项目路径时,要求 UFSolution 及其子目录的名称中不能含有中文。

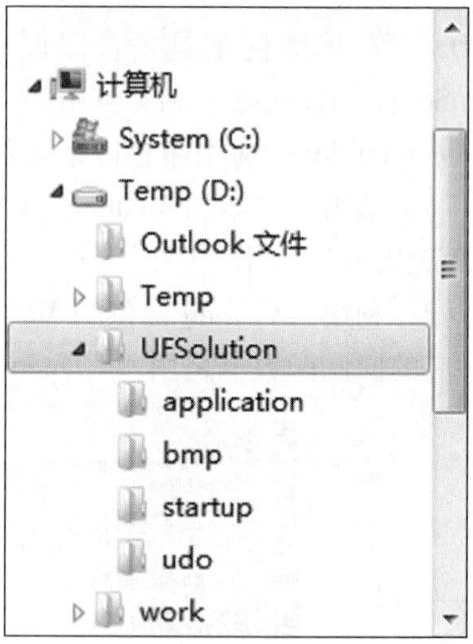

图 4-24　添加项目路径

当然也可以设置 Windows 系统环境变量 UGII_VENDOR_DIR(或 UGII_SITE_DIR、UGII_USER_DIR),并将它们的值设为 D:\UFSolution,此时该方法与上述方法有同样的效果。

4.3.2　MenuScript 文件的加载

1. NX 加载主菜单文件的顺序

(1) 若从命令行启动 NX,则优先检查 main_menu 选项是否指定主菜单文件,如没有指定或指定了但没有正确加载,则执行下一步;

(2) 由环境变量 UGII_MAIN_MENU_FILE 指定的文件;

(3) 从环境变量 UGII_DEFAULT_MENU_DIR 指定的目录下搜索默认的主菜单文件 ug_main. men。

主菜单文件的加载是从上面 3 个选项从上到下依次进行的。当某一项成功执行后,就表明主菜单加载成功了;若某一项加载失败了,则接着执行下一项,直到所有的选项都执行完毕。若最后主菜单没有加载成功,则会报错:主菜单未加载。

弹出式菜单、编辑模式菜单、创建模式菜单的加载均是按同样方式进行的。

2. NX 加载弹出式菜单文件的顺序

(1) 若从命令行启动 NX,则优先检查 popup_menu 选项是否指定弹出式菜单文件,如没有指定或指定了但没有能正确加载,则执行下一步;

(2) 由环境变量 UGII_VIEW_POPUP_MENU_FILE 指定的文件;

（3）从环境变量 UGII_DEFAULT_MENU_DIR 指定的目录下搜索默认的弹出式菜单文件 ug_view_popup. men。

3. NX 加载编辑模式菜单文件

编辑模式菜单文件是对已加载的菜单进行修改的菜单文件，其典型标志是它以 EDIT 关键字开头。

编辑模式菜单文件一般放在由文件 custom_dirs. dat 中的路径所指定的文件夹下的子文件夹 startup 中。

当用户需要扩展 NX 的功能模块时，一般是向 NX 系统中添加一个与 Modeling Application相似的应用模块。与 Modeling Application 相似，应在主菜单的"Application"下拉式菜单中添加一个与此应用模块相对应的菜单项（通过单击该菜单项进入用户应用模块）。这是通过一个编辑模式菜单文件完成的，该菜单文件放在"%UGII_VENDOR_DIR%/startup"文件夹中，当 NX 启动时将自动加载。

4. NX 加载开发的应用程序菜单文件

当调用用户开发的应用程序时，还需加载用户定制的菜单文件（用户应用模块的菜单文件），具体方法是在 MENU_FILES 关键字之后给出文件名。

搜索由 MENU_FILES 指定的菜单文件顺序如下：

（1）文件 custom_dirs. dat 中的路径所指定的文件夹下的子文件夹 application；

（2）文件 ug_custom_dirs. dat 中的路径所指定的文件夹下的子文件夹 application；

（3）UGII_DEFAULT_MENU_DIR 指向的文件夹。

4.3.3 MenuScript 文件语法

为了方便叙述，先解释 MenuScript 文件中的部分关键字，如图 4-25 ~4-29 所示。

图 4-25 菜单说明 1

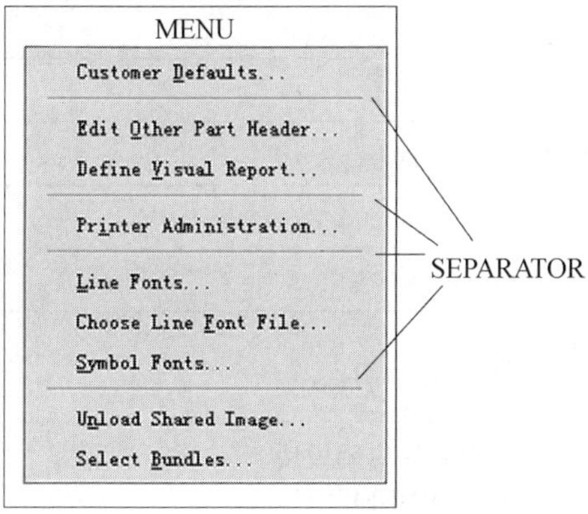

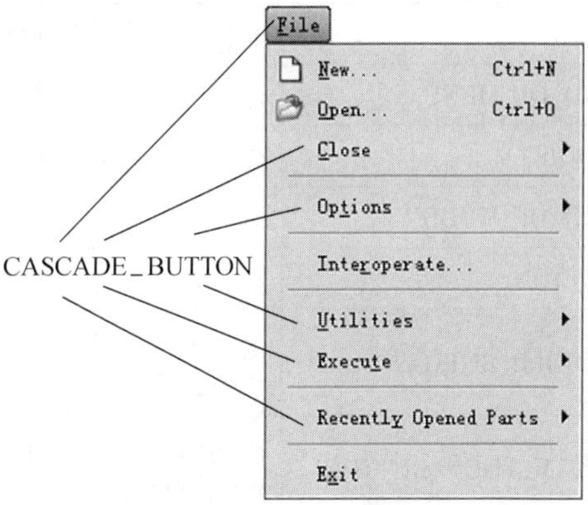

图 4-26 菜单说明 2

图 4-27 菜单说明 3

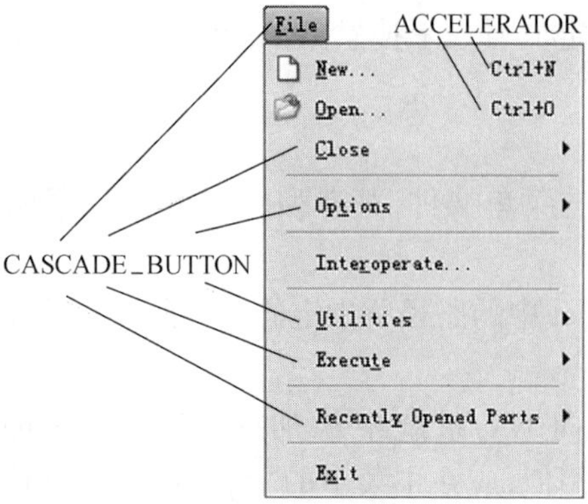

图 4-28　菜单说明 4

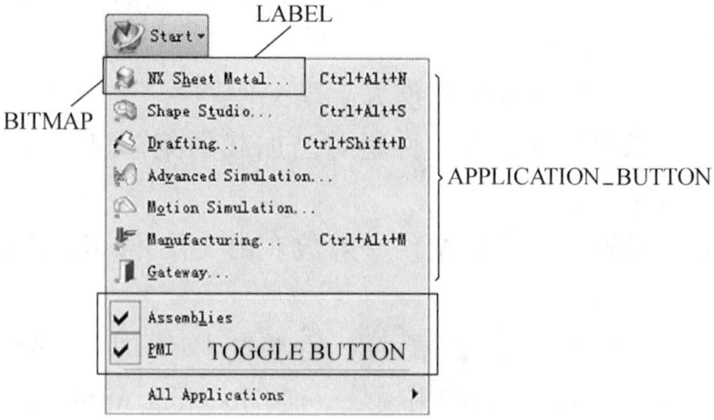

图 4-29　菜单说明 5

这些关键字的说明见表 4-19。

表 4-19　关键字及其含义

关键字	描　述
VERSION	菜单脚本的版本号。在系统菜单文件、用户菜单文件中,无论是编辑模式还是创建模式,第一行通常就是版本号说明
CREATE	创建模式菜单文件的标志
EDIT	编辑模式菜单文件的标志。编辑的对象应该是已经创建好的菜单,在关键字EDIT之后指出所编辑菜单的标识符。用户的菜单文件尽量采用编辑模式
TITLE	菜单栏的标题。在编辑模式菜单文件中是没有 TITLE 关键字的
TOP_MENU	顶层菜单开始
END_OF_TOP_MENU	顶层菜单结束
CASCADE_BUTTON	层叠菜单项。当它激活时打开一个子菜单。每一个级联按钮的定义,必须用 MENU 定义相同的菜单名。子菜单既可在级联按钮前定义,也可在级联菜单后定义。 例如:CASCADE_BUTTON UG_FILE_CLOSE
MENU	非顶层菜单定义开始
END_OF_MENU	非顶层菜单定义结束
MODIFY	修改已有的菜单项,而不改变它们的位置
END_OF_MODIFY	修改结束
BUTTON	在菜单中添加一个菜单项
TOGGLE_BUTTON	复选按钮,在菜单项的左边出现一个 例如: TOGGLE_BUTTON UG_VIEW_POPUP_ZOOM
APPLICATION_BUTTON	应用模块菜单项,单击该菜单项进入相应的应用模块 例如:APPLICATION_BUTTON UG_APP_MODELING
SEPARATOR	在不同菜单项组之间提供一个可见的分隔线
LABEL	菜单项名称,也就是在交互环境下所看到的菜单项的名称

续表

关键字	描　述
ACCELERATOR	指定菜单命令的快捷键
SENSITIVITY	指定菜单项是否灰化显示
VALUE	指定 TOGGLE_BUTTON 是否被选中
ACTIONS	菜单的命令,ACTIONS 后面可以有:NX 系统定义的标准命令、用户定义的回调函数、一个对话框文件名称、一个 GRIP 应用程序、一个工具栏文件、操作系统的命令以及 Open C and C ++ Program 的程序的名称
MENU_FILES	应用模块菜单文件
BEFORE	在已有菜单文件中定义的某个菜单项之前加上一个新项
END_OF_BEFORE	与 BEFORE 相对应,其间的内容都是在 BEFORE 指定的菜单项之前
AFTER	在已有的菜单文件中定义的某个菜单项之后加上一个新项
END_OF_AFTER	与 AFTER 相对应,其间的内容都在 AFTER 指定的菜单项之后
HIDE	隐藏一个菜单文件定义的菜单项
SHOW	显示菜单项

4.3.4　用户定制 MenuScript 菜单实例

用户创建一个菜单时通常使用编辑模式,通过增加一个短的菜单文件定制标准菜单。使用附加菜单文件的方法定制菜单有 2 个优点:一是这些文件容易自动被加载。与应用无关的菜单文件放置在 startup 文件夹下,与应用相关的菜单文件放置在相应的 application 文件夹下,与应用相关的菜单文件在进入该应用时将被加载。二是它在 NX 版本升级时更加容易,因为只有很小的附加菜单文件需要修改,不需要改动诸如 ug_main. men 的标准菜单文件。附加菜单文件也使维护更加方便,因为它们通常是一个很小的菜单文件。

菜单脚本文件(* . men)为文本文件,可以用记事本创建和编辑。菜单脚本文件中指明了菜单位置、菜单项目名称及所调程序名称等。下面以在 NX 主菜单的 Help 项右边添加“用户程序→菜单举例”菜单项为例说明菜单的创建方法。

(1) 用记事本打开 NX 安装目录下的“UGII\ugii_env. dat”文件,找到“#UGII_USER_DIR = $ {HOME}”行,去掉“#”和“ $ {HOME}”,在“ = ”号后输入自己的目录,比如“E:\example\menu”,保存后退出此文件。这样做的目的主要是告诉 NX 到哪里去寻找用户定义的菜单文件。

(2) 在用户目录(本例为 E:\example\menu)下新建 2 个文件夹,取名为 startup 和 application。

(3) 在 startup 目录下新建一个文本文件,输入以下内容:

```
VERSION 120
EDIT UG_GATEWAY_MAIN_MENUBAR
AFTER UG_HELP
CASCADE_BUTTON LAUNCH_CASCADE
```

```
LABEL 用户程序
END_OF_AFTER
MENU LAUNCH_CASCADE
BUTTON DEMO_BTN
LABEL 菜单举例
ACTIONS men_example. dlg
END_OF_MENU
```

其中 ACTIONS 后面跟的是需要调用的动态连接库或对话框文件（本例为 men_example. dlg）。

（4）把编译连接好的动态连接库文件（本例为 men_example. dlg）复制粘贴到 application 目录下。

（5）启动 NX，标题为“用户程序”的菜单出现在“Help”菜单前面，单击此下拉菜单，再单击“菜单举例”菜单即可执行 men_example. dlg 文件。

4.4 常用标准对话框

NX 二次开发的应用程序需要处理用户输入、选择对象等大量的交互操作，NX Open 提供了许多标准对话框接口，用户使用这些标准对话框可以设计出与 NX 风格一致的交互界面，且可以减少开发的工作量，因此在 NX 二次开发过程中应尽量采用 NX 标准对话框，如果 NX Open 没有提供相应功能的对话框接口，则可采用开发平台或开发语言提供的标准对话框，最后再使用 Block UI Styler 或 UI Styler 工具创建用户自定义对话框。表 4-20 为一些常用的 NX 标准对话框接口及其使用。

表 4-20 常用标准对话框

对话框名称	标准函数	示　例
单按钮模态对话框	uc1601	如图 4-30 所示
多按钮模态对话框	UF_UI_message_dialog	如图 4-31 所示
文件选择对话框	UF_UI_create_filebox	如图 4-32 所示
文件夹选择对话框	SHBrowseForFolder	如图 4-33 所示
单选菜单对话框	uc1603	如图 4-34 所示
多选菜单对话框	uc1605	如图 4-35 所示
单对象选择对话框	UF_UI_select_with_single_dialog	如图 4-36 所示
按类选择对话框	UF_UI_select_with_class_dialog	如图 4-37 所示
点构造器	UF_UI_point_construct	如图 4-38 所示
拾取向量对话框	UF_UI_specify_vector	如图 4-39 所示
点收集器	UF_UI_select_point_collection	如图 4-40 所示
拾取屏幕位置	UF_UI_specify_screen_position	如图 4-41 所示
特征选择对话框	UF_UI_select_feature	如图 4-42 所示

续 表

对话框名称	标准函数	示　例
参数选择对话框	UF_UI_select_parameters	如图 4-43 所示
拾取平面对话框	UF_UI_specify_plane	如图 4-44 所示
拾取定位尺寸对话框	UF_UI_select_rpo_dimensions	如图 4-45 所示
选择草图对话框	UF_UI_select_sketch	如图 4-46 所示
拾取草图尺寸对话框	UF_UI_select_sketch_dimensions	如图 4-47 所示

下面给出了部分调用标准对话框的实例代码：

1. 单按钮模态对话框

```
char sMessages[ 132 + 1 ] = "单按钮模态对话框";
uc1601(sMessages, 1 );
```

图 4-30　单按钮模态对话框

2. 多按钮模态对话框

```
int response = 0;
char title_string [ ] = "优集学院";
char sMessages[ 132 + 1 ] = "多按钮模态对话框";
char * p = sMessages ;
UF_UI_MESSAGE_DIALOG_TYPE dialog_type
UF_UI_message_buttons_s button ;
button. button1 = true ; //控制按钮的数量
button. button2 = true ;
button. button3 = true ;
button. label1 = "是";    //按钮的标签
button. label2 = "否";
button. label3 = "取消";
button. response1 = 1 ; // 按钮的返回值
button. response2 = 2 ;
button. response3 = 3 ;
UF_UI_message_dialog( title_string, dialog_type, &p, 1, 0, &button , &response ) ;
switch ( response )
{
    case 1 :    uc1601( button. label1 , 1 ) ; break; // 显示所选按钮的标签
    case 2 :    uc1601( button. label2 , 1 ) ; break ;
    case 3 :    uc1601 ( button. label3 , 1 ) ; break ;
```

```
    default : uc1601( "未知按钮", 1 ) ; break;
}
```

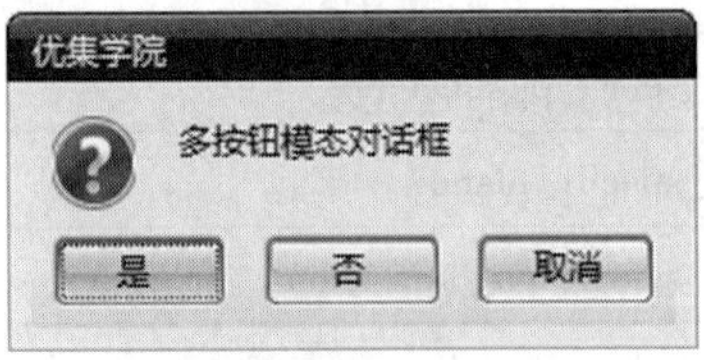

图 4-31　多按钮模态对话框

3. 文件选择对话框

```
char sPromptStr[ ]    = "部件选择对话框";  //快捷信息
char sTitleStr[ ]     = "部件选择对话框";  //对话框标题
char sFilterStr[ ]    = ". prt";        //文件过滤器,即只处理某一种类型文件
char sDefaultStr[ ]   = "* . prt";         //默认文件名
char sFilePath[255]   = "";                //用户选择的文件全路径
int  iResponse        = 0;                 //函数返回值
UF_UI_create_filebox(sPromptStr, sTitleStr, sFilterStr, sDefaultStr, sFilePath,&iResponse );
```

图 4-32　文件选择对话框

4. 文件夹选择对话框

```
char sFloderPath [ 255 + 1] = "";
LPMALLOC pMalloc = NULL;
LPITEMIDLIST pidl = NULL;
BROWSEINFO bi;
ZeroMemory( &bi, sizeof ( BROWSEINFO ) ) ; //m_hWnd
bi. hwndOwner = NULL;
```

```
bi.lpszTitle = _T("请选择文件夹:"); //标题
bi.ulFlags = BIF_RETURNONLYFSDIRS;  //过滤选项
pidl = SHBrowseForFolder( &bi ) ;
if ( pidl ! = NULL )
{
    SHGetPathFromIDList ( pidl, sFloderPath ) ;
    if ( SUCCEEDED( SHGetMalloc( & pMalloc ) ) && pMalloc ){}
    pMalloc -> Free( pidl );
    pMalloc -> Release();
}
```

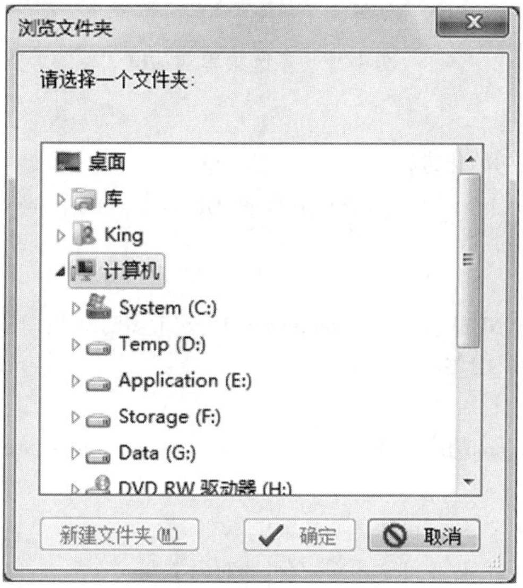

图 4-33　文件夹选择对话框

5. 单选菜单对话框

```
char sPromptStr[] = "单选菜单对话框";
int iDefault = 0 ; //表示没有默认选项,OK 按钮始终保持不激活状态
char asOptions[][38] = { "菜单选项 1", "菜单选项 2", "菜单选项 3" };
int iNumOfOptions = 3; //最多包含 14 个菜单选项
uc1603( sPromptStr, iDefault, asOptions,iNumOfOptions ) ;
```

图 4-34　单选菜单对话框

6. 多选菜单对话框

```
char sPromptStr[]      = "多选菜单对话框";
```

```
char asOptions[][38] = {"菜单选项 1", "菜单选项 2", "菜单选项 3"};
int iNumOfOptions      = 3; //最多包含 14 个菜单选项
int *aiResponse;
uc1605( sPromptStr, 0, asOptions, iNumOfOptions, aiResponse );
```

图 4-35　多选菜单对话框

7. 单对象选择对话框

```
//选择对话框定义初始化进程
static int select_filter_proc_fn ( tag_t object, int type[3], void *user_data,
UF_UI_selection_p_t select )
{
    if ( object == NULL_TAG )   return UF_UI_SEL_REJECT;
    else   return UF_UI_SEL_ACCEPT;
}
static int select_init_proc_fn ( UF_UI_selection_p_t select, void * user_data )
{
    int num_triples = 3;//可选类型的数量
    UF_UI_mask_t mask_triples[] = //可选对象类型
    {   UF_point_type, UF_point_subtype, UF_UI_SEL_NOT_A_FEATURE,
        UF_line_type, UF_line_normal_subtype, UF_UI_SEL_NOT_A_FEATURE,
        UF_solid_type, UF_solid_body_subtype, UF_UI_SEL_FEATURE_BODY
    };
    UF_UI_set_sel_mask( select, UF_UI_SEL_MASK_CLEAR_AND_ENABLE_SPECIFIC,
num_triples, mask_triples );
    if ( ( UF_UI_set_sel_procs ( select, select_filter_proc_fn, NULL, user_data ) ) == 0 )
return UF_UI_SEL_SUCCESS;
    else   return UF_UI_SEL_FAILURE;
}

//单对象选择对话框
char   sCue[] ="单对象选择对话框";
char   sTitle[] = "单对象选择对话框";
int    iScope = UF_UI_SEL_SCOPE_NO_CHANGE ;
int    iResponse ;
tag_t  tObject ;
tag_t  tView ;
```

```
double adCursor[ 3 ];
UF_UI_select_with_single_dialog( sCue, sTitle, iScope, init_proc, NULL,
&iResponse,&tObject, adCursor, &tView ) ;
```

图 4-36　单对象选择对话框

8. 按类选择对话框

```
char sCue [ ]   = "按类选择对话框";
char sTitle[ ]  = "按类选择对话框";
int iScope      = UF_UI_SEL_SCOPE_NO_CHANGE;
int iResponse;
int iCount;
tag_t * atObject;
UF_UI_select_with_class_dialog( sCue, sTitle, iScope, init_proc, NULL,
&iResponse, &iCount, &atObject );
```

图 4-37　按类选择对话框

9. 点构造器

```
char sCue[ ] = "点构造器";
UF_UI_POINT_base_method_t base_method = UF_UI_POINT_INFERRED;
tag_t tPoint = NULL_TAG ;
double sBasePoint[ ] = {0, 0, 0};
int iResponse;
UF_UI_point_construct( sCue, &base_method, &tPoint, sBasePoint, &iResponse );
```

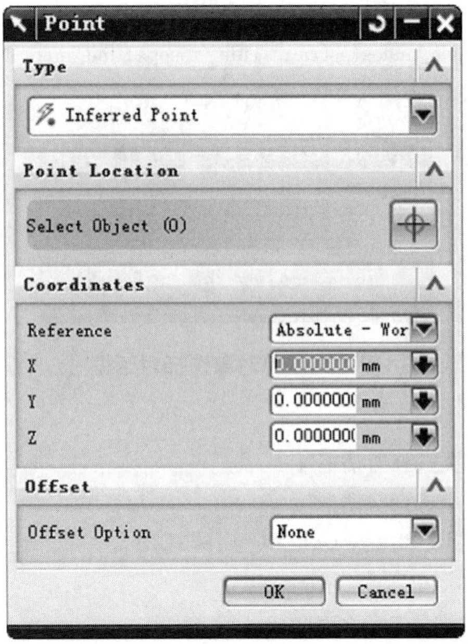

图 4-38 点构造器

10. 拾取向量对话框

```
double vec[3], pnt[3];
int mode = UF_UI_YC_AXIS ;
int disp_flag = UF_UI_DISP_TEMP_VECTOR;
int response = 0;
UF_UI_specify_vector("选择一个矢量", &mode, disp_flag, vec, pnt, &response);
```

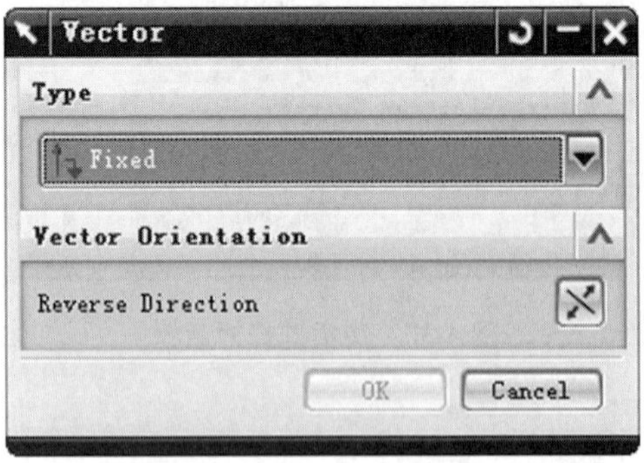

图 4-39 拾取向量对话框

11. 点收集器

```
char sMessage[] = "点收集器";
logical lCoincidentPoints = true;
UF_UI_chained_points_p_t chained_points;
int iCount;
int iResponse;
UF_UI_select_point_collection( sMessage, lCoincidentPoints, &chained_points,
```

```
&iCount, &iResponse );
…
UF_free(chained_points);
```

图 4-40　点收集器

12. 拾取屏幕位置

```
//在屏幕用鼠标拾取一点
char sMessage[] = "拾取屏幕位置";
double dOrigin[] = {0, 0, 0};
tag_t tView;
int iResponse;
UF_UI_specify_screen_position( sMessage, NULL, NULL, dOrigin, &tView, &iResponse );
```

图 4-41　拾取屏幕位置

13. 特征选择对话框

```
char sMessage[] = "特征选择对话框";
int iCount;
tag_t *atFeature;
int iResponse;
UF_UI_select_feature( sMessage, NULL, &iCount, &atFeature, &iResponse );
```

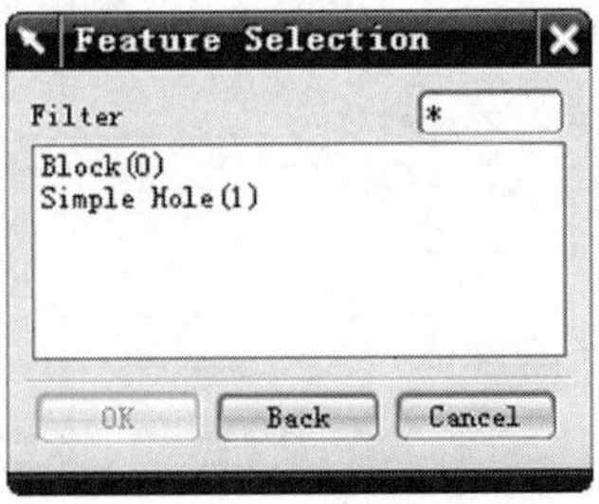

图 4-42　特征选择对话框

14. 参数选择对话框

```
UF_FEATURE_SIGN sign = UF_NULLSIGN;
```

```
double dBlockOrig[3] = {0.0,0.0,0.0};
char * sBlockLengh[3] = {"1","2","3"};
tag_t tBlockObj;

char sMessage[] = "参数选择对话框";
int iCount;
tag_t * atExp;
int iResponse;

UF_MODL_create_block1(UF_NULLSIGN, dBlockOrig, sBlockLengh, &tBlockObj);
UF_UI_select_parameters( sMessage, tBlockObj, &iCount, &atExp, &iResponse );
UF_free(atExp);
```

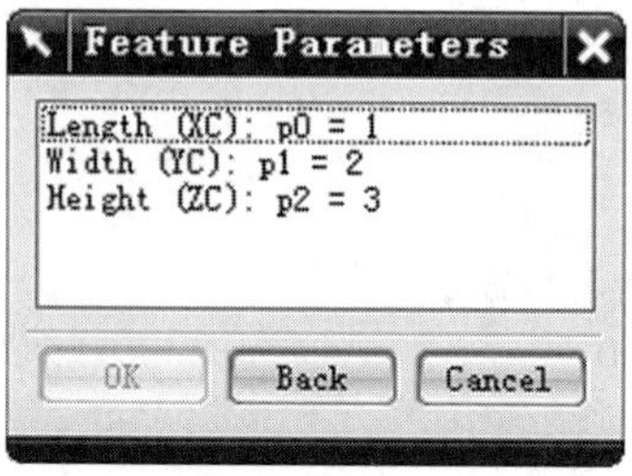

图 4-43　参数选择对话框

15. 拾取平面对话框

```
double orientation[9] = { 0, 0, 0, 0, 0, 0, 0, 0, 0 };
double origin[3] = { 0, 0, 0 };
double pts[6] = { 0, 0, 0, 0, 0, 0 };
int mode = 1, display = 0, response;
tag_t  plane_eid = NULL_TAG;
UF_UI_specify_plane ("指定平面", &mode, display, &response, orientation, origin,&plane_eid );
```

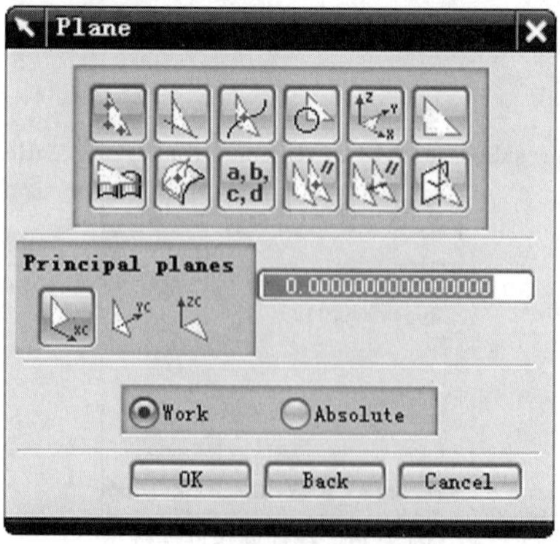

图 4-44　拾取平面对话框

16. 拾取定位尺寸对话框

```
char sMessage[ ] = "拾取定位尺寸对话框";
tag_t tFeature;
int iCount;
tag_t * atExp;
int iResponse;

UF_UI_select_parameters( sMessage, tFeature, &iCount, &atExp, &iResponse );
UF_free(atExp);
```

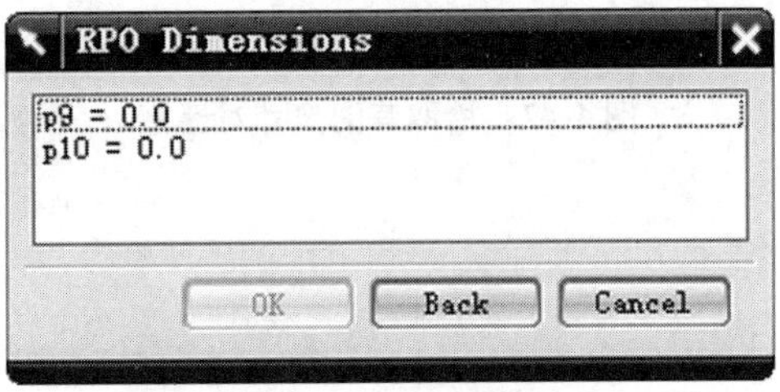

图4-45 拾取定位尺寸对话框

17. 选择草图对话框

```
char sMessage[ ] = "选择草图对话框";
tag_t tSketch;
int iResponse;

UF_UI_select_sketch( sMessage, NULL, &tSketch, &iResponse );
```

图4-46 选择草图对话框

18. 拾取草图尺寸对话框

```
char sMessage[ ] = "拾取草图尺寸对话框";
tag_t sketch_tag;
int count;
tag_t * exp_tags = null;
```

```
int response;
UF_SKET_ask_active_sketch( &sketch_tag );
UF_UI_select_sketch_dimensions( sMessage, sketch_tag, &count, &exp_tags, &response);
UF_free( exp_tags );
```

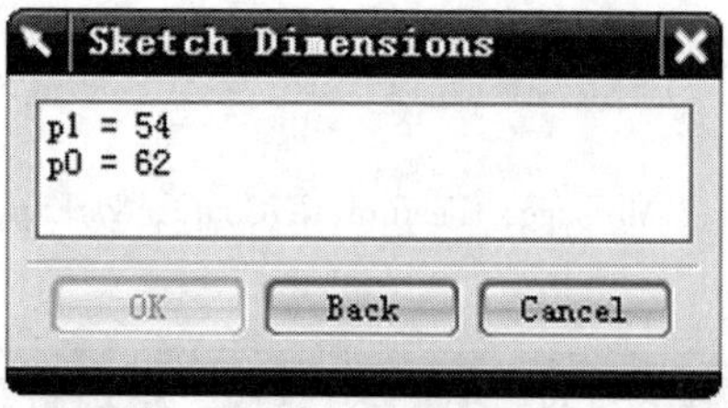

图 4-47　拾取草图尺寸对话框

第5章 日 志

日志是快速实用的 NX 二次开发工具,能够录制、编辑和回放用户交互操作。在 NX 交互进程中可利用日志录制功能创建一个脚本文件,通过该脚本文件可以回放用户交互操作。此外在脚本文件的基础上还可以对其进行进一步编辑修改,通过添加用户接口和编程逻辑快速进行客户化的定制开发。日志支持 VB. NET、C ++ 、Java 和 C#等语言,但是目前在 Windows 平台上日志回放仅支持 VB. NET 和 C# 2 种语言。合理运用日志工具能够提高 NX 二次开发效率。

5.1 日志操作

日志的基本功能包括日志的录制、编辑和回放等。作为 NX 二次开发的重要手段,NX 二次开发的编程人员首先必须熟练掌握日志的使用方法。

日志操作可以通过菜单完成,也可以单击工具条上的相应按钮完成,如图 5-1 所示。日志录制完成后将生成日志文件,用户可以对日志文件进行编辑和回放。回放日志时应在日志管理器中浏览并选择日志文件,单击运行按钮来执行日志。使用日志的回放功能可以重现日志录制的交互操作过程。

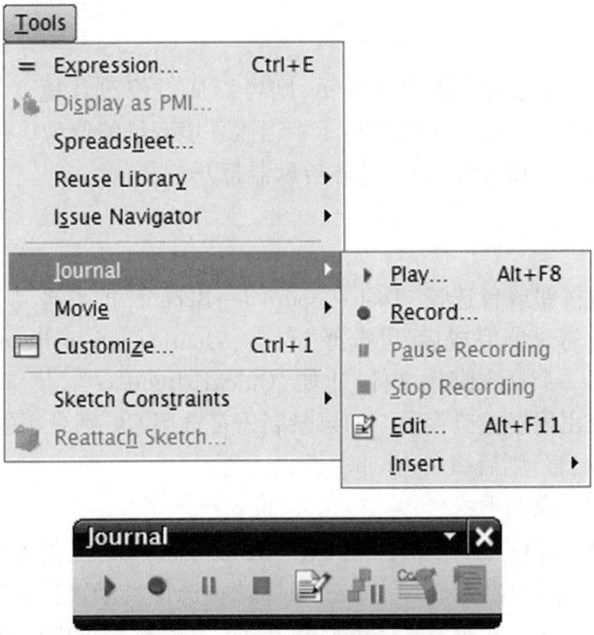

图 5-1 日志菜单及工具条

在录制日志前必须先设置录制编程语言，选择“Preferences→User Interface”，在参数设置对话框里打开日志标签，并在语言选项中选择编程语言，如图 5-2 所示。本章默认选择的编程语言为 C#语言。

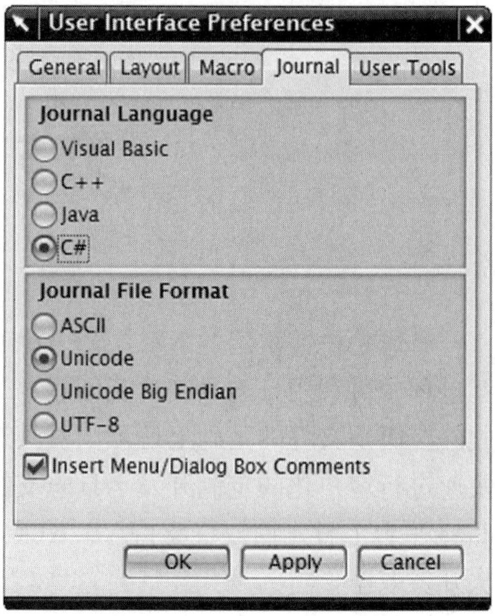

图 5-2　日志语言选择

5.1.1　日志指示器

并不是所有 NX 命令都支持日志。日志录制时，每一个 NX 命令都有一个标记来表示该命令是否支持日志录制，该标记称为日志指示器，它在菜单和工具条上都有显示。表 5-1 表明了各日志指示器的含义。部分支持日志意味着该命令对日志支持尚不完善。

表 5-1　日志指示器标识

标　识	说　　明
	菜单命令支持日志
	菜单命令部分支持日志
	工具条支持日志
	工具条部分支持日志

日志录制时，如果日志指示器没有显示，则可以通过修改环境变量 UGII_JOURNAL_INDICATOR来控制日志指示器的关闭和显示。当该环境变量的值为 0 时，日志指示器关闭；当环境变量为其他值或者没有设置时，日志指示器打开。

5.1.2　录制日志

单击工具条录制按钮或者选择“Tools→Journal→Record”即可录制日志，同时应指定输出文件存储位置。日志录制完成后，可选择“Tools→Journal→Stop Recording”停止录制，此时指定路径下生成了一个日志脚本文件，比如“QuickExtrude. cs”。所有支持日志的 NX 命令可以录制成通用应用程序接口代码。如果录制语言选用 C#，则录制的日志文件的后缀名为. cs；如果选用 VB 语言，则后缀名为. vb。

录制日志的详细步骤如下：

步骤 1　新建或者打开一个部件。单击“Record Journal”工具条按钮或者菜单“Tools→Journal→Record”，此时弹出 Journal Record 对话框，选择目录路径并输入录制文件名，如图 5-3所示，文件类型为 * . cs，如果文件类型是 * . vb，在参数预设中设置录制的编程语言为 VB 即可。假设输入录制的文件名为 QuickExtrude，单击“OK”按钮后即进入录制状态。

步骤 2　录制日志。录制日志的实质是用脚本语言记录用户的交互操作，注意只有日志指示器中支持的命令才能被录制成脚本文件。录制过程中可以灵活使用 Journal 命令来暂停录制、插入注释等。例如在 NX 交互环境中选择一个草图，并进行拉伸操作。

步骤 3　录制完成。用户选择菜单“Journal→Stop Recording”命令可以停止录制。录制完成后，将在步骤 1 指定的路径下生成一个用户命名的脚本文件，比如 QuickExtrude. cs。

图 5-3　日志录制选择存储文件

5.1.3　编辑回放日志

日志录制完成后，可选择菜单“Tools→Journal→Play”命令回放日志，在日志管理器中，单击“Browse”按钮选择录制的日志文件，单击“Run”按钮即回放日志。通过回放日志，可以重现录制的交互操作。在部件导航器中能够看到录制的拉伸草图的特征，如图 5-4 所示。

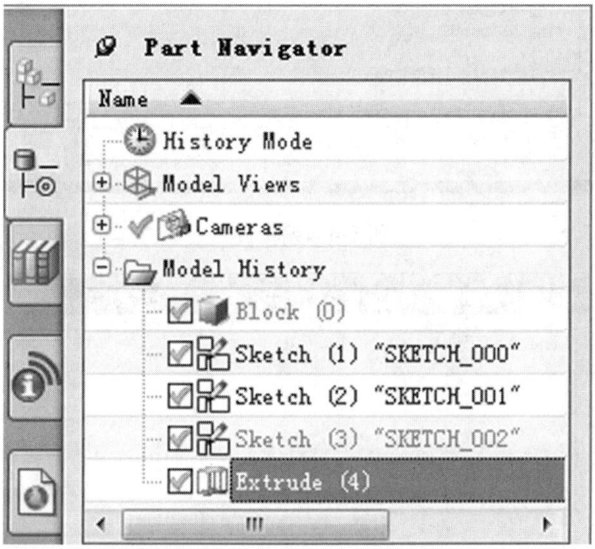

图 5-4　日志回放生成的特征

具体操作如图 5-5 所示，在日志管理器中选择录制的 QuickExtrude. cs 日志文件，单击“Run”按钮即可运行日志文件。在部件导航器中生成了一个拉伸特征，该拉伸特征和录制的交互操作产生的拉伸特征完全相同。

编辑日志时，在日志管理器中单击“Edit”按钮，则在管理器中打开选定的脚本文件。用户可以对该脚本文件进行直接修改，编辑完成后可回放日志，如图 5-6 所示。如果编辑的日志文件存在错误，回放时将弹出错误信息窗口，同时在日志管理器中高亮显示错误行，如

图 5-7所示。错误信息为存在语法错误,代码行尾缺分号,提醒用户修改错误。

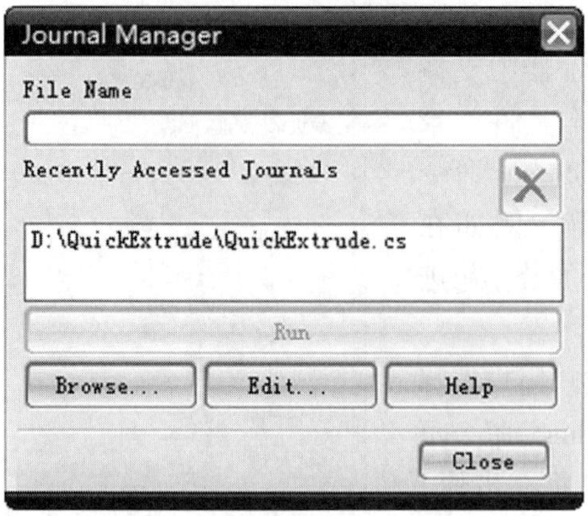

图 5-5　日志回放

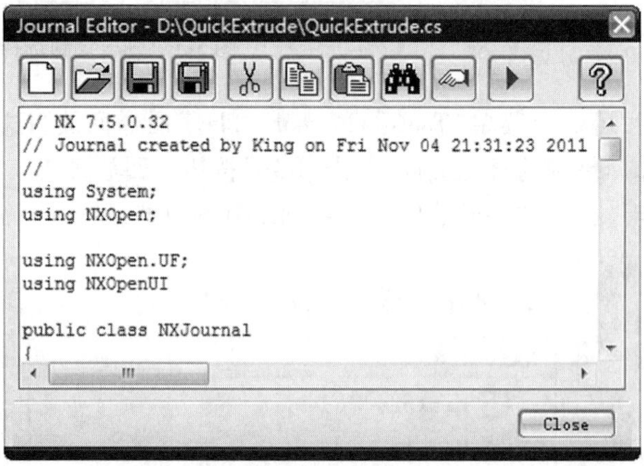

图 5-6　编辑日志

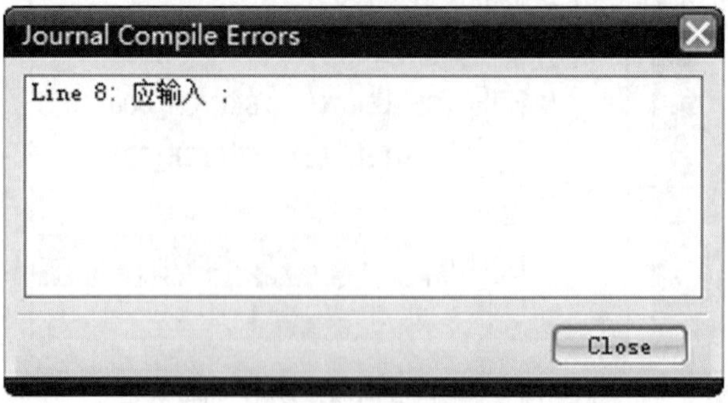

图 5-7　日志错误提示

日志文件可以使用其他任意文本编辑器进行编辑。专业编程人员可以利用 Visual Studio 强大的语法纠错能力进行脚本文件的修改,编译测试来消除错误,以提高日志编辑效率。

5.2　日志在 NX 二次开发中的应用

日志可应用于 NX 的二次开发，但直接录制的日志没有用户界面，而且回放时将根据确定的对象名称重复录制的步骤。因此，需要编辑、修改日志以提供用户界面，将日志迁移到一个完全编译和链接的应用程序，使日志支持应用程序的开发。

在日志中添加对话框等操作后，该日志称为日志应用程序，把需要编译链接的应用称为完全编译和链接的应用程序。将录制的日志应用到完全编译链接的应用程序中是日志非常重要的应用。表 5-2 显示了日志不同应用类型的差异，包括录制的日志、加入到应用程序中的日志，以及完全编译和链接的应用程序。

表 5-2　日志不同应用类型的差异

日　志	日志应用程序	完全编译和链接的应用程序
单个源文件	单个源文件	任何数量的源文件
操作对象和录制时的对象具有相同的名称，由编程人员输入参数确定	对于用户选择的对象，由用户在运行时使用参数输入确定	对于用户选择的对象，由用户在运行时使用参数输入确定
仅支持日志的命令可以使用	所有. NET 支持的通用 API 的类	所有通用 API 的类和任何所需的. NET 类
在 NX 启动阶段不提供初始化事件	在 NX 启动阶段不提供初始化事件	在 NX 启动阶段，应用程序可以被自动加载，启动方法可以被定义为注册事件来处理，以支持对话框、用户定义的对象和许多其他运行选项
基于特征许可检查	基于特征的许可检查	在开发周期中需要作者许可，在向用户发布前需要签名

使用日志辅助创建 NX 二次开发项目时，需注意以下几点：

(1) 在 Windows 平台上，日志录制时可以选择 VB. NET、C#、C ++ 和 Java 4 种语言，但回放时仅支持 VB. NET 和 C#。

(2) 在日志中无法调用其他日志中的方法。如果在一个文件中所编写的代码太庞大、复杂而需要多个文件时，可以将其编译和链接到同一个应用程序中。

(3) 日志首次运行时，由于. NET 库的加载，第一次执行需要较长的时间。

(4) NX 只能与部分. NET 库链接。如果日志链接到 NX 尚未支持的. NET 库时，将发生错误。在 NX 7.5 版本中，日志支持的. NET 库包含 mscorlib. dll、System. dll、System. Windows. Forms. dll、System. Drawing. dll。除了这些库外，.NET 功能中的其他库无法在日志中回放。如果应用程序需要其他库，则需要编译和链接该库到应用程序中。例如，如果应用程序需要实现一个客户机/服务器体系结构，则需要编译链接 System. Runtime. Remoting. dll。

5.3　日志应用程序实例

实例 QuickExtrude 演示了日志录制、编辑和运行等创建日志应用程序的整个过程，说明了如何通过编辑一个日志文件来创建日志应用程序。

使用该实例需要先打开或者创建一个部件,该部件中至少含有一个草图特征。日志录制时先选择一个草图,然后通过拉伸创建实体。录制完成后编辑日志源代码,要求能够弹出用户界面让用户交互选择草图,在对话框中输入拉伸起始距离和终止距离,以进行拉伸操作。

5.3.1 添加拉伸位置对话框

草图拉伸时,需要用户输入拉伸的起始位置和终止位置,日志根据交互操作用户输入的值设置拉伸起始值和终止值(0.0 和 1.0)进行拉伸。C#代码如下:

```
extrudeBuilder1. Limits. StartExtend. Value. RightHandSide = "0";
extrudeBuilder1. Limits. EndExtend. Value. RightHandSide = "1";
```

如果使用对话框的形式动态确定草图拉伸的起始和终止位置,需要添加一个简单的用户界面,用对话框输入框控件的值代替 0.0 和 1.0。NX Open 的. NET 库中的类 NXInputBox 类提供了 2 个静态函数 GetInputNumber 和 GetInputString,分别用来创建数值输入对话框和字符串输入对话框。静态函数 GetInputNumber 和 GetInputString 分别有多个重载的静态函数,多个重载静态函数的区别在于输入参数个数的不同,有关这 2 个静态函数的重载如表 5-3所示。

表 5-3 NXInputBox 静态函数说明

函数名	重载函数形式	说 明
GetInputNumber	GetInputNumber(String)	一个字符串输入参数表示数值输入框的标签
	GetInputNumber(String, String)	2 个字符串输入参数,第一个表示数值输入框的标签,第二个表示对话框标题
	GetInputNumber(String, String, String)	含有 3 个字符串输入参数: 第一个表示数值输入框的标签; 第二个表示对话框标题; 第三个表示输入数值默认字符串
	GetInputNumber(String, String, Double)	3 个输入参数,前 2 个字符串输入参数,分别表示数值输入框标签和对话框标题,第三个 Double 类型的参数,表示输入的数值的默认值
GetInputString	GetInputString(String)	一个字符串输入参数,表示字符串输入框的标签
	GetInputString(String, String)	2 个字符串输入参数,第一个表示字符串标签,第二个表示对话框的标题
	GetInputString(String, String, String)	3 个字符串输入参数,第一个表示字符串输入对话框的标签,第二个表示对话框的标题,第三个表示输入对话框的字符串的默认值

本例使用静态函数 GetInputString 函数的第二种重载形式定义 2 个含有一个字符输入框的对话框。使用下面 4 行代码替换上面录制的 2 行代码。

```
string start_value = NXInputBox.GetInputString("Set the Start Limit:", "Extrude Limit", "0");
string end_value = NXInputBox.GetInputString("Set the End Limit:", "Extrude Limit", "1");
extrudeBuilder1.Limits.StartExtend.Value.RightHandSide = start_value;
extrudeBuilder1.Limits.EndExtend.Value.RightHandSide = end_value;
```

替换代码中定义了2个string类型的变量start_value和end_value,使用NXInputBox类GetInputString()方法给它们赋值。NXInputBox的静态函数弹出对话框中要求用户输入需要拉伸的位置值。要访问该接口类,必须包含NXOpenUI名称空间。

```
using NXOpenUI;
```

通过NXInputBox类的GetInputString()静态方法添加了2个对话框,对话框形式如图5-8所示。

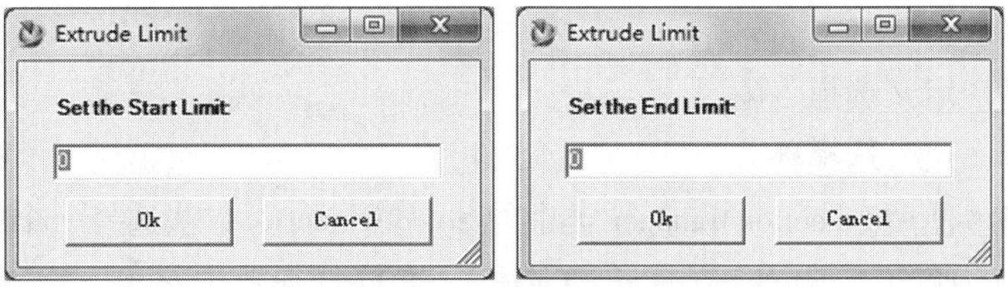

图5-8 拉伸位置对话框

5.3.2 添加草图选择对话框

为了添加草图选择的功能,现创建了一个静态函数SelectSketch(),该函数的功能是添加并获取用户界面选择的草图。

在添加对象选择对话框之前,必须了解日志中对象的选择粘性(Selection Stickiness)。日志录制的是精确事件,在录制过程中用户选择的对象及操作过程都是确定的。日志中的对象不是"意图"选择,也不是一系列用户操作获得的一类的对象;相反地,日志记录的是所选对象的实际名称,以及对这些对象调用的具体方法。日志回放时只能对相同命名的对象进行操作,这种行为称为选择粘性。

例如,录制抑制视图中的所有基准面的交互操作,日志记录的是抑制的每个基准面的名称和抑制基准面的最终方法。日志回放时将根据录制对象的名称进行操作。如果日志脱离它原始记录的环境,选择粘性有时会导致回放失败。例如,如果该日志在其他部件文件中回放,并且这个部件文件不包含相同名字的基准面,将会产生错误。

在QuickExtrude的例子中,录制选择粘性的草图名称为"SKETCH_002",SKETCH(12)为草图特征名,拉伸曲线为草图特征中的名为"curve line7"的曲线。

```
NXOpen.Features.Feature[] features1 = new NXOpen.Features.Feature[1];
NXOpen.Features.SketchFeature sketchFeature1 =
(NXOpen.Features.SketchFeature)workPart.Features.FindObject("SKETCH(12)");
features1[0] = sketchFeature1;
CurveFeatureRule curveFeatureRule1;
curveFeatureRule1 = workPart.ScRuleFactory.CreateRuleCurveFeature(features1);
section1.AllowSelfIntersection(true);
SelectionIntentRule[] rules1 = new SelectionIntentRule[1];
rules1[0] = curveFeatureRule1;
```

```
    Sketch sketch1 = (Sketch)workPart.Sketches.FindObject("SKETCH_002");
    Line line1 = (Line)sketch1.FindObject("Curve Line7");
    NXObject nullNXObject = null;
    Point3d helpPoint1 = new Point3d(1.38057758650344, 1.03015642718979, 4.0);
    section1.AddToSection(rules1, line1, nullNXObject, nullNXObject, helpPoint1,
NXOpen.Section.Mode.Create, false);
```

日志录制完成后，根据要求编辑日志需要定义对话框让用户动态选择草图；需要删除选择粘性；添加支持草图交互选择代码。下面是进行草图交互选择代码示例，交互选择草图功能定义为类的静态函数并进行调用。

若在当前工作部件中实现动态的选择草图的功能，需要在程序中设置选择范围，此时可以采取以下步骤：

步骤 1 定义选择范围。

步骤 2 定义选择屏蔽。

步骤 3 使用 SelectionManager 类中的 SelectObject()方法选择一个特定的对象。

SelectObject()的方法调用一个简单的对话框，允许选择草图对象。要实现用户界面类和选择对象屏蔽，需要包含以下命名空间：

```
using NXOpen.UF;
using NXOpenUI;
```

交互式选择草图参考代码如下：

```
public static Sketch SelectSketch()
{
        UI ui = UI.GetUI();
        String message = "Select sketch";
        String title = "Selection";
        Selection.SelectionScope scope =
Selection.SelectionScope.WorkPart;
        Boolean keepHighlighted = false;
        Boolean includeFeatures = true;
        Selection.SelectionAction selectionAction =
Selection.SelectionAction.ClearAndEnableSpecific;
        Selection.MaskTriple[] selectionMask_array = new  Selection.MaskTriple[2];
        selectionMask_array[0].Type = UFConstants.UF_sketch_type;
        selectionMask_array[0].Subtype = 0;
        selectionMask_array[0].SolidBodySubtype = 0;

        NXObject selectedObject = null;
        Point3d cursor;
        ui.SelectionManager.SelectObject(message, title, scope, selectionAction, includeFeatures,
keepHighlighted, selectionMask_array, out selectedObject, out cursor);

        Sketch sketch = (Sketch)selectedObject;
```

```
        if (sketch == null)
            return null;
        return sketch;
    }
```

草图选择的调用方法可以添加到日志开始部分：

```
Sketch sketch1 = SelectSketch();
if (sketch1 == null) return;
```

录制日志使用 FindObject 方法引用一个特定名字的对象。比如录制所选的草图对象是“SKETCH(12)”。下面的代码查找命名的对象,并应用对象到适当的功能中。

```
//移除的代码
NXOpen.Features.Feature[] features1 = new NXOpen.Features.Feature[1];
NXOpen.Features.SketchFeature sketchFeature1 =
(NXOpen.Features.SketchFeature)workPart.Features.FindObject("SKETCH(12)");
features1[0] = sketchFeature1;
```

为了实现草图的交互选择,例子中使用 SelectSketch 静态函数提供用户交互选定的草图对象。在录制日志中,拉伸操作中添加的实际曲线也是通过使用特定命名的对象来完成的。

```
//移除的代码
Sketch sketch1 = (Sketch)workPart.Sketches.FindObject("SKETCH_002");
Line line1 = (Line)sketch1.FindObject("Curve Line7");
```

日志中的选择意图是特征曲线,即选择选定特征中的所有曲线。因此,需要查找草图特征中的曲线,并用交互式选定草图中的曲线更换 FindObject()方法调用。

```
//新增的代码
NXObject[] geoms = sketch1.GetAllGeometry();
NXObject nXObject1 = geoms[0];
```

用 Addsection()方法中的 nXObject1 替换 arc1 的应用：

```
//移除的代码
section1.AddToSection(rules1, line1, nullNXObject, nullNXObject, helpPoint1,
NXOpen.Section.Mode.Create, false);
//新增的代码
NXObject nullNXObject = null;
section1.AddToSection(rules1, nXObject1, nullNXObject, nullNXObject, helpPoint1,
Section.Mode.Create, false);
```

5.3.3 回放日志

本例所回放的日志要求当前的部件必须包含一个草图特征。回放时首先弹出对话框供用户选择一个草图特征,在成功选择草图后依次弹出拉伸起始值和拉伸终止值对话框,在对话框的 Set Start Limit 和 Set End Limit 输入框中分别输入开始值和终止值。日志回放完成后,通过选择的草图创建了一个拉伸特征,拉伸的起始位置和终止位置由用户输入确定。

5.4 日志创建编译和链接应用程序

编译和链接的应用程序不仅提供对通用 API 和.NET 框架完全访问,也提供了对 NX 的事件、NX 的对话框和用户定义对象的完全访问。编译应用程序还需要许可权限,在应用程序加载过程中检查许可权限,并运行签署功能。

日志仅限于单个的源文件,它能够访问大多数通用 API 功能。日志不要求许可权限。日志和编译的应用程序使用运行时基于特征的许可检查。将日志应用程序移到编译和链接的应用程序通常取决于应用程序的复杂性和效率。

尽管日志和编译链接的应用程序存在很多差异,但可以使用日志功能对编译链接的应用程序开发起到辅助功能,以提高编译和链接应用程序的开发效率。

以上节日志应用程序为例,使用 Visual Studio 创建输入值对话框,由用户输入值表示拉伸操作的起始值和终止值。

步骤 1 创建项目。

以 Visual Studio 2010 为例,启动后新建一个项目,项目类型选择 Visual C#,模板选择类库,项目名称为Quick_Extrude,如图 5-9 所示,单击“确定”后即创建了一个新的项目。

图 5-9 新建应用程序项目

步骤 2 添加. NET 引用。

在新建的项目中添加引用,选择“浏览”,选择路径“% UGII_ROOT_DIR% \managed”,选择 NXOpen. dll、NXOpen. UF. dll、NXOpen. Utilities. dll 和 NXOpenUI. dll 4 个文件,单击“确定”,如图 5-10 所示。

图 5-10 添加. NET 引用

步骤 3 添加日志录制文件。

删除项目中自动建立的 Class1. cs,把日志录制文件 QuickExtrude. cs 复制到项目文件夹下,在项目中添加现有项,选择 QucikExtrude. cs,如图 5-11 所示。

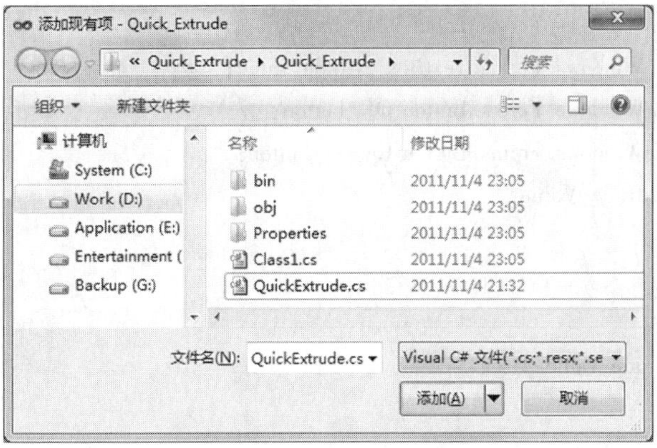

图 5-11　添加录制文件

步骤 4　添加 Windows 窗体。

定义拉伸输入值对话框，利用 Visual Studio 创建一个用户界面接口，用于表示用户输入的拉伸操作的起始值和终止值对话框，如图 5-12、图 5-13 所示。

图 5-12　添加 Windows 窗体

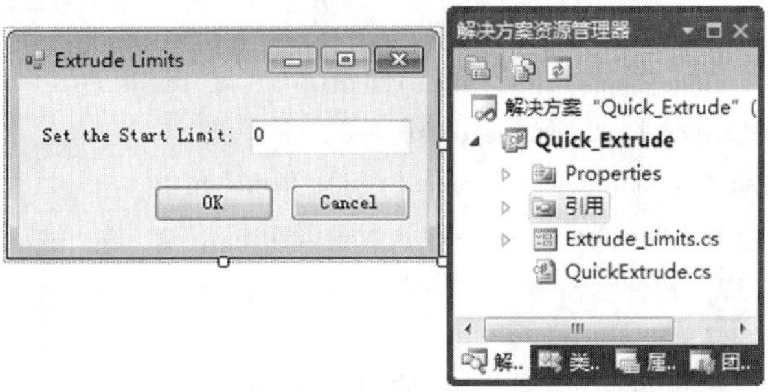

图 5-13　创建拉伸界面

在 Extrude_Limits 对话框中添加 4 个 Windows 控件，其中 1 个 Label 控件，2 个 Button 控件和 1 个 TextBox 控件。Extrude_Limits 类中添加 TextBox 控件值的 set/get 方法，用于获取或者设置拉伸值；添加 Label 控件的 set 方法，用于设置当前拉伸值标签。

```
private System. Windows. Forms. Label label_name;
private System. Windows. Forms. TextBox extrude_value;
private System. Windows. Forms. Button OK_button;
private System. Windows. Forms. Button Cancel_button;
public string Extrude_Value
{
  get
  {
    return extrude_value. Text;
  }
  set
  {
    extrude_value. Text = value;
  }
}
public string Label_Name
{
  set
  {
    label_name. Text = value;
  }
}
```

响应 OK 控件的 Click 事件,关闭对话框窗口。

```
private void OK_button_Click( object sender, EventArgs e)
{
  this. Close( ) ;
}
```

步骤 5 编辑日志文件。

编辑日志文件,使用 Extrude_Limits 对话框获取拉伸的起始值和终止值。在 Main( )方法中添加代码,Quick_Extrude 为命名空间。

```
Quick_Extrude. Extrude_limits extrude_dialog_start;
Quick_Extrude. Extrude_limits extrude_dialog_end;
extrude_dialog_start = new Quick_Extrude. Extrude_limits( ) ;
extrude_dialog_start. Label_Name = "Set the Start Limit:" ;
extrude_dialog_start. Extrude_Value = "0.0" ;
extrude_dialog_start. ShowDialog( ) ;
string start_value = extrude_dialog_start. Extrude_Value;

extrude_dialog_end = new Quick_Extrude. Extrude_limits( ) ;
extrude_dialog_end. Label_Name = "Set the End Limit:" ;
extrude_dialog_end. Extrude_Value = "1.0" ;
extrude_dialog_end. ShowDialog( ) ; ;
```

```
string end_value = extrude_dialog_end.Extrude_Value;
```

以上代码从用户自定义的对话框中获取了拉伸操作位置的 2 个值,其余的修改与日志应用程序范例相同。

修改完 QuickExtrude. cs 后编译链接项目,即生成了 Quick_Extrude. dll 文件。

步骤 6 运行程序。

启动 NX 7.5,选择或新建一个含有草图特性的部件,单击"File→Execute→NX Open"或按 Ctrl + U 快捷键,选择生成的. dll 文件。运行结果与日志应用程序范例相同。

5.5 菜单运行日志

日志应用程序不仅能在日志管理器中运行,和其他 NX 二次开发的应用程序一样,它也可以通过菜单运行。用户只需要创建如图 5-14 示的文件夹结构,设置环境变量 UGII_VENDOR_DIR或者 UGII_USER_DIR 到指定的文件夹,在 startup 文件夹中放置菜单文件,日志应用程序脚本文件放置在 application 文件夹下。

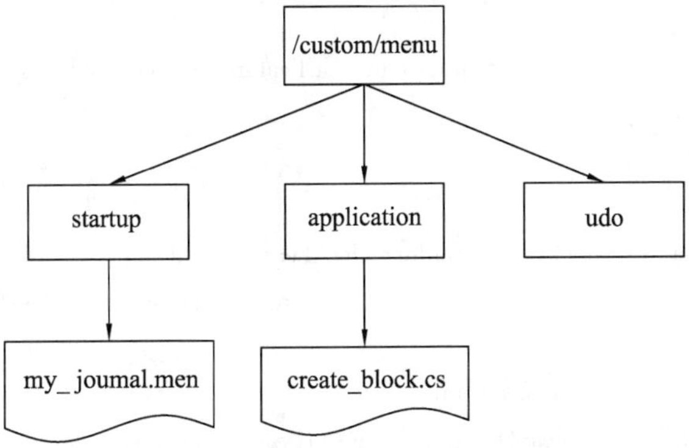

图 5-14 菜单运行日志应用程序结构

菜单文件 my_journal. men 在 NX 内部操作 UG_FILE_OPEN 按钮之后注册了一个日志,该日志在当前的显示部件中创建了一个块。

菜单文件:my_journal. men

```
VERSION 120
EDIT UG_GATEWAY_MAIN_MENUBAR
AFTER UG_FILE_NEW
BUTTON UG_FILE_OPEN
LABEL Open...
ACTIONS/REPLACE STANDARD create_block.cs
END_OF_AFTER
```

录制的日志文件:create_block. cs

```
// NX 7.5.0.32
using System;
using NXOpen;
```

```
public class NXJournal
{
public static void Main(string[ ] args)
  {
    Session theSession = Session. GetSession( ) ;
    Part workPart = theSession. Parts. Work;
    Part displayPart = theSession. Parts. Display;
    // ----------------------------------------------
    //   Menu: Insert - >#Design Feature - >#Block...
    // ----------------------------------------------
    NXOpen. Session. UndoMarkId markId1 ;
    markId1 = theSession. SetUndoMark( NXOpen. Session. MarkVisibility. Visible, "Start" ) ;

    NXOpen. Features. Feature nullFeatures_Feature = null;

    if ( ! workPart. Preferences. Modeling. GetHistoryMode( ) )
    {
      throw new Exception( "Create or edit of a Feature was recorded in History Mode but playback is
in History - Free Mode. " ) ;
    }

   NXOpen. Features. BlockFeatureBuilder blockFeatureBuilder1 ;
    blockFeatureBuilder1 = workPart. Features. CreateBlockFeatureBuilder( nullFeatures_Feature) ;

    blockFeatureBuilder1.BooleanOption.Type =
NXOpen. GeometricUtilities. BooleanOperation. BooleanType. Create;

    Body[ ] targetBodies1 = new Body[ 1 ] ;
    Body nullBody = null;
    targetBodies1[ 0 ] = nullBody;
    blockFeatureBuilder1. BooleanOption. SetTargetBodies( targetBodies1 )

    theSession. SetUndoMarkName( markId1 , "Block Dialog" ) ;

    NXOpen. Session. UndoMarkId markId2 ;
    markId2 = theSession. SetUndoMark( NXOpen. Session. MarkVisibility. Invisible, "Block" ) ;

    blockFeatureBuilder1. Type =
NXOpen. Features. BlockFeatureBuilder. Types. OriginAndEdgeLengths;

    Point point1 ;
    point1 = blockFeatureBuilder1. OriginPoint;
    blockFeatureBuilder1. OriginPoint = point1 ;
```

```
        Point3d originPoint1 = new Point3d(0.0, 0.0, 0.0);
        blockFeatureBuilder1.SetOriginAndLengths(originPoint1, "100", "100", "100");

        blockFeatureBuilder1.SetBooleanOperationAndTarget( NXOpen.Features.Feature.BooleanType.
Create, nullBody);

        NXOpen.Features.Feature feature1;
        feature1 = blockFeatureBuilder1.CommitFeature();
        theSession.DeleteUndoMark(markId2, null);
        theSession.SetUndoMarkName(markId1, "Block");
        blockFeatureBuilder1.Destroy();
      }
    public static int GetUnloadOption(string dummy)
    { return (int)Session.LibraryUnloadOption.Immediately; }
    }
```

第 6 章　外部数据访问

在 NX 二次开发应用中需要访问各种类型的外部数据，NX Open 提供了丰富的访问操作函数，利用这些操作函数及 MFC 类库，可以方便地实现外部数据读写访问编程。访问的外部数据源主要有文本文件、Excel 表、关系型数据库表等，通常可以通过以下方法访问这些外部数据：

（1）通过 NX Open 提供的操作函数访问外部数据；

（2）通过 ODBC 数据源访问外部数据；

（3）通过 ADO 访问外部数据。

6.1　NX Open 访问外部数据

6.1.1　文本文件

NX Open 中有关文件操作的函数包含在头文件 uf_cfi.h 中，通过函数 uc4500 可以打开二进制文件，相关的文件操作函数有 uc4510、uc4511、uc4512、uc4513 及 uc4520、uc4521、uc4522、uc4523。通过函数 uc4504 可以打开文本文件，相关的文件操作函数有 uc4514、uc4524、uc4525，函数 uc4540 用于关闭文件，使用函数 UF_CFI_ask_file_exist 判断文件是否存在。

通过 NX Open 提供的文件操作函数访问外部数据时，应注意以下问题：

（1）Teamcenter Integration for NX 中的文件和文件夹操作不能使用 uf_cfi.h 中函数，需用头文件 uf_ugmgr.h 中的函数进行访问。

（2）NX Open 中对文件和文件夹标识符的长度有如下限制：

① 文件名长度不能超过 UF_CFI_MAX_FILE_NAME_LEN；

② 文件夹路径的长度不能超过 UF_CFI_MAX_PATH_NAME_LEN；

③ 整个文件路径的长度不能超过 UF_CFI_MAX_PATH_NAME_LEN。

访问文本文件的程序流程如图 6-1 所示。

访问文本文件的 NX Open C 函数如表 6-1 所示。

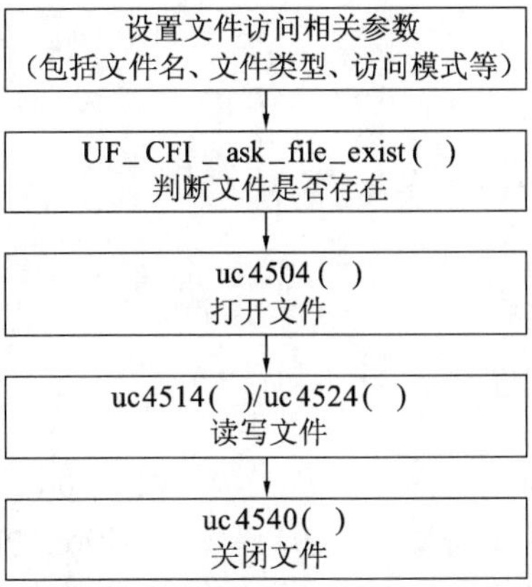

图 6-1　访问文本文件的程序流程

表 6-1　访问文本文件的相关函数

函数名称	函数功能及要点
uc4504	打开文本文件，该函数功能与 fopen 函数类似
uc4514	从 uc4504 打开的文件中读取一行文本
uc4524	写一行文本到由 uc4504 打开的文件中
uc4540	关闭文件，该函数功能与 fclose 函数类似

下例演示如何将用户在界面输入的数据写到文本文件中，和将文本文件中的内容输入到用户界面上。

（1）TxtAccess. men

```
VERSION 120
! ------------------------------

EDIT UG_GATEWAY_MAIN_MENUBAR
TOP_MENU
    CASCADE_BUTTON CUSTOM_TXTACC
    LABEL  外部数据访问
END_OF_TOP_MENU

MENU CUSTOM_TXTACC
    BUTTON TXTACC
    LABEL  文本文件存取
    ACTIONS TXTACC. dlg

END_OF_MENU
```

（2）TxtAccess. h

```
#ifdef TXTACC_H_INCLUDED
#define TXTACC_H_INCLUDED
```

```
#include <uf.h>
#include <uf_defs.h>
#include <uf_styler.h>

#ifdef_cplusplus
extern "C" {
#endif

#define TXTACC_MTXT_0                      ("MTXT_0")
#define TXTACC_ACTION_2                    ("ACTION_2")
#define TXTACC_ACTION_3                    ("ACTION_3")
#define TXTACC_DIALOG_OBJECT_COUNT         ( 3 )

int TXTACC_action_2_act_cb ( int dialog_id,
            void * client_data,
            UF_STYLER_item_value_type_p_t callBack_data);

int TXTACC_action_3_act_cb ( int dialog_id,
            void * client_data,
            UF_STYLER_item_value_type_p_t callBack_data);
#ifdef_cplusplus
}
#endif

#endif /* TXTACC_H_INCLUDED */
```

(3) TxtAccess. cpp

```
#include <stdio.h>
#include <uf.h>
#include <uf_defs.h>
#include <uf_exit.h>
#include <uf_ui.h>
#include <uf_styler.h>
#include <uf_mb.h>
#include <malloc.h>
#include "TxtAccess.h"

#define MAX_LINE_LEN  (256+1)

#define TXTACC_CB_COUNT ( 2 + 1 ) /* Add 1 for the terminator */

static UF_STYLER_callBack_info_t TXTACC_cbs[TXTACC_CB_COUNT] =
{
```

```
{TXTACC_ACTION_2          , UF_STYLER_ACTIVATE_CB        , 1, TXTACC_action_2_act_cb},
{TXTACC_ACTION_3          , UF_STYLER_ACTIVATE_CB        , 1, TXTACC_action_3_act_cb},
{UF_STYLER_NULL_OBJECT , UF_STYLER_NO_CB, 0, 0 }
};
static UF_MB_styler_actions_t actions[] = {
    { "TXTACC.dlg",   NULL,    TXTACC_cbs,   UF_MB_STYLER_IS_NOT_TOP },
    { NULL,   NULL,   NULL,   0 } /* This is a NULL terminated list */
};

extern void ufsta (char *param, int *retcode, int rlen)
{
    int   error_code;
    if ( (UF_initialize()) != 0)
        return;
    if ( (error_code = UF_MB_add_styler_actions ( actions ) ) != 0 )
    {
        char fail_message[133];
        UF_get_fail_message(error_code, fail_message);
        printf ( "%s\n", fail_message );
    }

    UF_terminate();
    return;
}

int TXTACC_action_2_act_cb ( int dialog_id,
              void * client_data,
              UF_STYLER_item_value_type_p_t   callBack_data)
{
    int ftype =79; //txtfile type
    int ioChannelNum = -1;
    int omode =0; //Read or Write mode
    int status = 0;

     if ( UF_initialize() != 0)
         return ( UF_UI_CB_CONTINUE_DIALOG );

     /* 打开文件对话框 */
    char prompt_string[] = "保存文件";
    char title_string[] = "保存文件对话框";
    char filter_string[] = "f:\\ug\\chapter3_1\\application\\*.txt";
    char default_name[] = "txtfile.txt";
    char filename[UF_CFI_MAX_PATH_NAME_SIZE] = "";
```

```
int response;

if ( (UF_initialize()) ! = 0)
    return(UF_MB_CB_CONTINUE);

UF_UI_create_filebox (       prompt_string,
                              title_string,
                              filter_string,
                              default_name,
                              filename,
                              &response );
char partinfo[UF_CFI_MAX_PATH_NAME_SIZE];
if (response == UF_UI_OK)   //response = 2
{
    sprintf(partinfo,"文本信息保存至文件:%s\n",filename);
    uc1601(partinfo,1);
    //如果文件不存在
    if ( UF_CFI_ask_file_exist(filename, &status)  == 0 && status  == 0 )
    {
        omode = 3;
        uc1601("文件已存在,内容将被覆盖。",1);
    }
    else
        omode = 2;
    ioChannelNum  =  uc4504(filename,omode,ftype);
    if (ioChannelNum  > = 0 ) //Open success
    {
        /* 读取文本框内容信息 */
        char buf[1024];
        int nLen = 0;
        UF_STYLER_item_value_type_t data;
        data.item_attr  =  UF_STYLER_VALUE;
        data.item_id  =  TXTACC_MTXT_0;
        UF_STYLER_ask_value(dialog_id,&data);
        nLen  =  data.count;

        char * ( * strArr)  =  (char * * )malloc((nLen)  *  sizeof(char * ));
        sprintf(buf,"Mulit_string :\n");

        for (int i = 0;i < nLen;i ++ )
        {
            strArr[i]  =  (char * )malloc( (strlen(data.value.strings[i]) + 1)  *  sizeof(char));
            strcpy(strArr[i], data.value.strings[i]);
```

```
                sprintf(buf,"%s\n",strArr[i]);

                //写入文本文件
                uc4524 (ioChannelNum,buf);
            }

            if (strArr! = NULL){
            for(int j =0; j < nLen; j++ )
            {
                if (strArr[j] ! = NULL)
                {
                    free(strArr[j]);
                }
            }
            free(strArr);
            }
            UF_STYLER_free_value(&data);

            uc4540(ioChannelNum, 0 ); //To close the opened file.
        }
        else
        {
            uc1601("打开文件不成功",1);
        }
    }
    else                          //response = 3
        uc1601("选择文件失败。",1);

    UF_terminate ();
    return (UF_UI_CB_CONTINUE_DIALOG);
}
int TXTACC_action_3_act_cb ( int dialog_id, void * client_data,
        UF_STYLER_item_value_type_p_t   callBack_data)
{
    int nLineLen = 256 + 1;

    char * fileSpec;
    int ftype = 79;
    int ioChannelNum = -1;
    int omode = 1; //Read mode
    char readBuf[MAX_LINE_LEN];
    int fileLen = 0;
    int status = 0;
```

```
int readLen = 0;
long lResult = 0;

/* Make sure User Function is available. */
if ( UF_initialize() != 0)
    return ( UF_UI_CB_CONTINUE_DIALOG );

/* 打开文件对话框 */
char prompt_string[] = "打开文本文件";
char title_string[] = "打开文件对话框";
char filter_string[] = "f:\\ug\\chapter3_1\\application\\*.txt";
char default_name[] = "txtfile.txt";
char filename[UF_CFI_MAX_PATH_NAME_SIZE] = "";
int response;

if ( (UF_initialize()) != 0)
    return(UF_MB_CB_CONTINUE);

UF_UI_create_filebox (      prompt_string,
                            title_string,
                            filter_string,
                            default_name,
                            filename,
                            &response );
char partinfo[UF_CFI_MAX_PATH_NAME_SIZE];
if (response == UF_UI_OK)  //response = 2
{
    // If the file does exist
    if ( UF_CFI_ask_file_exist(filename, &status) == 0 && status == 0 )
    {
        //读取文件,写入信息窗口
        ioChannelNum = uc4504(filename,omode,ftype);
        if (ioChannelNum >= 0 ) //Open success
        {
            /* 读取文本框内容信息 */
            //To get the file length of the file.
            uc4547( ioChannelNum, 1, &fileLen );
            UF_UI_open_listing_window();
            //To read a line of the file
            readLen = uc4514(ioChannelNum, readBuf);
            while (readLen >= 0)
            {
                strcat(readBuf,"\n");
```

```
                    UF_UI_write_listing_window(readBuf);
                    readLen = uc4514(ioChannelNum, readBuf);
                }
                uc4540(ioChannelNum, 0 ); //To close the opened file.
            }
            else
            {
                uc1601("文件打开失败。",1);
            }
        }
        else
            uc1601("文件不存在在。",1);
    }
    else                          //response = 3
        uc1601("选择文件失败。",1);
    UF_terminate ();
    return (UF_UI_CB_CONTINUE_DIALOG);
}
```

6.1.2 电子表格

电子表格可分为内部电子表格和外部电子表格,其中内部电子表格包括建模电子表格(MODELING_SHEET)、缺省电子表格(DEFAULT_SHEET)和部件族电子表格(PART_FAMILY_SHEET),NX在头文件uf_xs.h中提供了相应的函数接口对内部电子表格进行操作。对于外部电子表格的访问,NX并没有提供API编程接口,可采用ODBC或ADO的方式进行间接访问。

表6-2　访问内部电子表格的API函数

函数名称	函数功能及要点
UF_XS_extract_spreadsheet	抽取部件MODELING_SHEET、DEFAULT_SHEET、PART_FAMILY_SHEET电子表格
UF_XS_store_spreadsheet	将外部的电子表格存贮到工作部件中

下例演示利用NX Open函数抽取和存贮部件中电子表格的实例。

```
static void do_ugopen_api(void)
{
    int       result;
    tag_t     part_tag  = NULL_TAG;
    tag_t     object    = NULL_TAG;
    char err_message[200];
    part_tag = UF_ASSEM_ask_work_part();
    result = UF_OBJ_cycle_objs_in_part(part_tag, UF_spreadsheet_type, &object);
    while( object ! = NULL_TAG )
```

```
    {
        char name[UF_OBJ_NAME_LEN +1];
        char spreadname[UF_OBJ_NAME_LEN +5];
        char spreadname1[UF_OBJ_NAME_LEN +5];
        UF_OBJ_ask_name(object, name);
        strcpy(spreadname,name);
        strcat(spreadname,".xls");
        strcpy(spreadname1,"d:\\");
        strcat(spreadname1,spreadname);
        if(strcmp(name,"MODELING_SHEET") == 0 || strcmp(name,"DEFAULT_SHEET") == 0)
            uc1601(spreadname1, 1);
        else
            uc1601("当前 Part 没有电子表格", 1);
        result = UF_XS_extract_spreadsheet(name,spreadname1);

        if (result)
            uc1601("抽取电子表格失败" ,1);
        uc1601("请修改 Excel 表", 1);
        result = UF_XS_store_spreadsheet(name,spreadname1);

        if (result)
            uc1601("存贮电子表格失败" ,1);
        result = UF_OBJ_cycle_objs_in_part(part_tag, UF_spreadsheet_type, &object);
    }
}
```

6.2 ODBC 数据源访问外部数据

ODBC(Open Database Connectivity,开放式数据库互连)是由微软公司提出的一个用于访问数据库的统一界面标准,它提供了一致的应用程序编程接口,该接口使用一个针对数据库的驱动程序与不同的数据库协同工作。DSN(Data Source Name,数据源名称)是用于指定ODBC 与相关的驱动程序相对应的一个入口,所有 DSN 的信息由系统进行管理。一般来说,当应用程序使用 ODBC 访问数据库时,就需要指定一个 DSN,以便连接到一个指定的ODBC 驱动程序。

通过 ODBC 编程可以灵活实现与一个数据源的数据交换,但它也有缺陷,其中之一就是即使进行最简单的数据库操作也要使用大量代码。使用 ODBC 的数据库应用程序在从表中读取数据之前,必须获得一个“环境句柄”,以告诉 ODBC 应用程序遵从哪个版本的 ODBC,此外还必须获得一个“数据库连接句柄”和一个“语句句柄”。基于以上原因,在 NX 二次开发中一般选择使用 MFC 数据库类,MFC 数据库类封装了相当完善的 ODBC SDK API。

6.2.1 创建 ODBC DSN

首先,创建一个 Access 数据库文件。为叙述方便,将它命名为 Standard_Part.mdb

(Office 2003 及更早版本)或 Standard_Part. accdb(Office 2007 或更新版本)。打开 Standard_Part. mdb 或 Standard_Part. accdb,创建一个表 Pad_Standard,如图 6-2 所示,关键字为 Serial_Number,视图中的字段均为文本。

Pad_Standard

字段名称	数据类型
Serial_n+umber	文本
Outer_Diameter	文本
Inner_Diameter	文本
Height	文本

图 6-2　表 Pad_Standard 结构

视图建好后,打开该视图,向其中输入如图 6-3 所示的数据。

Pad_Standard

Serial_numb	Outer_Dia	Inner_Dia	Height	单击以添加
GB-2004-0001	50.00	30.00	5.00	
GB-2004-0002	100.00	30.00	10.00	
GB-2004-0003	120.00	50.00	10.00	
GB-2004-0004	140.00	70.00	10.00	
GB-2004-0005	160.00	90.00	20.00	
GB-2004-0006	180.00	110.00	20.00	
GB-2004-0007	200.00	150.00	20.00	
GB-2004-0008	250.00	200.00	50.00	
GB-2004-0009	320.00	150.00	10.00	
GB-2004-0010	300.00	200.00	50.00	

图 6-3　表 Pad_Standard 数据

在表中有 4 列数据,第一列是该表的关键字 Serial_Number,它在设计视图时指定,代表垫片在标准零件库中的序列号;Outer_Diameter、Inner_Diameter、Height 分别是垫片的外径、内径、厚度。

数据库文件建立后,就可以建立与之相联系的 DSN。在"控制面板"中打开"管理工具",找到"数据源"并打开它,将显示"ODBC 数据源管理器",如图 6-4 所示。如果操作系统是 64 位而 Office 是 32 位,则需要从"C:\Windows\SysWOW64\odbcad32. exe"启动 ODBC 数据源管理器。选择"系统 DSN"属性页,单击"添加"按钮,选择"ODBC 驱动程序",本例选择"Microsoft Access Driver(*.mdb)",如果使用了 Office 2007 或更新版本,需要选择"Microsoft Access Driver(*.mdb, *accdb)",如图 6-5 所示。选择所需要的驱动程序后,单击"完成"按钮将显示"ODBC Microsoft Access 安装"对话框,如图 6-6 所示,在数据源名框中输入 DSN 的名称,单击数据库选择按钮选择已创建的 Access 数据文件。单击"确定"按钮,这时在系统数据源中就会出现一项,其名称为 Standard Part,这个 DSN 就是将在后面叙述中使用的数据源。

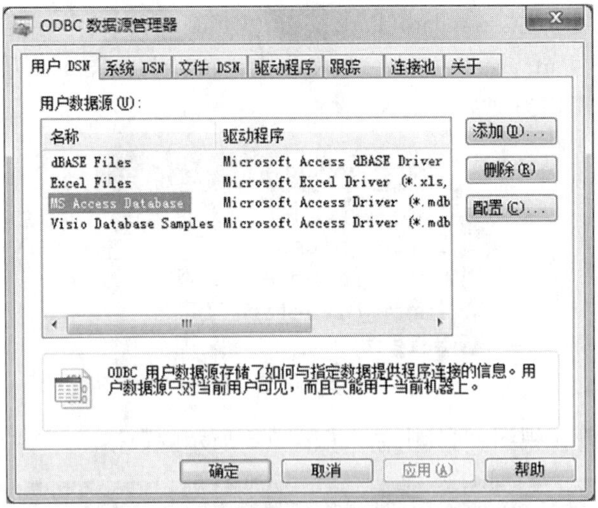

图 6-4　ODBC 数据源管理器

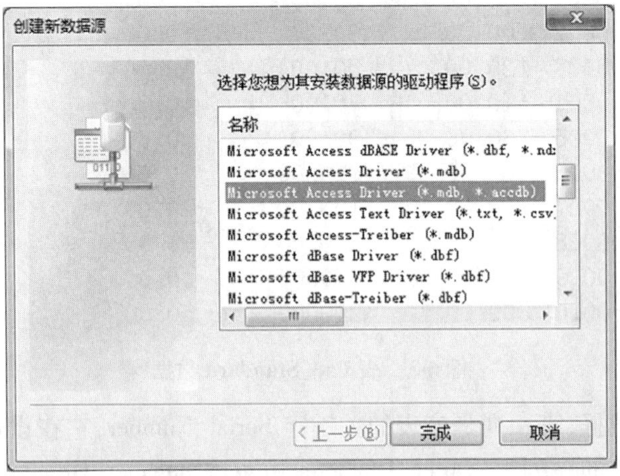

图 6-5　创建新数据源

图 6-6　ODBC Microsoft Access 安装

6.2.2 CDatabase 类

一个 CDatabase 对象代表与数据源的一个连接。创建一个 CDatabase 对象后，就可调用 Open 或 OpenEx 成员函数指定一个 DSN。一旦调用了这 2 个函数之一，就建立了与 DSN 的底层数据源的连接。CDatabase 对象通常与一个或多个记录集(CRecordset 对象)一起使用。下面的例子是用一个 CDatabase 对象来建立与一个 DSN 的连接：

```
try
{
    CDatabase db;
    db.Open("Standard Part");
    // Use db
    ...
    db.Close();
}
catch ( CDBException *pe )
{
    AfxMessageBox(pe->m_strError) ;
    pe->Delete();
}
```

CDatabase 构造函数并没有做很多事情，只有调用 Open 函数才能建立起与数据源的连接，因此有必要先看一下这个函数。

```
virtual BOOL Open(
    LPCTSTR lpszDSN,
    BOOL bExclusive = FALSE,
    BOOL bReadOnly = FALSE,
    LPCTSTR lpszConnect = _T("ODBC;"),
    BOOL bUseCursorLib = TRUE
);
```

在 Open 函数原型中，有几个选项在打开数据库连接时即可指定，但通常只需要提供第一个参数。在前面的例子中，第一个参数是前面建立的 DSN 的名称。

- bExclusive 参数指定是否允许其他应用程序对数据源的连接。bExclusive 为 FALSE 时，表示允许多个程序共享打开的数据源；bExclusive 为 TRUE 时，在老版本的类库中并不支持，会引发一个断言错误。
- bReadOnly 参数表示应用程序指定建立连接之后是否可以更新数据源。FALSE 是 bReadOnly 的默认值，表示可以通过该连接来更新数据源。任何被创建并附属于这个 CDatabase的 CRecordset 对象都自动继承这个值。
- lpszConnect 参数指定连接字符串。使用该参数具有较强的灵活性，如果数据源指定了用户 ID 和密码，则可以通过 lpszConnect 参数来实现。在上面的例子中，如果数据源指定了用户 ID 为 UgUser，密码为 110，那么可以有 2 种使用 Open 成员函数的方式：

```
db.Open(
    _T("Standard Part"),
```

```
        FALSE,
        FALSE,
        _T("ODBC;UID = UgUser;PSW = 110"),
        FALSE);

    db.Open(
        NULL,
        FALSE,
        FALSE,
        _T("DSN = Standard Part;UID = UgUser;PSW = 110"),
        FALSE);
```

bUseCursorLib 参数指定是否使用 ODBC 游标库,如果这个值被设置为 TRUE(默认值),则该连接只允许静态快照或仅向前类型的游标。为了使用动态集,这个参数必须设置为 FALSE。因为后面要用到 CRecordset 类,所以上面程序段中的 db. Open("Standard Pad")将会引起 CRecordset 类使用时的运行时错误(虽然与 DSN 的连接通过该语句能建立好),原因是 bUseCursorLib 参数未指定为 FALSE。

语句 db. Close()关闭先前建立的与 DSN 的连接。

CDBException 是异常类。异常是指函数以非正常方式退出执行。正常退出方式有 2 个:

(1) 函数执行过程中遇到 return 语句;

(2) 函数执行过程中遇到函数体的结束符号“}”。

除上述 2 个方式之外的其他方式均为非正常方式,称为异常。当被调用函数发生异常时,它将退出执行,此时被调用函数必须将程序的控制权返回给调用函数,同时将发生异常的原因告诉调用函数,以使调用函数能够有机会采取适当的措施来处理异常,否则整个程序将进入一种不可测的状态。上面的程序把数据库有关的所有操作都放在 try 块中,若某个操作发生了异常,则程序的控制权会转到 catch 块中,同时返回一个 CDBException 异常类。

几乎所有的 CDatabase 类成员函数在发生非正常情况时都会产生一个 CDatabase 类型的异常。CDBException 类由 CException 类派生而来,并不比它的基类多定义了内容。实际上,CDBException 类除了从 CException 继承的成员函数之外,再没有定义任何成员函数。3 个继承的成员变量在产生异常时告诉应用程序发生了什么差错。下面就是这 3 个成员变量以及它们如何用于帮助判断造成异常的原因:

(1) m_nRetCode:以 ODBC 返回代码(SQLRETURN 类型)的形式表明造成异常的原因;

(2) m_strError:字符串,描述造成抛出异常的错误;

(3) m_strStateNativeOrigin:字符串,用以描述造成以 ODBC 错误代码表示的异常的错误。

因为绝大多数的 CDatabase 类成员函数都能够抛出 CDBException 类型的异常,因此在代码路径中的某个地方检验是否捕获到 CDBException 类型(或它的基类——CException 类型)的异常是一种明智的做法。

正如前面所提到的,CDatabase 类打开数据库连接的另一种可选方法是调用成员函数 OpenEx。实际上根据 MFC 文档,这种打开数据库连接的方法是当前更受青睐的方法。

```
virtual BOOL OpenEx( LPCTSTR lpszConnectString,DWORD dwOptions = 0);
```

CDatabase::OpenEx 仅使用 2 个参数:1 个连接字符串和 1 个代表连接选项的 DWORD。lpszConnectString 向函数传递 ODBC 连接字符串,dwOptions 参数设置这个连接的建立方式。下面的值可以通过逻辑操作符 OR 一起使用:

CDatabase::Exclusive

CDatabase::openReadOnly

CDatabase::useCursorLib

CDatabase::noODBCDialog

CDatabase::forceODBCDialog

这些值与在 Open 函数中的使用方法完全相同,唯一的区别是增加了 noODBCDialog 和 forceODBCDialog 标志。这些标志确定当应用程序企图建立与数据源的连接时,ODBC Driver Manager 是否给用户弹出 ODBC 连接对话框。

6.2.3　CRecordset 类

一个 CDatabase 对象代表与数据源的一个连接,而一个 CRecordset 对象(称为记录集)代表从一个数据源检索出的一组记录。CRecordset 类支持几种类型的记录集,但常用的有 2 种:动态集类型和快照类型。动态集或称键集驱动记录集,是数据的动态集合,它支持双向滚动并与数据源的其他用户的更新保持同步;快照则是在记录集被填充时数据的静态照片,快照类型的记录集不受其他用户更改的影响,如果使用快照类型记录集的应用程序需要查看其他用户的改动,必须先关闭记录集再重新打开,快照类型记录集也支持双向滚动。

创建一个记录集最快捷的方式是使用 MFC ODBC 使用者向导向程序中添加一个 CRecordset 类。这个记录集是基于前面创建的 Access 数据库 Standard_Part. mdb 中的表 Pad_Standard。

首先,在类视图中右击项目名称,在弹出的菜单中单击"添加"选项,选择"添加类",在弹出的对话框中双击"MFC ODBC 使用者",得到如图 6-7 所示的"MFC ODBC 使用者向导"对话框。

单击"数据源"按钮,出现如图 6-8 所示的"选择数据源"对话框,选择"机器数据源"属性页。单击"新建"按钮可以使用户新建一个 DSN,这里选择"Standard Part",单击"确定"按钮。

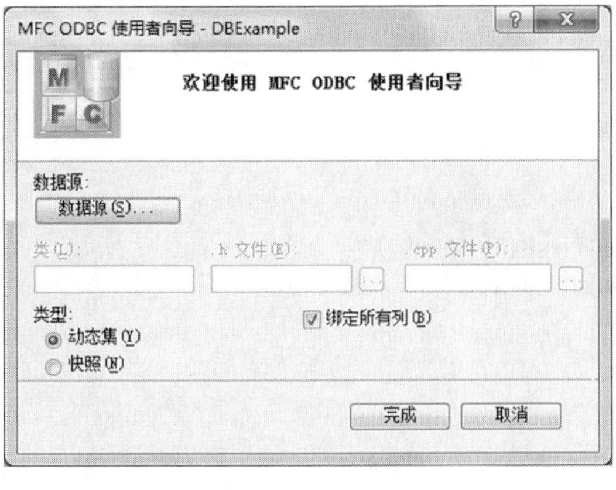

图 6-7　MFC ODBC 使用者向导

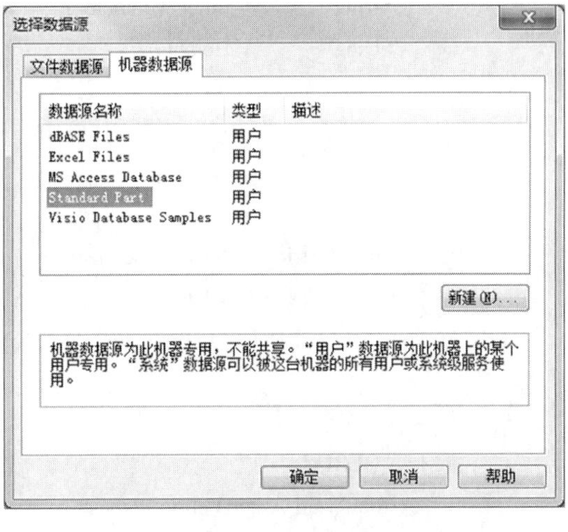

图 6-8　选择数据源

此时如果数据库文件 Standard_Part. mdb 有安全保护，就会弹出一个对话框，要求输入该文件的用户 ID 和密码，然后又会弹出一个对话框，这里选择表“Pad_Standard”。单击“确定”按钮，图 6-7 中的 3 个编辑框就不再是灰化的了，其中分别出现类名 CPad_Standard，头文件名Pad_Standard. h，源文件名 Pad_Standard. cpp，接受默认。

在图 6-7 中可以选择记录集类型，本例选择“动态集”，并选中“绑定所有列”，单击“完成”按钮。至此，我们已向程序中添加了一个 CRecordset 的派生类 CPad_Standard，它将出现在类视图中。由 MFC ODBC 使用者向导生成的派生类 CPad_Standard 的源文件 Pad_Standard. h 和 Pad_Standard. cpp 说明如下：

1. Pad_Standard. h

```
// Pad_Standard. h : CPad_Standard 的声明
#pragma once
class CPad_Standard : public CRecordset
{
public:
    CPad_Standard(CDatabase * pDatabase = NULL);
    DECLARE_DYNAMIC(CPad_Standard)

    // 字段/参数数据
    // 以下字符串类型(如果存在)反映数据库字段(ANSI 数据类型的 CStringA 和
    // Unicode 数据类型的 CStringW)的实际数据类型。
    // 这是为防止 ODBC 驱动程序执行可能
    // 不必要的转换。如果希望如此，可以将这些成员更改为
    // CString 类型，ODBC 驱动程序将执行所有必要的转换。
    // (注意：必须使用 3.5 版或更高版本的 ODBC 驱动程序
    // 以同时支持 Unicode 和这些转换)。

    CStringW      m_Serial_Number;
    CStringW      m_Outer_Diameter;
    CStringW      m_Inner_Diameter;
    CStringW      m_Height;

    // 重写
    // 向导生成的虚函数重写
public:
    virtual CString GetDefaultConnect();      // 默认连接字符串
    virtual CString GetDefaultSQL();      // 记录集的默认 SQL
    virtual void DoFieldExchange(CFieldExchange * pFX);      // RFX 支持

    // 实现
#ifdef _DEBUG
    virtual void AssertValid() const;
    virtual void Dump(CDumpContext& dc) const;
```

```
#endif

};
```

2. Pad_Standard.cpp 文件

```
#include "stdafx.h"
#include "Pad_Standard.h"
IMPLEMENT_DYNAMIC(CPad_Standard, CRecordset)

CPad_Standard::CPad_Standard(CDatabase * pdb)
: CRecordset(pdb)
{
    m_Serial_Number = L"";
    m_Outer_Diameter = L"";
    m_Inner_Diameter = L"";
    m_Height = L"";
    m_nFields = 4;
    m_nDefaultType = dynaset;
}
#error Security Issue: The connection string may contain a password
// 此连接字符串中可能包含密码
// 下面的连接字符串中可能包含明文密码和/或
// 其他重要信息。请在查看完
// 此连接字符串并找到所有与安全有关的问题后移除#error。可能需要
// 将此密码存储为其他格式或使用其他的用户身份验证。
CString CPad_Standard::GetDefaultConnect()
{
    return _T("DSN=Standard Part;DBQ=D:\\DVLP\\dt\\standard_part.mdb;DriverId=25;
FIL=MS Access;MaxBufferSize=2048;PageTimeout=5;PWD=8911;UID=admin;");
}

CString CPad_Standard::GetDefaultSQL()
{
    return _T("[Pad_Standard]");
}

void CPad_Standard::DoFieldExchange(CFieldExchange * pFX)
{
    pFX->SetFieldType(CFieldExchange::outputColumn);
    // RFX_Text() 和 RFX_Int() 这类宏依赖的是
    // 成员变量的类型,而不是数据库字段的类型。
    // ODBC 尝试自动将列值转换为所请求的类型
    RFX_Text(pFX, _T("[Serial_Number]"), m_Serial_Number);
    RFX_Text(pFX, _T("[Outer_Diameter]"), m_Outer_Diameter);
```

```
    RFX_Text(pFX, _T("[Inner_Diameter]"), m_Inner_Diameter);
    RFX_Text(pFX, _T("[Height]"), m_Height);
}

// CPad_Standard 诊断
#ifdef _DEBUG
void CPad_Standard::AssertValid() const
{
    CRecordset::AssertValid();
}

void CPad_Standard::Dump(CDumpContext& dc) const
{
    CRecordset::Dump(dc);
}
#endif //_DEBUG
```

在使用由 MFC ODBC 使用者向导生成的派生类 CPad_Standard 之前,应注意以下几点:

(1) 在使用 CPad_Standard 类的文件中应包含头文件 Pad_Standard. h。

(2) 在 CPad_Standard 类的定义中,它的几个数据成员(分别代表 Pad_Standard 中的列)最好改成 CString 类型。

(3) 要删去 Pad_Standard. cpp 中的密码明文。

创建一个 CRecordset 派生类之后,应用程序可以利用它完成以下工作:

- ☑构造一个记录集;
- ☑打开一个记录集;
- ☑使用 RFX 读写数据(记录字段交换);
- ☑过滤记录;
- ☑排序记录;
- ☑遍历记录;
- ☑保存记录;
- ☑删除记录。

6.2.4 构造一个记录集

CRecordset 构造函数唯一的参数是一个指针,它指向一个 CDatabase 对象。这个参数的默认值为 NULL。如果应用程序实例化一个 CRecordset 对象并将其值指定为 NULL,MFC 就会利用向导创建记录集类时指定的信息自动创建一个临时的 CDatabase 对象。这个信息可以在 CRecordset::GetDefaultConnect()和 CRecordset::GetDefaultSQL()函数中找到。但是,如果应用程序打算使用多个记录集,那么创建一个 CDatabase 对象并在创建记录时使用这个对象可以大大提高效率。这样就可只为所有的记录集创建一个 CDatabase 对象,而不是为每个记录创建一个 CDatabase 对象。

6.2.5　打开一个记录集

构造一个记录集之后，可通过 CRecordset::Open()函数打开它。

```
virtual BOOL Open(
    UINT nOpenType = AFX_DB_USE_DEFAULT_TYPE,
    LPCTSTR lpszSQL = NULL,
    DWORD dwOptions = none);
```

nOpenType 参数用于指定被打开的记录集的类型：动态集类型、快照类型、仅向前类型或动态类型。默认值 AFX_DB_USE_DEFAULT_TYPE 为 CRecordset::snapshot。

每个记录集的类型分别用下面的一个值来表示：

```
CRecordset::dynaset
CRecordset::snapshot
CRecordset::forwardOnly
CRecordset::dynamic
```

参数 lpszSQL 允许应用程序指定在打开记录时对数据源执行的 SQL 语句。如果这个参数被设置为默认值 NULL，将使用 CRecordset::GetDefaultSQL()函数中的代码。大多数情况下，用户将只看到从这个函数返回的表名或查询名。在这种情况下，记录集从指定的表或查询中检索所有列，而根本不对数据进行任何过滤或排序。

6.2.6　使用 RFX 读写数据

向导产生 CRecordset 派生类时，将根据指定的表的列在派生类定义中声明相应的成员变量，向导还产生一个 CRecordset::DoFieldExchange()函数，并在这个函数中将这些成员变量与列绑定，当在成员变量与数据源之间交换数据时，将调用这个函数。

```
void CPad_Standard::DoFieldExchange(CFieldExchange * pFX)
{
    pFX->SetFieldType(CFieldExchange::outputColumn);
    // RFX_Text() 和 RFX_Int() 这类宏依赖的是
    // 成员变量的类型，而不是数据库字段的类型。
    // ODBC 尝试自动将列值转换为所请求的类型
    RFX_Text(pFX, _T("[Serial_Number]"), m_Serial_Number);
    RFX_Text(pFX, _T("[Outer_Diameter]"), m_Outer_Diameter);
    RFX_Text(pFX, _T("[Inner_Diameter]"), m_Inner_Diameter);
    RFX_Text(pFX, _T("[Height]"), m_Height);
}
```

6.2.7　过滤记录

过滤记录可通过几种方法实现。第一种方法是在打开记录集时，就在记录集中指定对数据源执行的 SQL 语句，这时得到的记录集将是符合条件的记录集合。以下程序段得到的记录集将是高度为 10 的垫片的参数：

```
CPad_Standard Padset;
Padset.Open(CRecordset::snapshot,
```

```
"SELECT * from Pad_Standard where Height = '10.00'";
```

第二种方法是使用参数化记录集,这种方法比较繁琐。为了用条件 Height = '10.00' 过滤记录集,要对 CPad_Standard 类作修改,其步骤如下:

步骤 1 声明用来保存“参数数据”的变量。参数数据是指打开记录集时,MFC 建立的 SQL 语句中 where 子句的数据。由于这个记录集将按 Height 列的值过滤,因此应当为这个列创建一个变量。创建变量常用的命名标准是在被过滤的列的名称后面加上“Param”。找到下面的代码块:

```
CStringW    m_Serial_Number;
CStringW    m_Outer_Diameter;
CStringW    m_Inner_Diameter;
CStringW    m_Height;
```

添加下面的变量声明:

```
CStringW    m_HeightParam;
```

步骤 2 在这个记录集的构造函数里初始化该变量,并将 m_nParams 值设置为将要使用的参数个数。找到下面的代码块:

```
m_Serial_Number = L"";
m_Outer_Diameter = L"";
m_Inner_Diameter = L"";
m_Height = L"";
m_nFields = 4;
```

添加下面的变量声明:

```
m_HeightParam = L"10.00";
m_nParam = 1;
```

步骤 3 修改 DoFieldExchange( ) 函数,在它最后面添加下面的代码块:

```
pFX->SetFieldType(CFieldExchange::param);
RFX_Text(pFX, _T("[Height]"), m_HeightParam);
```

步骤 4 修改使用 Crecordset 类的代码。在使用 CRecordset::Open( ) 打开这个参数化记录集之前,应先设置 CRecordset::m_strFilter,然后将参数变量设置成过滤的条件。

```
try{
    CDatabase db;
    db.Open("Standard Part");
    CRecordset set;
    set.m_strFilter = L"Height = ?";
    set.m_HeightParam = L"10.00";
    set.Open();     // Use set
    ...
    set.Close();
    db.Close();
}
catch ( CDBException *pe )
{
```

```
        AfxMessageBox(pe -> m_strError) ;
        pe -> Delete();
    }
```

第二种方法与第一种方法的效果是相同的。

6.2.8 排序记录

前面曾提到 CRecordset 类使用成员变量 m_strFilter 过滤记录，CRecordset 类还使用成员变量 m_strSort 来指定将要排序的列的名称。如要按 Pad_Standard 表中的 Outer_Diameter 排序，其代码如下：

```
    try{
        CDatabase db;
        db.Open("Standard Part");
        CRecordset set;
        set.m_strSort = L"Outer_Diameter";
        set.Open();
        // Use set
        …
        set.Close();
        db.Close();
    }
    catch ( CDBException *pe )
    {
        AfxMessageBox(pe -> m_strError) ;
        pe -> Delete();
    }
```

如果要按多列进行排序，只需将每列的名称用逗号隔开。

6.2.9 遍历记录

当使用 CRecordset::Open()打开一个记录集时，成员变量中的数据将是第一条记录的数据，可以使用下面的方法遍历所有记录：

```
    CRecordset::MoveFirst()
    CRecordset::MovePrev()
    CRecordset::MoveNext()
    CRecordset::MoveLast()
```

从它们的名称就可知其功能。在使用时需要注意以下几点：

(1) 在使用遍历函数前，应该先调用 CRecordset::IsBOF()、IsEOF()。

(2) 仅向前记录不支持 CRecordset::MoveFirst()、MovePrev()。

(3) 用 CRecordset::IsDelete()查询某个记录是否仍有效。

6.2.10　操作记录

1. 添加一条新记录

(1) 调用 CRecordset::AddNew()准备一条新的空白记录。

(2) 给该记录的成员变量赋值。

(3) 调用 CRecordset::Update()在数据源中创建一条新记录。

2. 编辑一条已存在的记录

(1) 调用 CRecordset::Edit()。

(2) 给该记录的成员变量赋值。

(3) 调用 CRecordset::Update()在数据源中更新该记录。

3. 删除记录

调用 CRecordset::Delete()删除当前记录,然后调用移动函数使 CRecordset 中的内容移动到其他记录上,以免对已经删除的记录进行操作。

6.3　ADO 访问外部数据

ADO(ActiveX Data Objects,Active 数据对象)是微软的数据库对象技术。与 ODBC 相比,ADO 使用时更加简便,免去了繁琐的配置数据源工作。支持 ADO 编程的库文件是 msado15.dll,它默认保存在"C:\Program Files\Common Files\System\ado\"目录下,动态链接库 msado15.dll 封装了 ADO 的所有功能。在默认情况下,Visual C ++ 不支持 ADO 对象。要在程序中使用 ADO 对象,需要使用#import 命令将 ADO 库文件导入到工程中,代码如下:

```
#import "C:\Program Files\Common Files\System\ado\msado15.dll" no_namespace
rename("EOF","adoEOF") rename("BOF","adoBOF")
```

其中参数 no_namespace 表示不使用 ADO 的名字空间。为了避免出现常量名冲突,需要将 EOF 改名为 adoEOF,BOF 改名为 adoBOF。

ADO 库包含 3 个基本接口,即_ConnectionPtr 接口、_CommandPtr 接口和_RecordsetPtr 接口,它们分别对应 Connection 对象、Command 对象和 Recordset 对象。通过这 3 个基本接口可实现对数据库的访问。

通过 ADO 访问数据库的一般步骤如下:

(1) 连接到数据源;

(2) 指定访问数据源的命令(查询、更新、删除等操作命令);

(3) 执行命令。

6.3.1　OLE/COM 环境的初始化及关闭

在使用 ADO 的 3 个接口指针之前,应先调用 CoInitialize()进行 OLE/COM 环境的初始化,使用完 ADO 后要及时调用 CoUninitialize()关闭 OLE/COM 库,释放资源。具体代码如下:

```
/* 初始化 OLE/COM 环境 */
CoInitialize(0);
```

```
/* 声明接口指针 */
_ConnectionPtr pConnection = NULL;
_RecordsetPtr pRecordset = NULL;
_CommandPtr pCommand = NULL;
/* 创建对象 */
pConnection.CreateInstance(__uuidof(Connection));
pRecordset.CreateInstance(__uuidof(Recordset));
pCommand.CreateInstance(__uuidof(Command));
/* 访问数据库 */
...
/* 关闭 OLE/COM 库,释放资源 */
CoUninitialize();
```

6.3.2　_ConnectionPtr 接口

通过_ConnectionPtr 可连接到一个现存的数据库,这个数据库可以是 Access、SQL Server 等 ADO 支持的各种数据库,并可通过_RecordsetPtr 执行 SQL 语句。具体代码如下(以连接 Access 数据库 screw.mdb 为例):

1. 连接数据库

```
// 初始化对 COM 的调用
CoInitialize(0);
_ConnectionPtr  pConnection = NULL;          // 连接
HRESULT  hr = E_UNEXPECTED;
CString  strConnectionString( "Provider = Microsoft.Jet.OLEDB.4.0;Data Source = d:\\screw.mdb" );   // 连接字符串
pConnection.CreateInstance( __uuidof( Connection ) );    // ( "ADODB.Connection" );
try
{
    // 连接数据库
    hr = pConnection->Open( ( _bstr_t )strConnectionString, "", "", adModeUnknown );
    MessageBox( NULL, "连接数据库成功!", "提示", MB_OK | MB_ICONINFORMATION );
}
catch ( _com_error e )
{
    MessageBox( NULL, "连接数据库失败!", "错误", MB_OK | MB_ICONERROR );
    return false;
}
pConnection->Close();
```

strConnectionString 中保存的是连接字符串,指明连接的数据库类型、数据库名及用户名、密码等,如连接 SQL Server 数据库,连接字符串可以是“Provider = 'SQLOLEDB'; Data Source = 'drothaus3';Initial Catalog = 'Northwind';Integrated Security = 'SSPI';”,具体数据库的连接字符串请参阅相关资料。

2. 执行 SQL 语句

函数原型如下：

```
_RecordsetPtr Connection15::Execute ( _bstr_t CommandText, VARIANT * RecordsAffected,
long Options )
```

其中：(1) CommandText 是命令字串，通常是 SQL 命令。

(2) 参数 RecordsAffected 是操作完成后所影响的行数。

(3) 参数 Options 表示 CommandText 中内容的类型，Options 可以取如下值之一：

- adCmdText 表明 CommandText 是文本命令；
- adCmdTable 表明 CommandText 是一个表名；
- adCmdProc 表明 CommandText 是一个存储过程；
- adCmdUnknown 未知。

例如：

```
_variant_t RecordsAffected;
m_pConnection->Execute("UPDATE users SET old = old+1", &RecordsAffected, adCmdTable);
```

6.3.3 _RecordsetPtr 接口

使用_RecordsetPtr 可以方便地获得数据库的查询结果集，也可以进行添加、修改、删除等操作。

1. 获得查询结果集

创建一个_RecordsetPtr 实例后调用 Open()，可以得到一条 SQL 语句的执行结果。代码如下：

```
try
{
    // 获取记录集
    hr = pRecordset->Open(
        (_bstr_t)strSqlCommandString,
        _variant_t((IDispatch *)pConnection,true),
        adOpenStatic,
        adLockOptimistic,
        adCmdText );
}
catch ( _com_error * e)
{
    e->ErrorMessage();
    MessageBox( NULL, "打开记录集失败!", "错误", MB_OK | MB_ICONERROR );
}
```

_RecordsetPtr 的 Open 方法有 5 个参数：

- 第 1 个参数是一条查询语句字符串，必须是_bstr_t 类型(因为 ADO 是基于 COM 的，而 COM 规定只要是字符串作参数，必须要用_bstr_t 类型)；
- 第 2 个是连接库的 IDispatch 指针；

📖第 3 个是游标类型，有 adOpenUnspecified、adOpenForwardOnly、adOpenKeyset、adOpenDynamic、adOpenStatic 等类型；

📖第 4 个参数是加锁类型，有 adLockBatchOptimistic、adLockOptimistic、adLockPessimistic、adLockReadOnly、adLockUnspecified 等类型；

📖第 5 个参数是选项参数，有 adCmdUnspecified、adCmdText、adCmdTable、adCmdStoredProc、adCmdUnknown、adCmdFile、adCmdTableDirect 等类型。

2. 遍　历

可以通过 pRecordset -> adoEOF 的值判断记录指针是否已经移到结果集的末尾，通过 GetCollect( ) 方法来获取字段值。

```
pRecordset -> MoveFirst( );
while( ! pRecordset -> adoEOF)
{
    tmp  =  pRecordset -> GetCollect( 0L );
    UF_UI_write_listing_window( ( LPTSTR )( LPCSTR )tmp );
    UF_UI_write_listing_window( "\t" );
    tmp. Format( "%7.3lf", pRecordset -> GetCollect( 1L ). dblVal );
    UF_UI_write_listing_window( ( LPTSTR )( LPCSTR )tmp );
    UF_UI_write_listing_window( "\t" );

    pRecordset -> MoveNext( );
}
```

3. 添　加

(1) 调用 m_pRecordset -> AddNew( )。

(2) 调用 m_pRecordset -> PutCollect( ) 给每个字段赋值。

(3) 调用 m_pRecordset -> Update( ) 确认。

4. 修　改

(1) 定位到要修改的记录。

(2) 调用 m_pRecordset -> PutCollect( ) 给每个字段赋值。

(3) 调用 m_pRecordset -> Update( ) 确认。

5. 删　除

(1) 定位到要修改的记录。

(2) 调用 m_pRecordset -> Delete(adAffectCurrent) 删除记录。

(3) 调用 m_pRecordset -> Update( ) 确认。

6.3.4 _CommandPtr 接口

_CommandPtr 用于执行有返回结果和无返回结果的 SQL 语句。

例如：

```
_CommandPtr m_pCommand;
m_pCommand. CreateInstance( __uuidof( Command) );
// 将库连接赋于它
```

```
m_pCommand -> ActiveConnection = m_pConnection;
// SQL 语句
m_pCommand -> CommandText = "SELECT * FROM DemoTable";
// 执行 SQL 语句,返回记录集
m_pRecordset = m_pCommand -> Execute( NULL, NULL,adCmdText);
```

6.4 创建六角头螺栓

本实例创建一个标准件六角头螺栓参数化设计系统,六角头螺栓的参数是采用Access数据库来管理的,程序通过 ODBC 访问数据库。

1. 运行环境设置

(1) 在项目目录下新建 3 个目录:"…\screw\application"用于存放对话框文件和编译连接后生成的动态链接库文件;"…\ screw\startup"用于存放菜单和工具条文件;"…\ screw\bitmap"用于存放工具条和对话框的位图图标。

(2) 设置两个环境变量:"UGII_VENDOR_DIR =…\ screw"使 NX 系统在启动后自动执行菜单和工具条文件;"UGII_BITMAP_PATH =…\ screw \bitmap"使系统能找到相应的位图文件。

(3) 在数据库中建立存放六角头螺栓参数的表,表的结构如表 6-3 所示。

表 6-3 存放六角头螺栓参数表结构

字段名称	数据类型	含 义
spec	文 本	螺纹规格
d	数 字	螺栓轴直径
b	数 字	螺纹长度
a	数 字	a(max)
e	数 字	螺栓帽外接圆直径
k	数 字	公称
r	数 字	r(min)
s	数 字	螺栓帽内接圆直径
l	数 字	螺栓轴长度
weight	数 字	100mm 长的重量(kg)

(4) 设置 ODBC 链接。

2. 流程图

六角头螺栓系统流程如图 6-9 所示。

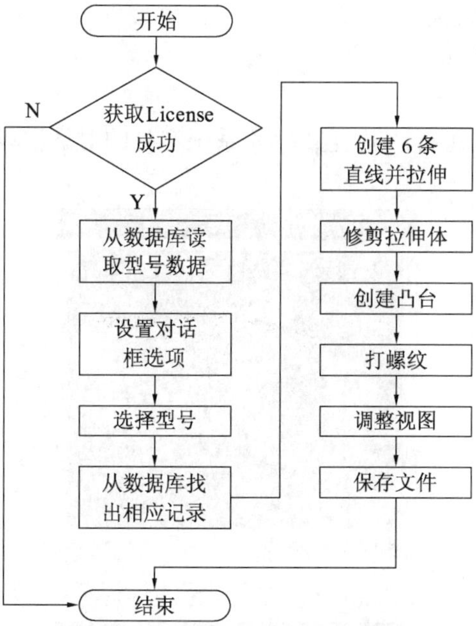

图6-9 六角头螺栓系统流程图

3. 资源文件

(1) 菜单和工具条文件

本系统将在菜单栏菜单 Help 的右侧建立一个新的菜单栏菜单“综合实例”,综合实例下将包含一个子菜单项“创建六角头螺栓...”。在界面上出现一个工具条“创建六角头螺栓”。本系统的菜单文件为 screw. men,工具条文件为 screw. tbr,其内容分别如下:

① 菜单文件 screw. men

```
VERSION 120
! --------------------------------
EDIT UG_GATEWAY_MAIN_MENUBAR
TOP_MENU
    CASCADE_BUTTON CUSTOM_MYMENU
    LABEL  综合实例
END_OF_TOP_MENU
MENU CUSTOM_MYMENU
    BUTTON MAKE_SCREW
    LABEL  创建六角头螺栓...
    BITMAP screw_ico. bmp
    ACTIONS screw. dlg
END_OF_MENU
```

② 工具条文件 screw. tbr

```
TITLE  综合实例
VERSION 170
! --------------------------------
BUTTON MAKE_SCREW
```

```
LABEL 创建六角头螺栓
BITMAP screw_ico.bmp
```

（2）对话框文件

本例采用 UI Styler 创建对话框，它与 NX 系统本身的对话框风格一致，建立的对话框如图 6-10 所示。

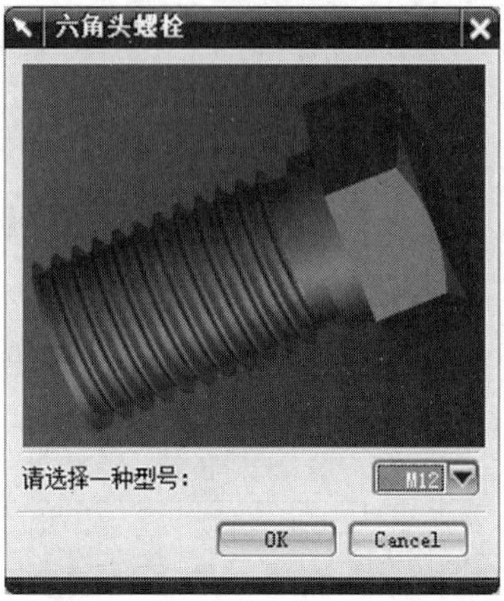

图 6-10　六角头螺栓系统对话框

（3）主程序代码

```
#include <math.h>
#include <stdio.h>
#include <stdlib.h>
#include <string.h>
#include <uf.h>
#include <uf_ui.h>
#include <uf_mb.h>
#include <uf_defs.h>
#include <uf_disp.h>
#include <uf_exit.h>
#include <uf_part.h>
#include <uf_modl.h>
#include <uf_view.h>
#include <uf_disp.h>
#include <uf_sket.h>
#include <uf_curve.h>
#include <uf_layer.h>
#include <uf_styler.h>

#define SCREW_CB_COUNT                 ( 3 + 1 )
#define SCREW_BITMAP_SCREW             ("BITMAP_SCREW")
#define SCREW_SEP_1                    ("SEP_1")
#define SCREW_OPTION_CHOICE            ("OPTION_CHOICE")
```

```
#define SCREW_DIALOG_OBJECT_COUNT      ( 3 )
#define SCREW_OPTION_CHOICE_COUNT      14
#define LAYER_SOLID                    1
#define LAYER_SKETCH                   21
#define LAYER_CURVE                    41

class Cscrew : public CRecordset
{
public:
    Cscrew( CDatabase * pDatabase = NULL );
    DECLARE_DYNAMIC( Cscrew )
    CString    m_spec;     //螺纹规格
    double     m_d;     //螺栓轴直径
    double     m_b;     //螺纹长度
    double     m_a;     //a(max)
    double     m_e;     //螺栓帽外接圆直径
    double     m_k;     //公称
    double     m_r;     //r(min)
    double     m_s;     //螺栓帽内接圆直径
    double     m_l;     //螺栓轴长度
    double     m_weight;     //100mm 长的重量(kg)
public:
    virtual CString GetDefaultSQL( );
    virtual void DoFieldExchange( CFieldExchange * pFX );
};
int SCREW_ok_cb ( int dialog_id, void * client_data,
                UF_STYLER_item_value_type_p_t callback_data);
int SCREW_cancel_cb ( int dialog_id, void * client_data,
                UF_STYLER_item_value_type_p_t callback_data);
int SCREW_constructor ( int dialog_id, void * client_data,
                UF_STYLER_item_value_type_p_t callback_data);
void fitview( void );
void create( Cscrew * ScrewSet );
IMPLEMENT_DYNAMIC( Cscrew, CRecordset )
static UF_STYLER_callback_info_t SCREW_cbs[SCREW_CB_COUNT] =
{
    {UF_STYLER_DIALOG_INDEX, UF_STYLER_CONSTRUCTOR_CB    , 0, SCREW_constructor},
    {UF_STYLER_DIALOG_INDEX, UF_STYLER_OK_CB             , 0, SCREW_ok_cb},
    {UF_STYLER_DIALOG_INDEX, UF_STYLER_CANCEL_CB         , 0, SCREW_cancel_cb},
    {UF_STYLER_NULL_OBJECT, UF_STYLER_NO_CB, 0, 0 }
};
static UF_MB_styler_actions_t actions[ ] = {
    { "screw.dlg",  NULL,   SCREW_cbs,  UF_MB_STYLER_IS_NOT_TOP },
```

```
    { NULL,  NULL,  NULL,  0 }
};
Cscrew::Cscrew( CDatabase * pdb )
: CRecordset( pdb )
{
    m_spec = L"";
    m_d = 0.0;
    m_b = 0.0;
    m_a = 0.0;
    m_e = 0.0;
    m_k = 0.0;
    m_r = 0.0;
    m_s = 0.0;
    m_l = 0.0;
    m_weight = 0.0;
    m_nFields = 10;
    m_nDefaultType = snapshot;
}
CString Cscrew::GetDefaultSQL( )
{
    return _T("[screw]");
}
void Cscrew::DoFieldExchange( CFieldExchange * pFX)
{
    pFX->SetFieldType( CFieldExchange::outputColumn);
    RFX_Text( pFX, _T("[spec]"), m_spec);
    RFX_Double( pFX, _T("[d]"), m_d);
    RFX_Double( pFX, _T("[b]"), m_b);
    RFX_Double( pFX, _T("[a]"), m_a);
    RFX_Double( pFX, _T("[e]"), m_e);
    RFX_Double( pFX, _T("[k]"), m_k);
    RFX_Double( pFX, _T("[r]"), m_r);
    RFX_Double( pFX, _T("[s]"), m_s);
    RFX_Double( pFX, _T("[l]"), m_l);
    RFX_Double( pFX, _T("[weight]"), m_weight);
}

extern void ufsta (char *param, int *retcode, int rlen)
{
    int  error_code;
    if ( (UF_initialize()) != 0)
        return;
    if ( (error_code = UF_MB_add_styler_actions ( actions ) ) != 0 )
```

```
    {
        char fail_message[133];
        UF_get_fail_message(error_code, fail_message);
        printf ( "%s\n", fail_message );
    }
    UF_terminate();
    return;
}

/* 构造函数 */
int SCREW_constructor ( int dialog_id,
                        void * client_data,
                        UF_STYLER_item_value_type_p_t  callback_data)
{
    if ( UF_initialize() != 0)
        return ( UF_UI_CB_CONTINUE_DIALOG );
    UF_STYLER_item_value_type_t data;
    char * names[ SCREW_OPTION_CHOICE_COUNT ];
    try
    {
        CDatabase database;
        database.OpenEx( "DSN = screw", CDatabase::noOdbcDialog );
        Cscrew ScrewSet;
        ScrewSet.Open( CRecordset::snapshot, "select * from screw_table" );
        int i = 0;
        do
        {
            if( ScrewSet.IsEOF( ) ) break;
            strcpy( names[ i++ ] = (char *)malloc( sizeof( char ) * 4 ), ScrewSet.m_spec );
            ScrewSet.MoveNext( );
        }while( 1 );
        database.Close( );

        data.item_id = SCREW_OPTION_CHOICE;
        data.item_attr = UF_STYLER_SUBITEM_VALUES;
        data.count = SCREW_OPTION_CHOICE_COUNT;
        data.value.strings = names;
        UF_STYLER_set_value( dialog_id, &data );
        data.item_attr = UF_STYLER_VALUE;
        data.value.integer = 0;
        UF_STYLER_set_value( dialog_id, &data );
        for ( i = 0; i < SCREW_OPTION_CHOICE_COUNT; i++ )
        {
```

```
                free( names[ i ] );
            }
        }
        catch( CDBException * pe )
        {
            AfxMessageBox( "Exception!" );
            AfxMessageBox( pe -> m_strError );
            pe -> Delete( );
        }

        UF_terminate( );
        return ( UF_UI_CB_CONTINUE_DIALOG );
}

int SCREW_ok_cb( int dialog_id, void * client_data,
                 UF_STYLER_item_value_type_p_t  callback_data)
{
    if ( UF_initialize( ) ! = 0)
        return ( UF_UI_CB_CONTINUE_DIALOG );

    /* 如果当前没有打开一个 PART 文件的话,退出 */
    tag_t is_part_opened;
    is_part_opened = UF_PART_ask_display_part( );
    if ( NULL_TAG == is_part_opened )
    {
        AfxMessageBox( "请先新建一个部件文件,然后再进行此项操作。" );
        return ( UF_UI_CB_EXIT_DIALOG );
    }

    /* 获取选择的项目,从数据库里找出相应的记录 */
    UF_STYLER_item_value_type_t data0, data1;
    data0.item_id = SCREW_OPTION_CHOICE;
    data1.item_id = SCREW_OPTION_CHOICE;
    data0.item_attr = UF_STYLER_VALUE;
    data1.item_attr = UF_STYLER_SUBITEM_VALUES;
    UF_STYLER_ask_value( dialog_id, &data0 );
    UF_STYLER_ask_value( dialog_id, &data1 );
    char buf[ 4 ];
    strcpy( buf, data1.value.strings[ data0.value.integer ] );
    UF_STYLER_free_value( &data1);

    char sql[ 1000 ];
    sprintf( sql, "Select * from screw_table where spec = %s'", buf );
```

```
    CDatabase database;
    database.OpenEx( "DSN=screw", CDatabase::noOdbcDialog );
    Cscrew ScrewSet;
    ScrewSet.Open( CRecordset::snapshot, sql );
    database.Close( );

    /*创建螺栓*/
    create( &ScrewSet );
    /*调整视图显示模式及比例*/
    fitview( );
    /*保存部件文件*/
    UF_PART_save( );

    UF_terminate ();
    return ( UF_UI_CB_EXIT_DIALOG );
}

int SCREW_cancel_cb ( int dialog_id, void * client_data,
                        UF_STYLER_item_value_type_p_t  callback_data )
{
    if ( UF_initialize( ) != 0)
        return ( UF_UI_CB_CONTINUE_DIALOG );
    AfxMessageBox( "用户取消了本次操作!" );

    UF_terminate( );
    return ( UF_UI_CB_EXIT_DIALOG );
}

/*调整视图显示模式及比例*/
void fitview( void )
{
    tag_t view_tag = NULL_TAG;
    UF_VIEW_visualization_t view_data;

    UF_VIEW_ask_work_view( &view_tag );
    UF_VIEW_ask_visualization( view_tag, &view_data );
    view_data.display_mode = UF_VIEW_FULLY_SHADED;
    UF_VIEW_set_visualization( view_tag, &view_data );
    UF_VIEW_fit_view( view_tag, 0.7 );
}

/*创建螺栓*/
```

```
void create( Cscrew * ScrewSet )
{
    /* 创建 6 条直线并拉伸 */
    uf_list_p_t   skt_line_list;
    UF_CURVE_line_t skt_lines[ 6 ];
    tag_t skt_line_tags[ 6 ];

    UF_LAYER_set_status( LAYER_SKETCH, UF_LAYER_WORK_LAYER );
    skt_lines[ 0 ].start_point[ 0 ] = ScrewSet->m_e / 2.0;
    skt_lines[ 0 ].start_point[ 1 ] = 0.0;
    skt_lines[ 0 ].end_point[ 0 ] = ScrewSet->m_e / 2.0 * cos( 60.0 * DEGRA );
    skt_lines[ 0 ].end_point[ 1 ] = ScrewSet->m_e / 2.0 * sin( 60.0 * DEGRA );
    skt_lines[ 1 ].start_point[ 0 ] = skt_lines[ 0 ].end_point[ 0 ];
    skt_lines[ 1 ].start_point[ 1 ] = skt_lines[ 0 ].end_point[ 1 ];
    skt_lines[ 1 ].end_point[ 0 ] = -skt_lines[ 1 ].start_point[ 0 ];
    skt_lines[ 1 ].end_point[ 1 ] = skt_lines[ 1 ].start_point[ 1 ];
    skt_lines[ 2 ].start_point[ 0 ] = skt_lines[ 1 ].end_point[ 0 ];
    skt_lines[ 2 ].start_point[ 1 ] = skt_lines[ 1 ].end_point[ 1 ];
    skt_lines[ 2 ].end_point[ 0 ] = -skt_lines[ 0 ].start_point[ 0 ];
    skt_lines[ 2 ].end_point[ 1 ] = skt_lines[ 0 ].start_point[ 1 ];
    skt_lines[ 3 ].start_point[ 0 ] = skt_lines[ 2 ].end_point[ 0 ];
    skt_lines[ 3 ].start_point[ 1 ] = skt_lines[ 2 ].end_point[ 1 ];
    skt_lines[ 3 ].end_point[ 0 ] = -skt_lines[ 0 ].end_point[ 0 ];
    skt_lines[ 3 ].end_point[ 1 ] = -skt_lines[ 0 ].end_point[ 1 ];
    skt_lines[ 4 ].start_point[ 0 ] = skt_lines[ 3 ].end_point[ 0 ];
    skt_lines[ 4 ].start_point[ 1 ] = skt_lines[ 3 ].end_point[ 1 ];
    skt_lines[ 4 ].end_point[ 0 ] = -skt_lines[ 4 ].start_point[ 0 ];
    skt_lines[ 4 ].end_point[ 1 ] = skt_lines[ 4 ].start_point[ 1 ];
    skt_lines[ 5 ].start_point[ 0 ] = skt_lines[ 4 ].end_point[ 0 ];
    skt_lines[ 5 ].start_point[ 1 ] = skt_lines[ 4 ].end_point[ 1 ];
    skt_lines[ 5 ].end_point[ 0 ] = skt_lines[ 0 ].start_point[ 0 ];
    skt_lines[ 5 ].end_point[ 1 ] = skt_lines[ 0 ].start_point[ 1 ];

    UF_MODL_create_list( &skt_line_list );
    for ( int i = 0; i < 6; i++ )
    {
        skt_lines[ i ].start_point[ 2 ] = 0.0;
        skt_lines[ i ].end_point[ 2 ] = 0.0;
        UF_CURVE_create_line( &skt_lines[ i ], &skt_line_tags[ i ] );
        UF_MODL_put_list_item( skt_line_list, skt_line_tags[ i ] );
    }

    char skt_name[ 30 ] = "SKT_BASE";
```

```
double skt_matrix[ 9 ] = { 1.0, 0.0, 0.0,
                           0.0, 1.0, 0.0,
                           0.0, 0.0, 0.0 };
tag_t skt_tag;
UF_SKET_initialize_sketch( skt_name, &skt_tag );
UF_SKET_create_sketch( skt_name, 2, skt_matrix,
    NULL, NULL, 1, &skt_tag );
UF_SKET_add_objects( skt_tag, 6, skt_line_tags );
UF_SKET_terminate_sketch( );

UF_LAYER_set_status( LAYER_SOLID, UF_LAYER_WORK_LAYER );
UF_LAYER_set_all_but_work( UF_LAYER_INACTIVE_LAYER );

char limit0[ 10 ];
char limit1[ 10 ];
char * limit[ 2 ] = { limit0, limit1 };
double point[ 3 ] = { 0.0, 0.0, 0.0 };
double direction[ 3 ] = { 0.0, 0.0, 1.0 };
uf_list_p_t feature_list;
tag_t base_tag;

strcpy( limit0, "0.0" );
sprintf( limit1, "%.3f", ScrewSet->m_k );
UF_MODL_create_extruded2( skt_line_list, "0.0", limit,
    point, direction, UF_NULLSIGN, &feature_list );
UF_MODL_ask_list_item( feature_list, 0, &base_tag );
UF_MODL_delete_list( &feature_list );
UF_MODL_delete_list( &skt_line_list );

/* 修剪拉伸体 */
UF_LAYER_set_status( LAYER_CURVE, UF_LAYER_WORK_LAYER );
skt_lines[ 0 ].start_point[ 0 ] = ScrewSet->m_e / 2.0;
skt_lines[ 0 ].start_point[ 2 ] = 0.0;
skt_lines[ 0 ].end_point[ 0 ] = skt_lines[ 0 ].start_point[ 0 ] * 0.85;
skt_lines[ 0 ].end_point[ 2 ] = skt_lines[ 0 ].start_point[ 2 ];
skt_lines[ 1 ].start_point[ 0 ] = skt_lines[ 0 ].end_point[ 0 ];
skt_lines[ 1 ].start_point[ 2 ] = skt_lines[ 0 ].end_point[ 2 ];
skt_lines[ 1 ].end_point[ 0 ] = skt_lines[ 0 ].start_point[ 0 ];
skt_lines[ 1 ].end_point[ 2 ] = ScrewSet->m_k * 0.2;
skt_lines[ 2 ].start_point[ 0 ] = skt_lines[ 1 ].end_point[ 0 ];
skt_lines[ 2 ].start_point[ 2 ] = skt_lines[ 1 ].end_point[ 2 ];
skt_lines[ 2 ].end_point[ 0 ] = skt_lines[ 0 ].start_point[ 0 ];
skt_lines[ 2 ].end_point[ 2 ] = skt_lines[ 0 ].start_point[ 2 ];
```

```
UF_MODL_create_list( &skt_line_list );
for ( i = 0; i < 3; i++ )
{
    skt_lines[ i ].start_point[ 1 ] = 0.0;
    skt_lines[ i ].end_point[ 1 ] = 0.0;
    UF_CURVE_create_line( &skt_lines[ i ], &skt_line_tags[ i ] );
    UF_MODL_put_list_item( skt_line_list, skt_line_tags[ i ] );
}
UF_LAYER_set_status( LAYER_SOLID, UF_LAYER_WORK_LAYER );
UF_LAYER_set_all_but_work( UF_LAYER_INACTIVE_LAYER );

strcpy( limit0, "0.0" );
strcpy( limit1, "360.0" );
tag_t revolve_tag;
UF_MODL_create_revolved1( skt_line_list, limit, point,
    direction, UF_NEGATIVE, base_tag,  &feature_list );
UF_MODL_ask_list_item( feature_list, 0, &revolve_tag );
UF_MODL_delete_list( &skt_line_list );

/* 在拉伸体上创建凸台 */
uf_list_p_t base_face_list;
char diame[ 10 ];
char height[ 10 ];
tag_t face_li;
tag_t boss_tag;

UF_MODL_ask_feat_faces( base_tag, &base_face_list );
UF_MODL_ask_list_item( base_face_list, 7, &face_li );
point[ 2 ] = ScrewSet->m_k;
sprintf( diame, "%.3f", ScrewSet->m_d );
sprintf( height, "%.3f", ScrewSet->m_l );
UF_MODL_create_boss( point, direction, diame, height, "0.0", face_li, &boss_tag );
UF_MODL_delete_list( &base_face_list );

/* 在凸台上打螺纹 */
UF_MODL_symb_thread_data_t thread_parameters;
tag_t symb_thread_tag;
uf_list_p_t boss_face_list;
UF_MODL_ask_feat_faces( boss_tag, &boss_face_list );
UF_MODL_ask_list_item( boss_face_list, 1, &thread_parameters.cyl_face );
UF_MODL_ask_list_item( boss_face_list, 0, &thread_parameters.start_face );
UF_MODL_delete_list( &boss_face_list );
```

```
thread_parameters.axis_direction[ 0 ] = 0.0;
thread_parameters.axis_direction[ 1 ] = 0.0;
thread_parameters.axis_direction[ 2 ] = -1.0;
thread_parameters.include_instances = UF_MODL_INCL_INSTANCES;
thread_parameters.rotation = UF_MODL_RIGHT_HAND;
thread_parameters.length_flag = UF_MODL_FIXED_LENGTH;
thread_parameters.tapered = UF_MODL_NON_TAPERED;
thread_parameters.num_starts = 1;
thread_parameters.form = "Metric";
thread_parameters.method = "CUT";
thread_parameters.callout = NULL;
char major_dia[ 10 ];
char minor_dia[ 10 ];
char tapped_dia[ 10 ];
char length[ 10 ];
char pitch[ 10 ];
thread_parameters.major_dia = major_dia;
thread_parameters.minor_dia = minor_dia;
thread_parameters.tapped_dia = tapped_dia;
thread_parameters.length = length;
thread_parameters.pitch = pitch;
sprintf( major_dia, "%.3f", ScrewSet->m_d );
sprintf( minor_dia, "%.3f", ScrewSet->m_d * 0.8 );
sprintf( tapped_dia, "%.3f", ScrewSet->m_d * 0.9 );
sprintf( length, "%.3f", ScrewSet->m_l );
sprintf( pitch, "%.3f", ScrewSet->m_d * 0.125 );
thread_parameters.angle = "60.0";

UF_MODL_create_symb_thread(&thread_parameters, &symb_thread_tag );
    }
```

4. 运行结果

(1) 设置运行环境后，将生成的动态链接库文件放到项目的 application 目录下，启动 NX 系统，新建一个部件文件，此时在界面会出现一个工具条文件，并在主菜单 Help 之后出现一个新的“综合实例”菜单项，如图 6-11 所示。

图 6-11　六角头螺栓菜单及工具条

(2) 点击工具条或菜单项“创建六角头螺栓...”将弹出六角头螺栓的参数化设计对话框，让用户选择需要的型号。

(3) 选择相应的六角头螺栓型号后，点击“OK”按钮，此时系统将创建用户指定类型的六角头螺栓。结果如图 6-12 所示。

如果用户启动 NX 系统后没有新建一个部件文件，而直接通过对话框创建六角头螺栓，此时系统将弹出一个警告信息，提示用户应先新建一个部件文件，如图 6-13 所示。

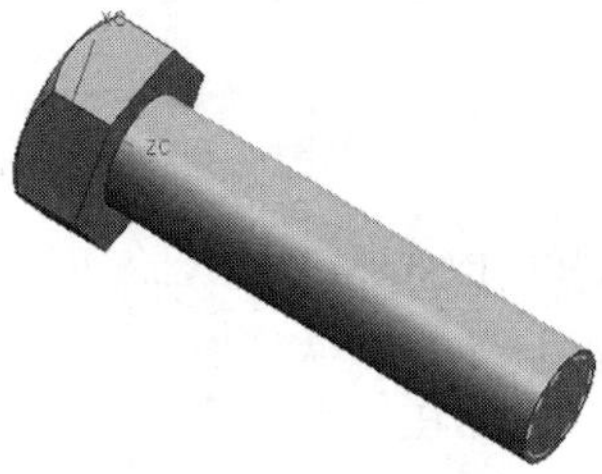

图 6-12　六角头螺栓

图 6-13　用户警告信息

第7章　零件设计

NX 的特征建模功能非常强大,NX 中几乎所有的几何特征都可以利用 NX Open 进行创建。NX Open 提供诸如 UF_MODL_create_×××_×××的函数用于创建几何特征,提供诸如 UF_MODL_ask_×××_×××的函数用于查询特征的属性。但是通常情况下,修改几何特征往往要通过修改几何特征的参数来实现。

1. 几何特征的创建

利用函数 UF_MODL_create_×××_×××创建几何特征,首先要明确几何特征的几何描述。以最简单的长方体为例,在三维空间中描述一个长方体时需要知道长方体的原点、长、宽和高。也就是说,可以利用原点、长、宽和高 4 个参数描述一个三维空间中的长方体,因此,函数 UF_MODL_create_block1 的参数明确要求输入长方体的 4 个参数。

2. 对象的种类

在二次开发过程中,必须分清是针对特征(Feature)操作、对象(Object)操作,还是实体(Body)操作。

对象是指 uf_object_types. h 中说明的对象,包括基准轴(datum axis)、基准面(datum plane)、草图(sketch)、直线(line)、圆(circle)、二次曲线(conic)和样条曲线(spline)等二维元素。

特征是指将用户对 NX 实体的所有操作过程都以特征的方式记录下来,一个实体往往可以拥有多个特征,如一个 block 经过倒角(blend)、钻孔(hole)后,则在这个实体上就存在了 3 个特征,并且它们按照时间先后顺序排列。用 UF_MODL_ask_feat_body 可以获得与特征相连的体标识,相应地,如果已知某个体标识,也可以利用函数 UF_MODL_ask_body_feats 获得与之相连的所有特征标识。

Body 是指 NX 实体。利用函数可以从 Body 中得到所有在其上操作过的 Feature。

任何确定存在的 NX 对象都具有唯一的标识,这里对象是指 NX 的部件、对象、特征、表达式等。

3. 特征建模

采用 NX Open 建立零件模型时,可先在 NX 交互环境下生成实体模型,再根据其操作过程选择相应的编程接口,或者利用日志录制 NX 交互环境下的操作,编辑、编译链接日志脚本文件成应用程序。

7.1　创建体素特征

基本体素是基本的解析外形,包括长方体、圆柱体、圆锥体和球。体素特征是非关联的,意味着它们和用于生成它们的几何体是不相关的,因此,在运用 NX 建立参数化模型时,体素特征只作为第一个特征且只用一次。在二次开发过程中,建议也遵循这个规则。

7.1.1 体素特征相关函数

NX Open 允许用户创建和查询所有的基本体素特征,通过 API 函数建立基本体素特征返回的是相应基本体素的特征标识,如有需要,可以通过函数 UF_MODL_ask_feat_body 获得对应特征的实体对象标识。所有建立体素特征的函数中,基本体素的参数是通过字符串来输入的,用户既可以直接输入相应参数的值,也可以用表达式的形式输入相应参数的值。基本体素的原点位置分别为:块为底面斜角点;圆柱和圆锥为底面中点;球为球心位置。其方向分别为其建立方向。创建和查询基本体素的函数声明主要包含在头文件 uf_modl.h 中,与体素特征相关的函数如表 7-1 所示。

表 7-1 与体素特征相关的函数

特征名称	函数名称
块	UF_MODL_create_block1 UF_MODL_ask_block_parms
圆柱	UF_MODL_create_cyl1 UF_MODL_ask_cylinder_parms
圆锥	UF_MODL_create_cone1 UF_MODL_ask_cone_parms
球	UF_MODL_create_sphere1 UF_MODL_ask_sphere_parms

7.1.2 体素特征实例实践

1. 运行环境

新建一个部件文件。

2. 程序代码及注释

```
#include <stdlib.h>
#include <uf.h>
#include <uf_modl.h>
#include <uf_part.h>
#include <uf_ui.h>
#include <uf_view.h>

extern void ufusr( char * param, int * retcod, int param_len )
{
    /* 对话框设置 */
    char * cp1 = "请选择";
    int ip2 = 0;
    char cp3[4][38] = { "创建一个块(Block)",
                        "创建一个圆柱(Cylinder)",
```

```
                    "创建一个圆锥(Cone)",
                    "创建一个球体(Sphere)" };
int ip4 = 4;
int value;
tag_t view_tag = NULL_TAG;
UF_FEATURE_SIGN sign = UF_NULLSIGN;

/* Block 的变量声明区 */
double  blk_corner[ 3 ] = { 0.0, 0.0, 0.0 };
char    *blk_edge_len[ 3 ] = { "10.0", "20.0", "30.0" };
tag_t   blk_obj_id;

/* Cylinder 的变量声明区 */
double cyl_origin[ 3 ] = { 0.0, 0.0, 0.0 };
char *cyl_height = "20.0";
char *cyl_diam = "10.0";
double cyl_direction[ 3 ] = { 0.0, 0.0, 1.0 };
tag_t cyl_obj_id;

/* Cone 的变量声明区 */
double cone_origin[ 3 ] = { 0.0, 0.0, 0.0 };
char *cone_height = "20.0";
char *cone_diam[ 2 ] = { "30.0", "20.0" };
double cone_direction[ 3 ] = { 0.0, 0.0, 1.0 };
tag_t cone_obj_id;

/* Sphere 的变量声明区 */
double sphere_center[ 3 ] = { 0.0, 0.0, 0.0 };
char *sphere_diam = "30.0";
tag_t sphere_obj_id;

if ( ! UF_initialize( ) )
{
    /* 显示菜单 */
    value = uc1603( cp1, ip2, cp3, ip4 );
    switch( value )
    {
    case 5:    /* 创建 Block(块) */
        UF_MODL_create_block1( sign, blk_corner,
            blk_edge_len, &blk_obj_id );
        break;
    case 6:    /* 创建 Cylinder(圆柱) */
        UF_MODL_create_cyl1(
```

```
                sign,
                cyl_origin,
                cyl_height,
                cyl_diam,
                cyl_direction,
                &cyl_obj_id );
            break;
        case 7:     /* 创建 Cone(圆锥) */
            UF_MODL_create_cone1( sign, cone_origin, cone_height,
                cone_diam, cone_direction, &cone_obj_id );
            break;
        case 8:     /* 创建 Sphere(球体) */
            UF_MODL_create_sphere1( sign, sphere_center,
                sphere_diam, &sphere_obj_id );
            break;
        default:
            uc1601( "发生了错误!", 0 );
        }

        /* 调整视图到合适的大小 */
        UF_VIEW_ask_work_view( &view_tag );
        UF_VIEW_fit_view( view_tag, 0.7 );
        /* 保存文件 */
        UF_PART_save( );
        UF_terminate( );
    }
}
```

3. 运行结果

在编译连接后,通过“File→Execute→NX Open”调用生成的动态链接库(*.dll)文件。此时界面弹出一个创建基本体素的对话框,如图 7-1 所示。用户选择一个基本体素的类型即可创建需要的实体模型,结果如图 7-2 所示。

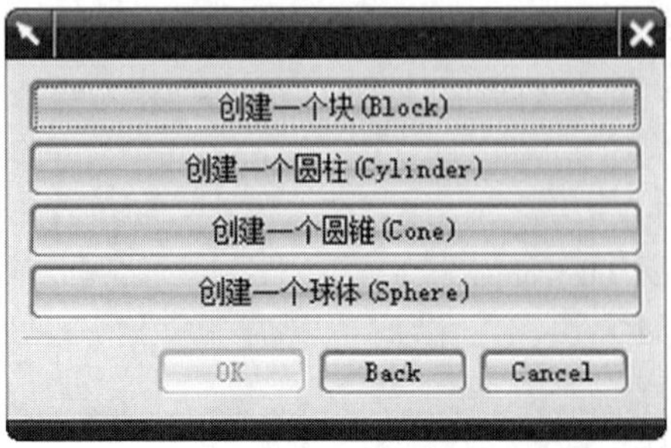

图 7-1　基本体素选择对话框

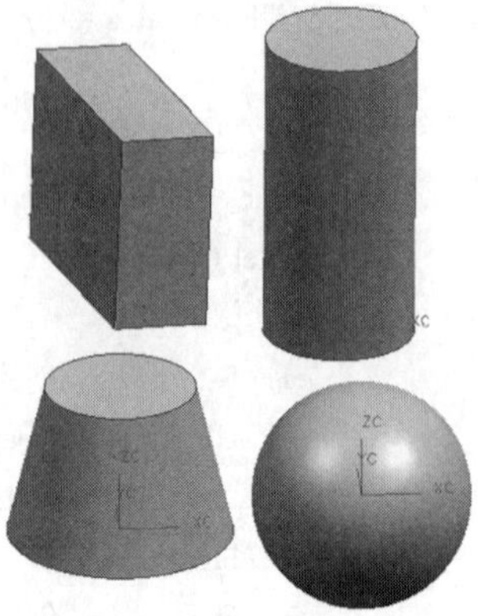
图 7-2　创建基本体素

7.2　创建扫描特征

扫描特征是截面几何体(曲线、草图、片体或实体表面等)进行拉伸、旋转或沿导向线扫描来创建三维模型,包括拉伸体、旋转体、沿导向线扫描和管道 4 种方式,它是构成部件非解析形状毛坯的基础。NX Open 允许用户创建、查询和编辑拉伸、旋转、沿导向线和管道等所有的扫描特征。在扫描特征的函数中,可以通过逻辑变量来确定扫描结果为实体(Solid)或片体(Sheet)。当函数的偏置参数为零时,只有截面线串是封闭的且扫描结果的参数设置为实体,扫描结果才生成实体,否则将生成片体。如果截面线串不封闭,必须使用偏置才能生成实体。当扫描结果为片体时,拔锥角必须设置为零。

扫描的截面线串主要使用对象标识数组和链表 2 种方式定义。扫描的修剪方式是通过类型为 UF_MODL_SWEEP_TRIM_OPTS 的参数确定的,UF_MODL_SWEEP_TRIM_object 结构参数定义修剪对象,当选择基准平面作为修剪对象时,输入的是修剪平面的对象标识。当 UF_MODL_SWEEP_TRIM_object 结构参数为 NULL 时,可以在函数中设置起始位置和终止位置。

7.2.1　扫描特征相关函数

表 7-2、表 7-3 和表 7-4 分别为创建、查询和编辑扫描特征的函数,其函数的声明主要包含在头文件 uf_modl. h 中。

表 7-2　创建扫描特征函数

函数名称	函数功能及要点
UF_MODL_create_extrude_trim_opts	可以采用 NX 交互环境中提供的所有拉伸体建立方法建立一个拉伸体特征,截面线串采用对象标识数组进行定义
UF_MODL_create_extruded	采用方向距离法建立一个拉伸特征,截面线串采用链表进行定义,返回一个特征链表
UF_MODL_create_revolution	建立一个旋转体特征,截面线串采用对象标识数组进行定义
UF_MODL_create_revolved	只能采用轴和角度的方法建立一个旋转体特征,截面线串采用链表进行定义
UF_MODL_create_tube	利用用户定义的内、外直径的圆形横截面沿引导线串进行扫描建立管道或电缆特征,引导线串采用链表进行定义

表 7-3　查询扫描特征函数

函数名称	函数功能及要点
UF_MODL_ask_sweep_curves	获得拉伸特征和旋转特征的截面线串和引导线串的参数
UF_MODL_ask_sweep_direction	获得拉伸特征的方向和旋转特征的旋转轴的参数
UF_MODL_ask_sweep_parms	获得拉伸特征和旋转特征的拔锥角度、起始位置和终止位置的参数
UF_MODL_ask_extrude_offset_dir	获得拉伸特征的偏置方向
UF_MODL_ask_extrusion	获得拉伸特征的参数
UF_MODL_ask_revolution	获得旋转特征的参数

表 7-4 编辑扫描特征函数

函数名称	函数功能及要点
UF_MODL_edit_sweep_curves	编辑扫描特征的轮廓线串和引导线串
UF_MODL_replace_sweep_strings	功能与函数 UF_MODL_edit_sweep_curves 类似,但功能更强
UF_MODL_reattach_thru_faces	重新定义扫描特征的修剪面和成型特征的穿透面
UF_MODL_set_sweep_axis	重新设置扫描特征的方向
UF_MODL_set_sweep_tolerances	重新设置扫描特征的链接和距离公差

7.2.2 扫描特征实例实践

1. 运行环境

新建一个部件文件。

2. 程序代码及注释

```
#include <stdlib.h>
#include <uf.h>
#include <uf_view.h>
#include <uf_part.h>
#include <uf_modl.h>

void ufusr(char *param, int *retcode, int paramLen)
{
    int i;
    tag_t view_tag = NULL_TAG;
    /* 定义4根线,作为扫描的截面线串 */
    UF_CURVE_line_t sline1, sline2, sline3, sline4;
    tag_t line1, line2, line3, line4;
    tag_t generators[4];

    /* 定义拉伸特征参数 */
    uf_list_p_t objects;
    char *taper_angle = "0.0";
    char *limit[2] = {"2.0", "5.0"};
    double point[3] = {0.0, 0.0, 0.0};
    double direction[3] = {0.0, 0.0, 1.0};
    UF_FEATURE_SIGN sign = UF_NULLSIGN;
    uf_list_p_t features;

    if (!UF_initialize())
    {
        /* 创建线#1 */
        sline1.start_point[0] = 0.0;
```

```
sline1. start_point[1] = 0.0;
sline1. start_point[2] = 0.0;
sline1. end_point[0] = 0.0;
sline1. end_point[1] = 1.0;
sline1. end_point[2] = 0.0;
UF_CURVE_create_line(&sline1,&line1);
/* 创建线#2 */
sline2. start_point[0] = 0.0;
sline2. start_point[1] = 1.0;
sline2. start_point[2] = 0.0;
sline2. end_point[0] = 2.5;
sline2. end_point[1] = 3.5;
sline2. end_point[2] = 0.0;
UF_CURVE_create_line(&sline2,&line2);
/* 创建线#3 */
sline3. start_point[0] = 2.5;
sline3. start_point[1] = 3.5;
sline3. start_point[2] = 0.0;
sline3. end_point[0] = 1.0;
sline3. end_point[1] = 0.0;
sline3. end_point[2] = 0.0;
UF_CURVE_create_line(&sline3,&line3);
/* 创建线#4 */
sline4. start_point[0] = 1.0;
sline4. start_point[1] = 0.0;
sline4. start_point[2] = 0.0;
sline4. end_point[0] = 0.0;
sline4. end_point[1] = 0.0;
sline4. end_point[2] = 0.0;
UF_CURVE_create_line(&sline4,&line4);
/* 把 4 根线的 tag 放入数组 */
generators[0] = line1;
generators[1] = line2;
generators[2] = line3;
generators[3] = line4;

/* 拉伸(extruded) */
/* 创建一个链表,以存放扫描的截面线串 */
UF_MODL_create_list( &objects );
for ( i = 0; i < 4; i++ )
{
    UF_MODL_put_list_item( objects, generators[ i ] );
}
```

```
        UF_MODL_create_extruded( objects, taper_angle, limit,
            point, direction, sign, &features );
        UF_MODL_delete_list( &objects );

        /* 调整视图到合适的大小 */
        UF_VIEW_ask_work_view( &view_tag );
        UF_VIEW_fit_view( view_tag, 0.7 );

        /* 保存部件文件 */
        UF_PART_save( );
        UF_terminate( );
    }
}
```

3. 运行结果

在编译连接后,通过"File→Execute→NX Open"调用生成的动态链接库文件,运行结果如图 7-3 所示。

图 7-3 创建扫描特征

7.3 创建基准特征

基准特征是设计零件的辅助设计工具,借助基准特征可以完成特定的功能。基准特征分为基准轴、基准面和基准坐标系。NX Open 允许用户创建、查询和编辑相对及固定的基准特征。有些创建基准特征函数返回的是对象标识,有些返回的是特征标识,当返回的是特征标识时,可通过函数 UF_MODL_ask_feat_object 获得对应特征的对象标识;当返回的是对象标识时,可通过函数 UF_MODL_ask_object_feat 获得对应对象的特征标识。

7.3.1 基准特征相关函数

表 7-5、表 7-6 和表 7-7 分别为创建、查询和编辑基准特征的函数,其函数的声明主要包

含在头文件 uf_modl. h 中。

表 7-5　创建基准特征函数

函数名称	函数功能及要点
UF_MODL_create_fixed_daxis	通过 2 点建立固定基准轴对象,返回的是对象标识,可利用函数 UF_MODL_ask_object_feat 来获得固定基准轴的特征标识
UF_MODL_create_fixed_dplane	通过点和方向建立固定基准平面对象,返回的是对象标识,可利用函数 UF_MODL_ask_object_feat 来获得固定基准平面的特征标识
UF_MODL_create_relative_daxis	建立一个对 NX 对象相关联的基准轴,返回的是基准轴的特征标识
UF_MODL_create_relative_dplane	建立一个对 NX 对象相关联的基准平面,返回的是基准平面的特征标识

表 7-6　查询基准特征函数

函数名称	函数功能及要点
UF_MODL_ask_datum_axis_parms	获得基准轴的原点和方向,其中输入的是基准轴的特征标识
UF_MODL_ask_datum_plane_parms	获得基准平面的原点、方向、偏置距离和偏置角,其中输入的是基准轴的特征标识
UF_MODL_is_datum_axis_reversed	查询基准轴的方向是否反向,如反向返回 True,否则返回 False
UF_MODL_is_datum_plane_reversed	查询基准面的方向是否反向,如反向返回 True,否则返回 False
UF_MODL_ask_daxis_size	获得基准轴的长度
UF_MODL_ask_datum_point_and_direction	获得基准特征的点和方向的对象标识,如果没有点和方向的对象,则返回 NULL

表 7-7　编辑基准特征函数

函数名称	函数功能及要点
UF_MODL_reverse_datum_axis	将基准轴方向反向
UF_MODL_reverse_datum_plane	将基准平面方向反向
UF_MODL_convert_to_fixed_datum	将输入的基准特征转化为固定基准特征,其中输入的是基准特征的特征标识
UF_MODL_edit_datum_direction	用新的方向对象标识来修改基准特征
UF_MODL_edit_datum_point	用新的点对象标识来修改基准特征

7.3.2　基准特征实例实践

1. 运行环境

新建一个部件文件。

2. 程序代码及注释

```
#include <stdlib.h>
#include <uf.h>
#include <uf_part.h>
```

```
#include <uf_modl.h>
#include <uf_view.h>
#include <uf_layer.h>
#include <uf_obj.h>

extern void ufusr( char * param, int * retcod, int param_len )
{
    if ( ! UF_initialize( ) )
    {
        tag_t view_tag = NULL_TAG;
        /* 创建圆柱的变量声明区 */
        double cyl_origin[ 3 ] = { 0.0, 0.0, 0.0 };
        char * cyl_height = "20.0";
        char * cyl_diam = "10.0";
        double cyl_direction[ 3 ] = { 0.0, 0.0, 1.0 };
        tag_t cyl_obj_id;
        uf_list_p_t face_list;  /* 保存 Cylinder 面的链表 */

        /* 创建相对基准平面的变量声明区 */
        int num_refs = 1;
        tag_t  object_tags[ 3 ];
        tag_t  object_tags1[ 3 ];
        int point_select[ 3 ] = { 0, 1, 0 };
        int which_plane = 1;
        char * offset_string = "5.0";
        int num_dplanes;
        tag_t dplane_tag[ 2 ];
        tag_t dplane_tag1[ 2 ];

        int layer_fea_nu;
        tag_t * layer_fea_id;

        /* 创建孔特征的变量声明区 */
        double location[ 3 ] = { 5.0, 0.0, 10.0 };
        double direction[ 3 ] = { -1.0, 0.0, 0.0 };
        char * diame = "5.0";
        char * depth = "20.0";
        char * angle = "0.0";
        tag_t face_li;  /* 放置平面 */
        tag_t face_t1;  /* 穿透平面 */
        tag_t hole_obj_id;

        /* 创建圆柱体 */
```

```
        UF_MODL_create_cyl1( UF_NULLSIGN, cyl_origin, cyl_height,
            cyl_diam, cyl_direction, &cyl_obj_id );

        /* 获取圆满柱体所有的面,存入链表 */
        UF_MODL_ask_feat_faces( cyl_obj_id, &face_list );
        UF_MODL_ask_list_item( face_list, 2, &object_tags[ 0 ] );
        UF_MODL_delete_list( &face_list );
        /* 设置61层为工作层,将以下创建的基准平面放到61层 */
        UF_LAYER_set_status( 61, UF_LAYER_WORK_LAYER );
        /* 创建基准平面 */
        UF_MODL_create_relative_dplane( num_refs, object_tags, point_select,
            which_plane, NULL, NULL, "0.0",&num_dplanes, dplane_tag );
        /* 获取基准平面的 Object Tag */
        object_tags1[0] = dplane_tag[0];
        UF_MODL_ask_feat_object( dplane_tag[0], &layer_fea_nu, &layer_fea_id );
        UF_OBJ_set_blank_status( layer_fea_id[0] , UF_OBJ_BLANKED);
        UF_free( layer_fea_id );
        /* 由第一个基准平面偏置出第二个基准平面,使第二个基准平面与圆满柱平面相切 */
        UF_MODL_create_relative_dplane( 1, object_tags1, point_select, which_plane,
            NULL, NULL, offset_string, &num_dplanes, dplane_tag1 );
        /* 设置层1为工作层 */
        UF_LAYER_set_status( 1, UF_LAYER_WORK_LAYER );
        /* 创建孔特征 */
        face_li = dplane_tag1[ 0 ]; /* 放置面为基准平面 */
        face_t1 = object_tags[ 0 ]; /* 穿透面为圆柱平面 */
        UF_MODL_create_simple_hole( location, direction, diame,
            depth, angle, face_li, face_t1, &hole_obj_id );
        /* 调整视图到合适的大小 */
        UF_VIEW_ask_work_view( &view_tag );
        UF_VIEW_fit_view( view_tag, 0.7 );
        /* 保存部件 */
        UF_PART_save( );
        UF_terminate( );
    }
}
```

3. 运行结果

在编译连接后,通过"File→Execute→NX Open"调用生成的动态链接库文件,运行结果如图7-4所示。

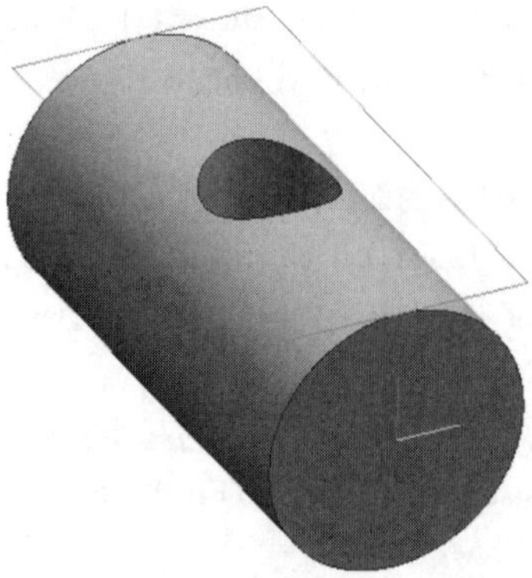

图 7-4　创建相对基准平面

7.4　创建布尔特征

体对象包含实体和片体两种类型。布尔操作用于将 2 个或多个实体(或片体)组合成一个体,包括相加、相减、相交 3 种类型。执行布尔操作时应至少存在 2 个实体或片体,实体或片体必须有重叠的部分。布尔操作的结果是实体还是片体取决于目标体,若目标体为实体,则结果为实体,若目标体为片体,则结果为片体。函数允许用户对 2 个体进行相加、相减和相交的各种布尔操作,并且用户可以根据需要来确定保留或删除目标体和工具体。布尔操作函数的输入参数都是体标识,因此,在创建布尔操作特征前应使用函数 UF_MODL_ask_feat_body 获得与特征相关联的体标识。

7.4.1　布尔特征相关函数

表 7-8 为布尔操作的函数,其函数的声明主要包含在头文件 uf_modl. h 中。

表 7-8　布尔操作的函数

函数名称	函数功能及要点
UF_MODL_operations	对 2 个体执行布尔操作,包括相加、相减和相交
UF_MODL_unite_bodies	相加布尔操作,不可保留目标体、工具体
UF_MODL_unite_bodies_with_retained_options	相加布尔操作,可保留或删除目标体、工具体
UF_MODL_subtract_bodies	相减布尔操作,不可保留目标体、工具体
UF_MODL_subtract_bodies_with_retained_options	相减布尔操作,可保留或删除目标体、工具体
UF_MODL_intersect_bodies	相交布尔操作,不保留目标体、工具体
UF_MODL_intersect_bodies_with_retained_options	相交布尔操作,可保留或删除目标体、工具体
UF_MODL_ask_feature_boolean	获得一个实体特征布尔操作状态的信息
UF_MODL_ask_feature_sign	获得一个特征如何进行布尔操作标识
UF_MODL_replace_boolean_body	编辑布尔操作,替换目标体或工具体
UF_MODL_edit_boolean_with_retained_options	编辑布尔操作,保留或替换目标体或工具体

7.4.2 布尔特征实例实践

1. 运行环境

新建一个部件文件。

2. 程序代码及注释

```
#include <stdlib.h>
#include <uf.h>
#include <uf_part.h>
#include <uf_modl.h>
#include <uf_ui.h>
#include <uf_view.h>

extern void ufusr( char * param, int * retcod, int param_len )
{
    if (! UF_initialize())
    {
        tag_t view_tag = NULL_TAG;

        /* 对话框设置 */
        char *cp1 = "请选择";
        int ip2 = 0;
        char cp3[4][38] = { "布尔操作:加",
            "布尔操作:减",
            "布尔操作:交" };
        int ip4 = 3;

        /* 创建块的变量声明区 */
        double blk_corner[ 3 ] = { 0.0, 0.0, 0.0 };
        char    *blk_edge_len[ 3 ] = { "20.0", "20.0", "20.0" };
        tag_t   blk_obj_id;
        tag_t   blk_body_id;
        /* 创建圆柱的变量声明区 */
        double cyl_origin[ 3 ] = { 0.0, 0.0, 0.0 };
        char *cyl_height = "20.0";
        char *cyl_diam = "10.0";
        double cyl_direction[ 3 ] = { 0.0, 0.0, 1.0 };
        tag_t cyl_obj_id;
        tag_t cyl_body_id;

        int num_result = 0;
        tag_t *resulting_bodies = NULL;
```

```
/* 创建块特征 */
UF_MODL_create_block1( UF_NULLSIGN,  blk_corner,
    blk_edge_len,  &blk_obj_id );
UF_MODL_ask_feat_body( blk_obj_id, &blk_body_id );

/* 创建圆柱特征 */
UF_MODL_create_cyl1( UF_NULLSIGN, cyl_origin, cyl_height,
    cyl_diam, cyl_direction, &cyl_obj_id );
UF_MODL_ask_feat_body( cyl_obj_id, &cyl_body_id );

/* 调整视图到合适的大小 */
UF_VIEW_ask_work_view( &view_tag );
UF_VIEW_fit_view( view_tag, 0.7 );

 /* 显示菜单 */
int value = uc1603( cp1, ip2, cp3, ip4 );

/* 根据用户选择执行相应的布尔操作 */
switch( value )
{
case 5:     /* 布尔操作:加 */
    UF_MODL_unite_bodies(
        blk_body_id,
        cyl_body_id );
    break;
case 6:     /* 布尔操作:减 */
    UF_MODL_subtract_bodies(
        blk_body_id,
        cyl_body_id,
        &num_result,
        &resulting_bodies );
    break;
case 7:     /* 布尔操作:交 */
    UF_MODL_intersect_bodies(
        blk_body_id,
        cyl_body_id,
        &num_result,
        &resulting_bodies );
    break;
default:
    uc1601( "发生了错误!", 0 );
}
if ( num_result > 0 )
```

```
        {
            UF_free( resulting_bodies );
            resulting_bodies = NULL;
        }

        /* 保存部件文件 */
        UF_PART_save( );
        UF_terminate( );
    }
}
```

3. 运行结果

在编译连接后,通过"File→Execute→NX Open"调用生成的动态链接库文件,运行结果如图7-5所示。

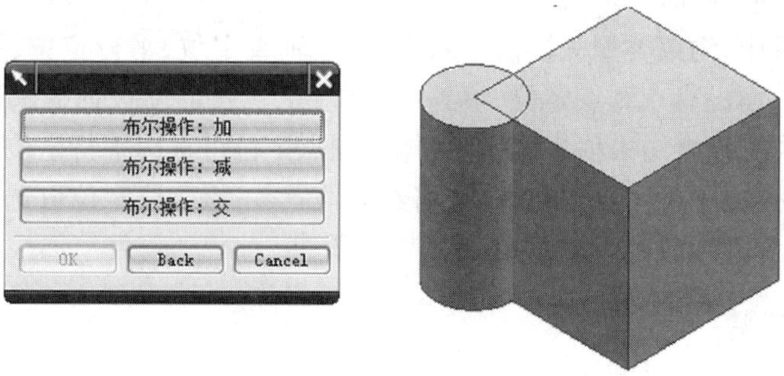

图7-5 创建布尔特征

7.5 创建成型特征

成型特征用于部件的细节设计,包括孔(Hole)、键槽(Slot)、型腔(Pocket)、圆台(Boss)、凸台(Pad)和沟槽(Groove)等。成型特征与建立它们的几何体和参数值完全相关,即如果更改了几何体,成型特征会自动更新。成型特征必须依赖某个实体才能创建,也就是说,成型特征只能在实体上而不能脱离实体而存在。例如,一个孔必须在一个实体上,不能脱离实体而存在。

所有成型特征均需要一个安放表面,大多数成型特征(除通用凸垫、通用型腔和沟槽外)的安放表面是平面的,安放表面通常是选择已有实体的表面。因此,如果没有平表面可用作安放表面,则可先建立基准平面,然后利用这些基准平面作为安放平面。成型特征是法向于安放表面建立的,且与安放表面相关联。

7.5.1 成型特征的相对定位

成型特征是定位在实体上的,如何确定成型特征和实体的相对位置?在NX Open函数中,成型特征的相对定位主要利用函数UF_MODL_create_rpo_constraints来建立。成型特征在建立的过程中需要和目标体进行布尔操作,因此利用相对定位函数对成型特征进行定位时,必须在成型特征建立的过程中(即成型特征的工具体和目标体进行布尔操作之前)实施。为此可在调用成型特征函数之前,利用函数 UF_MODL_register_rpo_routine 注册一个用户函数,在注册的用户函数中调用定义相对定位的函数,这样可保证在建立成型特征时实现相对定位,以保证所建立零件能实现相关改变。

注册的用户函数格式如下:

```
UF_MODL_register_rpo_routine( user_rpo_routine)
int user_rpo_routine( tag_t obj_id)
```

其中注册的用户函数只有一个输入参数,它由程序自动转输,这个参数为一个特征标识。该特征标识并不是调用成型特征函数后返回的特征标识,而是调用成型特征函数过程中生成的临时特征标识,这个临时特征是与目标体进行布尔运算的特征。例如,孔特征是由一个与孔特征参数相同的实体特征和目标体相交形成的,程序自动传输给注册用户函数的临时特征即为与孔特征参数相同的实体特征。

在注册的用户函数中,利用临时特征标识可获得在相对定位函数中需要的工具对象,比如建立孔特征中,利用临时特征可获得孔的边。

相对定位函数中,约束类型只提供了水平定位、垂直定位、平行定位、平行间距定位、正交定位、角度定位,而没有点到点定位、线到线定位、点到线定位。对于这 3 种定位方式,可利用已有的约束类型结合约束值来实现,具体点到点定位可选择平行定位,同时将约束值置零;线到线定位可选择平行间距定位,同时将约束值置零;点到线定位可选择正交定位,同时将约束值置零。

7.5.2 成型特征相关函数

NX Open 函数允许用户创建、查询和编辑所有的成型特征。利用 NX Open 函数建立成型特征时,输入的参数基本上与交互环境下输入参数是一致的。

表 7-9、表 7-10 和表 7-11 分别为创建、查询和编辑成型特征的函数,其函数的声明主要包含在头文件 uf_modl. h 中。

表 7-9　创建成型特征函数

函数名称	函数功能及要点
UF_MODL_create_boss	通过设置凸台的参数建立凸台特征
UF_MODL_create_rect_pad	通过设置矩形凸垫的参数建立矩形凸垫特征
UF_MODL_create_general_pad	通过设置通用凸垫的参数建立通用凸垫特征
UF_MODL_create_simple_hole	通过设置简单孔的参数建立简单孔特征
UF_MODL_create_c_bore_hole	通过设置沉头孔的参数建立沉头孔特征
UF_MODL_create_c_sunk_hole	通过设置埋头孔的参数建立埋头孔特征
UF_MODL_create_cyl_pocket	通过设置柱形腔的参数建立柱形腔特征
UF_MODL_create_rect_pocket	通过设置矩形腔的参数建立矩形腔特征
UF_MODL_create_general_pocket	通过设置通用腔的参数建立通用腔特征
UF_MODL_create_rect_slot	通过设置矩形键槽的参数建立矩形键槽特征

续表

函数名称	函数功能及要点
UF_MODL_create_ball_slot	通过设置球形末端键槽的参数建立球形末端键槽特征
UF_MODL_create_u_slot	通过设置U形键槽的参数建立U形键槽特征
UF_MODL_create_t_slot	通过设置T形键槽的参数建立T形键槽特征
UF_MODL_create_dove_tail_slot	通过设置燕尾形键槽的参数建立燕尾形键槽特征
UF_MODL_create_rect_groove	通过设置矩形沟槽的参数建立矩形沟槽特征
UF_MODL_create_ball_groove	通过设置球形末端沟槽的参数建立球形末端沟槽特征
UF_MODL_create_u_groove	通过设置U形沟槽的参数建立U形沟槽特征

表7-10　查询成型特征函数

函数名称	函数功能及要点
UF_MODL_ask_boss_parms	通过凸台特征标识获得凸台的直径、高和拔模角
UF_MODL_ask_rect_pad_parms	通过矩形凸垫特征标识获得矩形凸垫的长宽高、拐角半径和拔模角
UF_MODL_ask_general_pad1	通过通用凸垫特征标识获得建立通用凸垫时的相关参数，查询结束后，应使用函数UF_MODL_free_general_pad释放内存
UF_MODL_ask_simple_hole_parms	通过简单孔特征标识获得简单孔的直径、深度和尖端角
UF_MODL_ask_c_bore_hole_parms	通过沉头孔特征标识获得建立沉头孔时的所有参数
UF_MODL_ask_c_sunk_hole_parms	通过埋头孔特征标识获得建立埋头孔时的所有参数
UF_MODL_ask_cyl_pocket_parms	通过柱型腔特征标识获得柱型腔的直径、深度、底面半径和拔锥角
UF_MODL_ask_rect_pocket_parms	通过矩形型腔特征标识获得矩形型腔的长宽深、拐角半径、底面半径和拔锥角
UF_MODL_ask_general_pocket1	通过通用型腔特征标识获得建立通用型腔时的相关参数，查询结束后，应使用函数UF_MODL_free_general_pocket释放内存
UF_MODL_ask_rect_slot_parms	通过矩形键槽特征标识获得矩形键槽的长宽深及是否有穿透面的标识
UF_MODL_ask_ball_slot_parms	通过球形末端键槽特征标识获得球形末端键槽的球端直径、深度、长度及是否有穿透面的标识
UF_MODL_ask_u_slot_parms	通过U形键槽特征标识获得建立U形键槽时的所有参数及是否有穿透面的标识
UF_MODL_ask_t_slot_parms	通过T形键槽特征标识获得建立T形键槽时的所有参数及是否有穿透面的标识
UF_MODL_ask_dovetail_slot_parms	通过燕尾键槽特征标识获得建立燕尾键槽时的所有参数及是否有穿透面的标识
UF_MODL_ask_rect_groove_parms	通过矩形沟槽特征标识获得矩形沟槽的直径和宽度
UF_MODL_ask_ball_groove_parms	通过球形末端沟槽特征标识获得球形末端沟槽的直径和球端直径
UF_MODL_ask_u_groove_parms	通过U形沟槽特征标识获得建立U形沟槽时的相关参数

表 7-11　编辑成型特征函数

函数名称	函数功能及要点
UF_MODL_edit_hole_type	改变孔特征类型,包括简单孔、沉头孔和埋头孔
UF_MODL_edit_slot_type	改变键槽特征的类型,包括矩形键槽、球形键槽、U 形键槽、T 形键槽和燕尾键槽
UF_MODL_add_thru_faces	给孔和键槽特征增加穿透面,其中孔最多只有一个穿透面,键槽可以有 2 个穿透面
UF_MODL_reattach_dir_ref	重新定义特征的水平或垂直方向参考
UF_MODL_reverse_dir_ref	重新定义特征的水平或垂直方向参考,同时取指定方向的反方向
UF_MODL_reattach_target_face	重新定义特征的目标安置面
UF_MODL_reattach_tool_face	重新定义工具安置面
UF_MODL_reattach_thru_faces	重新定义成型特征的穿透面和扫描特征的修剪面
UF_MODL_remove_thru_faces	删除孔和键槽特征的所有穿透面
UF_MODL_edit_general_pad	编辑创建通用凸垫时的所有参数
UF_MODL_edit_general_pocket	编辑创建通用型腔时的所有参数
UF_MODL_free_general_pad	查询通用凸垫的参数后,应用该函数释放内存
UF_MODL_free_general_pocket	查询通用型腔的参数后,应用该函数释放内存
UF_MODL_register_rpo_routine	注册用户函数用于产生成型特征的相对定位

7.5.3　成型特征实例实践

1. 运行环境

新建一个部件文件。

2. 程序代码及注释

```
#include <stdio.h>
#include <uf.h>
#include <uf_modl.h>
#include <uf_ui.h>
#include <malloc.h>

/* 定义全局变量,用于传递相对定位的目标边 */
tag_t    edge_blk[12];
tag_t    edge_blend[4];

/* 注册型腔定位的用户函数 */
int rpo_routine_pocket(tag_t obj_id)
{
    int irc = 0, i;
    uf_list_p_t    edge_list;
```

```
        int count_list;
        tag_t     tem_tag, * edge_pock;
        edge_pock = (tag_t  * )malloc(12 * sizeof(tag_t));

        tag_t  * obj_id_target, * obj_id_tool;
        obj_id_target = (tag_t  * )malloc(3 * sizeof(tag_t));
        obj_id_tool = (tag_t  * )malloc(3 * sizeof(tag_t));
        char  * constraint_value[ ] = {"0.0","0.0"};
        char  * constraint_array[ ] = {"PARA_EDGE_PARMS","PARA_EDGE_PARMS"};
        int target_qualifier[ ] = {UF_MODL_ENDPOINT_1,UF_MODL_ENDPOINT_1};
        int tool_qualifier[ ] = {UF_MODL_ENDPOINT_1,UF_MODL_ENDPOINT_1};

        UF_MODL_ask_feat_edges(obj_id,&edge_list );
        UF_MODL_ask_list_count(edge_list,&count_list);
        for (i =0;i < count_list;i ++ )
        {
            UF_MODL_ask_list_item(edge_list,i,&tem_tag);
            edge_pock[i] = tem_tag;
        }
        UF_MODL_delete_list(&edge_list);

        obj_id_tool[0] = edge_pock[0];
        obj_id_tool[1] = edge_pock[4];

        obj_id_target[0] = edge_blk[1];
        obj_id_target[1] = edge_blk[0];

        irc = UF_MODL_create_rpo_constraints(obj_id, NULL_TAG, NULL_TAG, obj_id_target,
target_qualifier,obj_id_tool,tool_qualifier,constraint_value,constraint_array,2);

        free(edge_pock);
        free(obj_id_target);
        free(obj_id_tool);
        if (irc  == 0)
            return (0);
        else
            return (1);
    }
    /* 注册孔定位的用户函数 */
    int rpo_routine_hole(tag_t obj_id)
    {
        int irc,i;
        int count_list;
```

```
    tag_t    tem_tag;
    tag_t    edge_tool[5];
    uf_list_p_t   edge_list;
    tag_t obj_id_target[2],obj_id_tool[2];
    char * constraint_value[] = {"0.0"};
    char * constraint_array[] = {"PARA_DIST_PARMS"};
    int target_qualifier[] = {UF_MODL_ARC_CENTER};
    int tool_qualifier[] = {UF_MODL_ARC_CENTER};

    UF_MODL_ask_feat_edges(obj_id,&edge_list );
    UF_MODL_ask_list_count(edge_list,&count_list);
    for (i=0;i<count_list;i++)
    {
        UF_MODL_ask_list_item(edge_list,i,&tem_tag);
        edge_tool[i] = tem_tag;
    }
    UF_MODL_delete_list(&edge_list);

    obj_id_target[0] = edge_blend[2];
    obj_id_tool[0] = edge_tool[1];

irc = UF_MODL_create_rpo_constraints(obj_id,NULL_TAG,NULL_TAG,obj_id_target,
target_qualifier,obj_id_tool,tool_qualifier,constraint_value,constraint_array,1);

    if (irc == 0)
        return (0);
    else
        return (1);
}
/* NX Open 内部环境的出口函数 */
void ufusr(char * param, int * retcode, int paramLen)
{
    if (! UF_initialize())
    {
        /* 定义创建块的参数 */
        UF_FEATURE_SIGN sign = UF_NULLSIGN;
        double block_orig[3] = {0.0,0.0,0.0};
        char * block_len[3] = {"100","60","40"};
        tag_t blk_fea,blk_obj,tem_tag,face_blk[6];
        uf_list_p_t face_list,edge_list;
        int count_list;
        int i;
        /* 定义创建型腔的参数 */
```

```
double pock_loc[3] = {25.0,30.0,40.0};
double pock_dir[3] = {0.0,0.0,-1.0};
double pock_x_dir[3] = {1.0,0.0,0.0};
char *pock_len[3] = {"50.0","40.0","20.0"};
char *pock_corner = {"0.0"};
char *pock_floor = {"0.0"};
char *pock_angle = {"0.0"};
tag_t pock_id;

/*定义创建边倒圆的参数*/
char *blend_radius = "20.0";
uf_list_p_t blend_list,blend_edge_list;
tag_t blend_id;

/*定义创建孔的参数*/
double  hole_origin[3] = {60.0,30.0,40.0};
double  hole_cyl_dir[3] = {0.0,0.0,-1.0};
char *hole_dia = "25.0";
char *hole_height = "5.0";
char *hole_angle = "0.0";
tag_t hole_id;

/*创建块*/
UF_MODL_create_block1(sign, block_orig, block_len, &blk_fea);
UF_MODL_ask_feat_body(blk_fea,&blk_obj);

/*获得块上面的标识,用于确定成型特征的孔和型腔安置面,以及孔的穿透面*/
UF_MODL_ask_body_faces(blk_obj,&face_list);
UF_MODL_ask_list_count(face_list,&count_list);
for (i=0;i<count_list;i++)
{
    UF_MODL_ask_list_item(face_list,i,&tem_tag);
    face_blk[i] = tem_tag;
}
UF_MODL_delete_list(&face_list);

/*获得块上边的标识,用于相对定位*/
UF_MODL_ask_body_edges(blk_obj,&edge_list);
UF_MODL_ask_list_count(edge_list,&count_list);
for (i=0;i<count_list;i++)
{
    UF_MODL_ask_list_item(edge_list,i,&tem_tag);
    edge_blk[i] = tem_tag;
```

```
        }
        UF_MODL_delete_list( &edge_list) ;
        /* 创建型腔,并进行相对定位 */
        UF_MODL_register_rpo_routine( rpo_routine_pocket) ;
        UF_MODL_create_rect_pocket( pock_loc,pock_dir,pock_x_dir,pock_len,
            pock_corner,pock_floor,pock_angle,face_blk[0],&pock_id ) ;
        UF_MODL_unregister_rpo_routine( ) ;
        /* 进行边倒圆 */
        UF_MODL_create_list( &blend_list) ;
        UF_MODL_put_list_item( blend_list,edge_blk[6]) ;
        UF_MODL_create_blend( blend_radius,blend_list,0,0,0,0.5,&blend_id) ;
        /* 获取倒圆的边,用于孔的相对定位 */
        UF_MODL_ask_feat_edges( blend_id,&blend_edge_list) ;
        UF_MODL_ask_list_count( blend_edge_list,&count_list) ;
        for (i=0;i<count_list;i++)
        {
            UF_MODL_ask_list_item( blend_edge_list,i,&tem_tag) ;
            edge_blend[i] = tem_tag;
        }
        UF_MODL_delete_list( &blend_edge_list) ;
        /* 创建孔,并进行相对定位 */
        UF_MODL_register_rpo_routine( rpo_routine_hole) ;
        UF_MODL_create_simple_hole( hole_origin,hole_cyl_dir,hole_dia,
            hole_height,hole_angle,face_blk[0],face_blk[1],&hole_id) ;
        UF_MODL_unregister_rpo_routine( ) ;
        UF_terminate( ) ;
    }
}
```

3. 运行结果

在编译连接后,通过"File→Execute→NX Open"调用生成的动态链接库文件,其结果如图 7-6 所示。

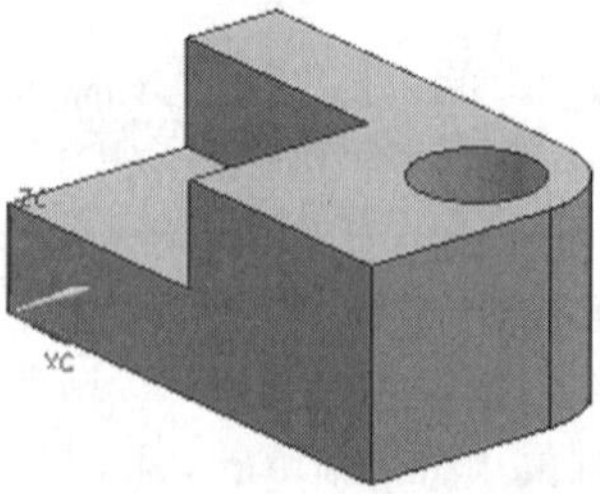

图 7-6　成型特征相对定位

7.6　创建操作特征

操作特征是指对已存在的实体或特征进行各种操作以满足设计的要求,例如拔模、倒圆、倒斜角、偏置、缝合及比例等，它们本身也是特征。对实体进行特征操作后，用户可以设计出任何零件的三维模型。

7.6.1　边缘操作相关函数

边缘操作包括边缘倒角和边缘倒圆。边缘倒角指通过定义要求的倒角尺寸斜切实体的边缘；边缘倒圆指使选择的边缘成圆形来修改一个实体。NX Open 允许用户对边缘进行倒角和倒圆等操作，创建、查询和编辑边缘操作的有关函数如表 7-12、表 7-13 和表 7-14 所示，它们包含在头文件 uf_modl. h 中。

表 7-12　创建边缘操作函数

函数名称	函数功能及要点
UF_MODL_create_chamfer	建立边缘倒角，倒角边是通过链表的形式输入到函数的，可选择的建立方法包括单偏置、双偏置和偏置加角度
UF_MODL_cre_chamfer_with_flip_option	功能与函数 UF_MODL_create_chamfer 相同，同时增加了可以选择反向倒角
UF_MODL_create_blend	建立恒定半径的边缘倒圆，倒圆边是通过链表的形式输入到函数的，可选择的溢出选项包括允许光滑溢出、允许陡峭边缘溢出和允许缺口溢出
UF_MODL_create_edge_blend	建立边缘倒圆，功能比函数 UF_MODL_create_blend 强，可以建立变半径边缘倒圆，同时具有圆角所有的引用特征的选项，所有参数设置是通过 UF_MODL_edge_blend_data_t 类型的结构变量来输入的

表 7-13　查询边缘操作函数

函数名称	函数功能及要点
UF_MODL_ask_chamfer_parms	通过边缘倒角特征标识获得边缘倒角的建立方法及相应的参数
UF_MODL_ask_blend_parms	通过边缘倒圆特征标识获得边缘倒圆的默认半径
UF_MODL_ask_edge_blend1	通过边缘倒圆特征获得建立边缘倒圆的所有参数，该函数与 UF_MODL_create_edge_blend 相对应

表 7-14　编辑边缘操作函数

函数名称	函数功能及要点
UF_MODL_edit_edge_blend	编辑边缘倒圆特征，该函数与 UF_MODL_create_edge_blend 相对应
UF_MODL_register_var_blend	注册用户函数用于产生变半径倒圆

7.6.2　面操作相关函数

面操作特征包括面倒圆、拔锥、挖空等特征。面倒圆是指在两组曲面之间倒圆，并可对面进行修剪操作；拔锥是根据指定的矢量方向对实体的面或边进行拔锥，拔锥操作不改变实体的几何拓扑结构；挖空是按指定的厚度对一个实体进行抽壳形成薄壁体。NX Open 允许用户进行面倒圆、拔锥、挖空等操作，创建、查询和编辑面操作的有关函数如表 7-15、表 7-16 和表 7-17 所示，它们包含在头文件 uf_modl. h 中。

表 7-15　创建面操作函数

函数名称	函数功能及要点
UF_MODL_create_face_blend	建立面倒圆特征，其中输入参数与 NX 交互环境中建立面倒圆特征需提供的参数相一致，该函数将取代 UF_MODL_create_blend_faces
UF_MODL_create_face_taper	建立表面拔锥特征，利用参考点、拔锥方向、拔锥角以及需要拔锥的一个或多个表面，拔锥表面通过链表形式输入
UF_MODL_create_taper_from_faces	建立表面拔锥特征，功能与函数 UF_MODL_create_face_taper 类似，同时增加了“是否拔锥所有的引用特征”的选项，拔锥表面通过对象数组形式输入
UF_MODL_create_taper_from_edges	建立从边缘拔锥特征，拔锥边缘通过对象数组形式输入
UF_MODL_create_taper_from_tangent_faces	建立与面相切拔锥特征，相切的拔锥面通过对象数组形式输入
UF_MODL_create_taper_split_line	建立从分割线拔锥特征，分割边界线通过对象数组形式输入
UF_MODL_create_true_taper_from_edges	建立从边缘拔锥特征，功能与函数 UF_MODL_create_taper_from_edges 类似，增加了设置距离公差和角度公差的选项
UF_MODL_create_feature_taper	在输入的实体特征上建立表面拔锥特征，输入的特征必须为实体特征
UF_MODL_create_hollow	建立等厚度的挖空特征，其中输入函数中的面为穿透面，穿透面以链表的形式输入
UF_MODL_create_variable_hollow	建立等厚度或变厚度的挖空特征，其中输入参数与 NX 交互环境中建立挖空特征需提供的参数相一致

表 7-16　查询面操作函数

函数名称	函数功能及要点
UF_MODL_ask_blend_parms	获得倒圆的参数
UF_MODL_ask_blend_face_data1	通过面倒圆特征，获得建立面倒圆时的所有参数
UF_MODL_ask_taper_parms	获得拔锥角度
UF_MODL_ask_taper_from_edges	通过从边缘拔锥特征，获得建立从边缘拔锥时的所有参数，与函数 UF_MODL_create_true_taper_from_edges 相对应
UF_MODL_ask_hollow_data	通过挖空特征标识和类型，获得建立挖空特征时的所有参数
UF_MODL_ask_hollow_parms	获得挖空特征的参数

表 7-17　编辑面操作函数

函数名称	函数功能及要点
UF_MODL_init_face_blend_data	初始化产生面倒圆特征数据结构
UF_MODL_edit_taper_from_edges	编辑从边缘倒圆特征，其输入参数与函数 UF_MODL_create_true_taper_from_edges 类似
UF_MODL_edit_hollow	编辑挖空特征，其输入参数与函数 UF_MODL_create_variable_hollow 类似
UF_MODL_redefine_replace_faces	利用新的面取代挖空特征的穿透面或偏置特征的面，该函数只能用于挖空特征和偏置特征

7.6.3　引用特征相关函数

引用特征以存在的特征为依据，采用指针方式复制特征，引用特征与原来的特征相关联。利用 NX Open 可以建立所有的引用特征，包括对已有特征的阵列（矩形阵列和环形阵列）、镜像（物体镜像和特征镜像）和表面模式。通过 NX Open 建立矩形阵列和环形阵列后，函数返回的是相应特征标识，为获得引用特征中每个纪录，可使用函数 UF_MODL_ask_instance；同样可使用函数 UF_MODL_ask_instance_iset，通过引用特征中的某一纪录的标识，获得引用特征的标识。创建、查询和编辑引用特征的有关函数分别如表 7-18、表 7-19 和表7-20所示，它们包含在头文件 uf_modl. h 中。

表 7-18　创建引用特征函数

函数名称	函数功能及要点
UF_MODL_create_linear_iset	建立矩形阵列，输入参数与 NX 交互环境中建立矩形阵列特征需提供的参数相一致，其中进行引用操作的特征以链表的形式输入的，返回特征标识
UF_MODL_create_circular_iset	建立圆形阵列，输入参数与 NX 交互环境中建立矩形阵列特征需提供的参数相一致，其中进行引用操作的特征以链表的形式输入的，返回特征标识
UF_MODL_create_mirror_body	建立镜像实体，镜像平面必须为基准平面，返回特征标识
UF_MODL_create_mirror_set	建立镜像特征，镜像特征与镜像实体的用法相似，但可以使用基准平面和实体的表面作为镜像面，它以数组对象的形式输入，返回特征标识
UF_MODL_create_mirror_pattern_face	建立镜像表面区域，表面区域是通过类型为 UF_MODL_dfo_region_s 的结构变量来定义的

表 7-19　查询引用特征函数

函数名称	函数功能及要点
UF_MODL_ask_instance	通过引用阵列特征标识获得矩形和圆形引用阵列的记录标识，以链表的形式返回
UF_MODL_ask_instance_iset	通过引用阵列某一记录标识获得引用阵列标识
UF_MODL_ask_linear_iset_parms	获得矩形阵列的参数，包括 X 和 Y 向的阵列数量、偏置距离
UF_MODL_ask_circular_iset_parms	获得圆形阵列的参数，包括阵列旋转半径、阵列数量和阵列角
UF_MODL_ask_plane_of_mirror_set	通过镜像特征标识，获得镜像特征的镜像面
UF_MODL_ask_features_of_mirror_set	通过镜像特征标识，获得镜像特征操作中的所有进行镜像的特征
UF_MODL_ask_all_members_of_set	通过镜像特征标识，获得镜像特征操作中的生成的镜像特征
UF_MODL_ask_mirror_pattern_face	获得镜像表面区域的参数，包括表面区域及镜像面的参数

表 7-20 编辑引用特征函数

函数名称	函数功能及要点
UF_MODL_edit_linear_iset	编辑矩形阵列的参数,包括 X 和 Y 向的阵列数量、偏置距离
UF_MODL_edit_circular_iset	编辑圆形阵列的参数,包括阵列旋转半径、阵列数量和阵列角
UF_MODL_edit_mirror_set	编辑镜像特征的参数,重新选择欲建立镜像特征的特征及镜像面
UF_MODL_edit_mirror_pattern_face	编辑镜像表面区域的参数

7.6.4 其他操作相关函数

NX Open 允许用户创建螺纹、修剪实体和分割实体特征以及对实体比例缩放等操作。螺纹特征可以在圆柱体、孔、圆凸台或扫描体表面生成符号螺纹或细节螺纹;修剪实体特征是指用实体表面、基准平面或片体修剪一个或多个目标实体,实体修剪后仍为参数化实体;分割实体与修剪实体的操作非常相似,区别仅在于实体分割后将得到 2 个实体,并因此丢失所有的参数,原来的物体变为非参数化实体;比例缩放特征是指对指定的物体(实体或片体)进行比例缩放。创建、查询和编辑其他操作特征的有关函数分别如表 7-21、表 7-22 和表 7-23 所示,它们包含在头文件 uf_modl. h 中。

表 7-21 创建其他特征函数

函数名称	函数功能及要点
UF_MODL_create_symb_thread	建立符号螺纹特征,输入参数与 NX 交互环境中建立符号螺纹特征需提供的参数一致,其输入参数是通过 UF_MODL_symb_thread_data_t 类型的结构传递的
UF_MODL_trim_body	修剪实体
UF_MODL_trim_sheet	修剪片体
UF_MODL_split_body	分割实体
UF_MODL_create_scale	创建比例特征
UF_MODL_create_non_uni_scale	创建非均匀比例特征
UF_MODL_create_uniform_scale	创建非均匀比例特征

表 7-22 查询其他特征函数

函数名称	函数功能及要点
UF _ MODL _ ask _ symb _ thread _ parms	获得建立符号螺纹时的所有参数
UF_MODL_ask_scale	获得指定的比例特征参数

表 7-23 编辑其他特征函数

函数名称	函数功能及要点
UF_MODL_edit_symb_thread	编辑符号螺纹特征
UF_MODL_edit_trimmed_sheet	编辑修剪片体特征
UF_MODL_edit_scale	编辑比例特征

7.6.5　操作特征实例实践

1. 运行环境

新建一个零件文件。

2. 程序代码及注释

```
#include <stdio.h>
#include <stdlib.h>
#include <math.h>
#include <uf.h>
#include <uf_defs.h>
#include <uf_exit.h>
#include <uf_ui.h>
#include <uf_part.h>
#include <uf_modl.h>
#define EPSILON                   0.01
#define MAX(x, y)     ((x) > (y) ? (x):(y))
#define MIN(x, y)     ((x) < (y) ? (x):(y))

void ufusr(char *param, int *retcode, int paramLen)
{
    if (! UF_initialize())
    {
        /* 临时变量 */
        int i;
        int count;
        tag_t object;
        int object_type;
        double object_point[3];
        double object_dir[3];
        double object_box[6];
        double object_radius;
        double object_rad_data;
        int object_sense;

        /* 定义创建块特征的参数 */
        UF_FEATURE_SIGN blk_sign = UF_NULLSIGN;
        double  blk_corner_pt[] = {0.0, 0.0, 0.0};
        char *blk_edge_len_p[] = {"60","60","20"};
        tag_t blk_obj_id;
        uf_list_p_t blk_obj_list_faces = NULL;

        /* 定义创建拔模特征的参数 */
```

```
double          taper_location[ ] = { 0.0, 0.0, 0.0 };
double          taper_direction[ ] = { 0.0, 0.0, 1.0 };
char            taper_angle[ ] = { "10.0" };
uf_list_p_t     taper_face_list = NULL;
tag_t           taper_obj_id;
uf_list_p_t     taper_obj_list_edges = NULL;

/* 定义创建边倒圆特征的参数 */
char blend_radius[ ] = { "10" };
uf_list_p_t blend_edge_list = NULL;
int blend_smooth_overflow = 0;
int blend_cliff_overflow = 0;
int blend_notch_overflow = 0;
double blend_vrb_tool = 0.5;
tag_t blend_obj_id;
double proto_point1[3];
double proto_point2[3];
int vertex_count = 0;

/* 定义创建挖空特征的参数 */
char hollow_thickness[ ] = { "10" };
uf_list_p_t     hollow_face_list = NULL;
tag_t hollow_obj_id;

/* 创建块特征 */
UF_MODL_create_block1( blk_sign, blk_corner_pt, blk_edge_len_p, &blk_obj_id );
UF_MODL_ask_feat_faces( blk_obj_id, &blk_obj_list_faces );

/* 获得块上面的标识,用于确定拔模面 */
UF_MODL_create_list( &taper_face_list );
UF_MODL_ask_list_count( blk_obj_list_faces, &count );

for ( i = 0; i < count; i++ )
{
    UF_MODL_ask_list_item( blk_obj_list_faces , i, &object );
    UF_MODL_ask_face_data(object, &object_type, object_point, object_dir,
        object_box, &object_radius, &object_rad_data, &object_sense );
    if ( fabs(object_dir[2]) <= EPSILON )
    {
        UF_MODL_put_list_item( taper_face_list, object );
    }
}
```

```
/* 创建拔模特征 */
UF_MODL_create_face_taper( taper_location, taper_direction,
            taper_angle, taper_face_list, &taper_obj_id );
UF_MODL_delete_list( &taper_face_list );
taper_face_list = NULL;

UF_MODL_ask_feat_edges( taper_obj_id, &taper_obj_list_edges );

/* generate blend_edge_list */
UF_MODL_create_list( &blend_edge_list );
UF_MODL_ask_list_count( taper_obj_list_edges, &count );

for ( i = 0; i < count; i++ )
{
    UF_MODL_ask_list_item( taper_obj_list_edges, i, &object );
    UF_MODL_ask_edge_verts( object, proto_point1, proto_point2, &vertex_count );
    if ( fabs( fabs( proto_point1[2] - proto_point2[2] ) ) > EPSILON )
    {
        UF_MODL_put_list_item( blend_edge_list, object );
    }
}
UF_MODL_delete_list( &taper_obj_list_edges );
taper_obj_list_edges = NULL;

/* 创建边倒圆特征 */
UF_MODL_create_blend( blend_radius, blend_edge_list, blend_smooth_overflow,
    blend_cliff_overflow, blend_notch_overflow, blend_vrb_tool, &blend_obj_id );
UF_MODL_delete_list( &blend_edge_list );
blend_edge_list = NULL;

/* 获得挖空特征的安置面 */
UF_MODL_create_list( &hollow_face_list );
UF_MODL_ask_list_count( blk_obj_list_faces, &count );
for ( i = 0; i < count; i++ )
{
    UF_MODL_ask_list_item( blk_obj_list_faces, i, &object );

    UF_MODL_ask_face_data(  object, &object_type, object_point, object_dir,
        object_box, &object_radius, &object_rad_data, &object_sense );
    if ( 22 == object_type && fabs(object_dir[0]) <= EPSILON &&
        fabs(object_dir[1]) <= EPSILON && object_dir[2] >= 0.5 )
    {
        UF_MODL_put_list_item( hollow_face_list, object );
```

```
                break;
            }
        }
        UF_MODL_delete_list( &blk_obj_list_faces );
        blk_obj_list_faces = NULL;

        /* 创建挖空特征 */
        UF_MODL_create_hollow( hollow_thickness, hollow_face_list, &hollow_obj_id );
        UF_MODL_delete_list( &hollow_face_list );
        hollow_face_list = NULL;

        /* 保存部件文件 */
        UF_PART_save( );

        UF_terminate( );
    }
}
```

3. 运行结果

在编译连接后,通过"File→Execute→NX Open"调用生成的动态链接库文件,其结果如图 7-7 所示。

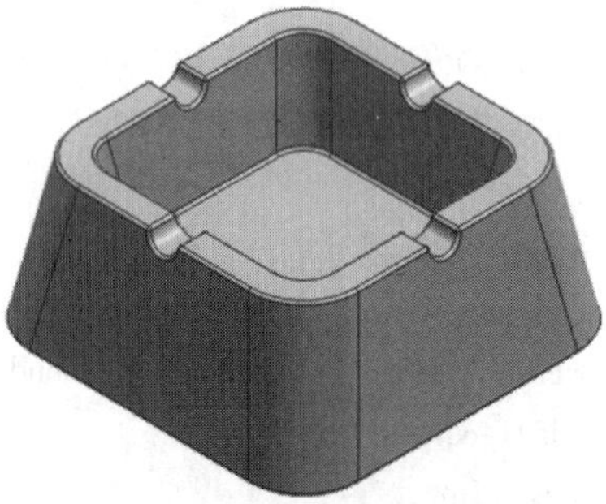

图 7-7　特征操作

7.7　创建草图特征

草图特征是生成与部件相关的轮廓曲线的集合,轮廓可以用于拉伸或旋转特征,也可以用于定义自由形状特征或过曲线片体截面。

7.7.1　草图特征相关函数

NX Open 在头文件 uf_sket. h 中提供了如表 7-24、表 7-25 和表 7-26 所示的函数用来对草图进行操作,包括草图创建、草图对象的约束和定位以及对草图对象进行管理的函数。

表7-24　创建草图函数

函数名称	函数功能及要点
UF_SKET_initialize_sketch	进入草图环境,同时获得草图标识
UF_SKET_create_sketch	创建一个空草图
UF_SKET_terminate_sketch	退出草图环境
UF_SKET_update_sketch	更新草图
UF_SKET_ask_sketch_features	获得与一个草图相关的所有特性
UF_SKET_ask_sketch_info	获得一个草图的基本信息
UF_SKET_ask_sketch_status	获得草图的状态和自由度数
UF_SKET_ask_geoms_of_sketch	获得与草图上所有几何对象
UF_SKET_add_conics	在草图上产生二次曲线

表7-25　约束与定位草图函数

函数名称	函数功能及要点
UF_SKET_create_dimension	创建指定类型的草图尺寸
UF_SKET_create_dimensional_constraint	创建指定类型的草图尺寸约束,并不需要设置函数中所有的参数,根据所产生尺寸约束类型的不同而不同
UF_SKET_create_geometric_constraint	创建指定类型的几何约束,并不需要设置函数中所有的参数,根据所产生几何约束类型的不同而不同
UF_SKET_read_dimension	查询草图尺寸
UF_SKET_read_dimensional_constraint	查询草图尺寸约束
UF_SKET_read_geometric_constraint	查询草图几何约束
UF_SKET_ask_con_is_inferred	确定一个约束是否是推理约束
UF_SKET_ask_constraint_class	确定一个约束是几何约束或尺寸约束
UF_SKET_ask_constraint_type	确定一个几何约束具体的类型
UF_SKET_ask_constraints_of_geometry	获得指定类型的、与一个几何对象相关的所有约束
UF_SKET_ask_constraints_of_sketch	获得指定类型的、与草图相关的所有约束
UF_SKET_ask_dim_status	通过尺寸标识,获得表达式标识、字符串、值、状态等
UF_SKET_ask_dimensions_of_sketch	获得与草图相关的尺寸标识
UF_SKET_ask_exps_of_sketch	获得草图的表达式
UF_SKET_ask_geo_cons_of_geometry	获得与一个几何对象相关的所有几何约束
UF_SKET_ask_geo_cons_of_sketch	获得与草图上所有几何约束
UF_SKET_ask_inferred_cons_of_sketch	获得与草图上所有推理约束
UF_SKET_delete_constraints	删除指定的约束
UF_SKET_delete_dimensions	删除指定的尺寸

表 7-26　草图管理函数

函数名称	函数功能及要点
UF_SKET_add_extracted_objects	抽取对象到草图
UF_SKET_add_objects	增加几何对象(曲线等)到草图上
UF_SKET_ask_face_sketches	获得与面或基准面相关的所有草图
UF_SKET_ask_feature_sketches	获得与特征相关的所有草图
UF_SKET_ask_reference_status	查询一个草图曲线或尺寸的激活或参考状态
UF_SKET_attach_to_face	重新附着草图特征
UF_SKET_mirror_objects	草图环境中的镜像对象
UF_SKET_set_reference_status	设置一个草图曲线或尺寸的激活或参考状态

7.7.2　草图特征实例实践

1. 运行环境

新建一个部件文件。

2. 程序代码及注释

```
#include <stdio.h>
#include <math.h>
#include <uf.h>
#include <uf_ui.h>
#include <uf_modl.h>
#include <uf_part.h>
#include <uf_curve.h>
#include <uf_layer.h>
#include <uf_view.h>
#include <uf_csys.h>
#include <uf_sket.h>

#define EPSILON 0.005
#define LAYER_BODY        1
#define LAYER_SKETCH      21
#define LAYER_CURVE       41

#define UF_CALL(X) ( report_error( __FILE__, __LINE__, #X, ( X ) ) )
static int report_error( char *file, int line, char *call, int irc);
void create_part_tube( void )
{
    /******************************** \
     *     变量定义区              *
    \********************************/
```

```
/* 定义视图设置参数 */
tag_t view_tag = NULL_TAG;
UF_VIEW_visualization_t view_data;
double view_rotate_axis[3] = { 0.0, 0.0, 1.0 };
double view_rotate_delta_angle = 1;
int view_rotate_time = 45;

/* 定义草图线参数 */
UF_CURVE_line_t line_coords[4];
double line_vertex_position_x[5] = { 0.0, 20.0, 20.0, 0.0, 0.0 };
double line_vertex_position_y[5] = { 0.0, 0.0, 20.0, 20.0, 0.0 };
tag_t line_tag[32];
uf_list_p_t line_list;
UF_CURVE_arc_t arc_coords;
tag_t arc1_tag;
tag_t arc2_tag;
double trim_ref_point[3] = { 20.0, 18.0, 0.0 };
double trim_int_point[3] = { 20.0, 2.0, 0.0 };
int trim_ext_ind = UF_CURVE_LINEAR_SHAPE;

/* 定义草图参数 */
char sketch_name[30] = "SKETCH_MAIN";
tag_t sketch_tag;
double sketch_matrix[ 9 ] = {
    1.0, 0.0, 0.0,
    0.0, 1.0, 0.0,
    0.0, 0.0, 0.0 };
tag_t sketch_object[ 2 ];
int sketch_reference[ 2 ];
int sketch_plane_dir = 1;

/* 定义约束参数 */
UF_SKET_con_geom_t con_geoms;
tag_t con_tag;

/* 定义镜像特征参数 */
tag_t mirror_tags[ 32 ];
int mirror_num_new_objs;
tag_t *mirror_new_obj_tags = NULL;
tag_t *mirror_con_tags = NULL;

/* 定义拉伸特征参数 */
char *extruded_taper_angle = "extruded_taper_angle=0";
```

```
char *extruded_limit[2] = { "extruded_start=0", "extruded_end=100" };
double extruded_point[3] = { 0.0, 0.0, 0.0 };
double extruded_direction[3] = { 0.0, 0.0, 1.0 };
uf_list_p_t extruded_list = NULL;
tag_t extruded_tag;
uf_list_p_t extruded_face_list;

/* 定义孔特征参数 */
double hole_location[ 3 ] = { 0.0, 0.0, 0.0 };
double hole_direction[ 3 ] = { 0.0, 0.0, 1.0 };
char *hole_diame = "center_hole_diame=35";
char *hole_depth = "center_hole_depth=100";
char *hole_angle = "center_hole_angle=0";
tag_t hole_face_li;
tag_t hole_face_t1;
tag_t center_hole_tag;
tag_t side_hole_tag;

/* 定义引用特征参数 */
int instance_method = 0;      /* general */
double instance_location[3] = { 0.0, 0.0, 0.0 };
double instance_axis[3] = { 0.0, 0.0, 1.0 };
char *instance_number_str = "instance1_number=4";
char *instance_angle_str = "instance1_angle=90";
uf_list_p_t instance_feature_list = NULL;
tag_t instance1_tag = NULL_TAG;
tag_t instance2_tag = NULL_TAG;

 /* 临时变量 */
int face_type;
double face_point[3];
double face_dir[3];
double face_box[6];
double face_radius;
double face_rad_data;
int face_norm_dir;
int i, j, count;
tag_t object;

/******************************\
 *      程序区               *
\******************************/
/* 设置视图 */
```

```
UF_VIEW_ask_work_view( &view_tag );
UF_VIEW_ask_visualization( view_tag, &view_data );
view_data.display_mode = UF_VIEW_FULLY_SHADED;
UF_VIEW_set_visualization( view_tag, &view_data );

/* 创建草图线 */
UF_LAYER_set_status( LAYER_SKETCH, UF_LAYER_WORK_LAYER );
UF_MODL_create_list( &line_list );
for( i = 0; i < 4; i++ )
{
    line_coords[i].start_point[ 0 ] = line_vertex_position_x[ i ];
    line_coords[i].start_point[ 1 ] = line_vertex_position_y[ i ];
    line_coords[i].start_point[ 2 ] = 0;
    line_coords[i].end_point[ 0 ] = line_vertex_position_x[ i + 1 ];
    line_coords[i].end_point[ 1 ] = line_vertex_position_y[ i + 1 ];
    line_coords[i].end_point[ 2 ] = 0;
    UF_CURVE_create_line( &line_coords[i], &line_tag[i] );
    UF_MODL_put_list_item( line_list, line_tag[i] );
}

arc_coords.arc_center[ 0 ] = 17.5;
arc_coords.arc_center[ 1 ] = 17.5;
arc_coords.arc_center[ 2 ] = 0;
arc_coords.start_angle = 0;
arc_coords.end_angle = PI;
arc_coords.radius = 7.5;
UF_CSYS_ask_wcs( &object );
UF_CSYS_ask_matrix_of_object( object, &arc_coords.matrix_tag );
UF_CURVE_create_arc( &arc_coords, &arc1_tag );
line_tag[4] = arc1_tag;
arc_coords.start_angle = 1.5 * PI;
arc_coords.end_angle = 2 * PI;
UF_CURVE_create_arc( &arc_coords, &arc2_tag );
line_tag[5] = arc2_tag;
UF_CURVE_edit_trim_curve( line_tag[1], arc1_tag,
    trim_ref_point, trim_int_point, trim_ext_ind );
trim_ref_point[ 0 ] = 18.0;
trim_ref_point[ 1 ] = 20.0;
trim_int_point[ 0 ] = 1.0;
trim_int_point[ 1 ] = 20.0;
UF_CURVE_edit_trim_curve( line_tag[2], arc1_tag,
    trim_ref_point, trim_int_point, trim_ext_ind );
trim_ref_point[ 0 ] = 10.0;
```

```
trim_ref_point[ 1 ] = 17.5;
trim_int_point[ 0 ] = 17.5;
trim_int_point[ 1 ] = 20.0;
trim_ext_ind = UF_CURVE_CIRCULAR_SHAPE;
UF_CURVE_edit_trim_curve( arc1_tag, line_tag[2],
    trim_ref_point, trim_int_point, trim_ext_ind );
trim_ref_point[ 0 ] = 17.0;
trim_ref_point[ 1 ] = 10.0;
trim_int_point[ 0 ] = 17.0;
trim_int_point[ 1 ] = 10.0;
UF_CURVE_edit_trim_curve( arc2_tag, line_tag[1],
    trim_ref_point, trim_int_point, trim_ext_ind );
UF_MODL_put_list_item( line_list, arc1_tag );
UF_MODL_put_list_item( line_list, arc2_tag );

/* 把线加入到草图 */
UF_LAYER_set_status( LAYER_SKETCH, UF_LAYER_WORK_LAYER );
UF_SKET_initialize_sketch( sketch_name, &sketch_tag );
UF_SKET_create_sketch( sketch_name, 2,  /* Specify sketch CSYS */
    sketch_matrix, sketch_object, sketch_reference,
    sketch_plane_dir, &sketch_tag );
UF_SKET_add_objects( sketch_tag, 6, line_tag );

/* 添加约束 */
for ( i = 1; i < 3; i++ )
{
    con_geoms.geom_tag = line_tag[ i ];
    UF_SKET_create_geometric_constraint( sketch_tag,
        UF_SKET_constant_length, 1, &con_geoms, &con_tag );
}

UF_SKET_terminate_sketch();

/* 创建镜像特征 */
UF_SKET_initialize_sketch( sketch_name, &sketch_tag );
for ( i = 1, j = 0; i < 6; i++ )
{
    if ( 3 == i ) continue;
    mirror_tags[ j++ ] = line_tag[ i ];
}
UF_SKET_mirror_objects( sketch_tag, line_tag[ 3 ],
    4, mirror_tags, &mirror_num_new_objs,
    &mirror_new_obj_tags, &mirror_con_tags );
```

```
for ( i = 0; i < mirror_num_new_objs; i++ )
{
    mirror_tags[ i + 4 ] = mirror_new_obj_tags[ i ];
}
UF_SKET_mirror_objects( sketch_tag, line_tag[ 0 ],
    8, mirror_tags, &mirror_num_new_objs,
    &mirror_new_obj_tags, &mirror_con_tags );

UF_MODL_delete_list( &line_list );
line_list = NULL;
UF_MODL_create_list( &line_list );
for ( i = 0; i < mirror_num_new_objs; i++ )
{
    UF_MODL_put_list_item( line_list, mirror_new_obj_tags[ i ] );
    UF_MODL_put_list_item( line_list, mirror_tags[ i ] );
}

/* 创建拉伸特征 */
UF_LAYER_set_status( LAYER_BODY, UF_LAYER_WORK_LAYER );

UF_MODL_create_extruded( line_list, extruded_taper_angle,
    extruded_limit, extruded_point, extruded_direction,
    UF_NULLSIGN, &extruded_list );
UF_MODL_ask_list_item( extruded_list, 0, &extruded_tag );
UF_MODL_ask_feat_faces( extruded_tag, &extruded_face_list );
UF_LAYER_set_all_but_work( UF_LAYER_INACTIVE_LAYER );

/* 创建中心孔 */
UF_MODL_ask_list_count( extruded_face_list, &count );
for ( i = 0; i < count; i++ )
{
    UF_MODL_ask_list_item( extruded_face_list, i, &object );
    UF_MODL_ask_face_data( object, &face_type, face_point,
        face_dir, face_box, &face_radius, &face_rad_data,
        &face_norm_dir );
    if ( 22 == face_type
        && fabs( face_dir[ 2 ] + 1.0 ) < EPSILON )
        hole_face_li = object;
    if ( 22 == face_type
        && fabs( face_dir[ 2 ] - 1.0 ) < EPSILON )
        hole_face_t1 = object;
}
UF_MODL_create_simple_hole( hole_location, hole_direction,
```

```
        hole_diame, hole_depth, hole_angle, hole_face_li,
        hole_face_t1, &center_hole_tag );

    /* 创建四边孔 */
    hole_location[ 0 ] = 17.5;
    hole_location[ 1 ] = 17.5;
    hole_location[ 2 ] = 0;
    hole_diame = "side_hole_diame =6";
    hole_depth = "side_hole_depth =100";
    hole_angle = "side_hole_angle =0";
    UF_MODL_create_simple_hole( hole_location, hole_direction,
        hole_diame, hole_depth, hole_angle, hole_face_li,
        hole_face_t1, &side_hole_tag );

    instance_number_str = "instance_number =4";
    instance_angle_str = "instance_angle =90";

    UF_MODL_create_list( &instance_feature_list );
    UF_MODL_put_list_item( instance_feature_list, side_hole_tag );
    UF_MODL_create_circular_iset( instance_method, instance_location,
        instance_axis, instance_number_str, instance_angle_str,
        instance_feature_list, &instance1_tag );

    /* 设置视图 */
    UF_VIEW_ask_work_view( &view_tag );
    UF_VIEW_ask_visualization( view_tag, &view_data );
    UF_VIEW_fit_view( view_tag, 0.3 );
    view_data.display_mode = UF_VIEW_FULLY_SHADED;
    UF_VIEW_set_visualization( view_tag, &view_data );
    UF_VIEW_rotate_view( view_tag, view_rotate_axis,
        view_rotate_delta_angle, view_rotate_time );
    view_rotate_axis[0] = -1.0;
    view_rotate_axis[2] = 0.0;
    UF_VIEW_rotate_view( view_tag, view_rotate_axis,
        view_rotate_delta_angle, view_rotate_time );
    UF_VIEW_fit_view( view_tag, 0.5 );
    UF_LAYER_set_all_but_work( UF_LAYER_INACTIVE_LAYER );

    /* 释放链表内存 */
    UF_MODL_delete_list( &line_list );
    line_list = NULL;
    UF_free( mirror_new_obj_tags );
    mirror_new_obj_tags = NULL;
```

```
        UF_free( mirror_con_tags );
        mirror_con_tags = NULL;
        UF_SKET_terminate_sketch();
        UF_MODL_delete_list( &extruded_list );
        extruded_list = NULL;
        UF_MODL_delete_list( &extruded_face_list );
        extruded_face_list = NULL;
        UF_MODL_delete_list( &instance_feature_list );
        instance_feature_list = NULL;
        UF_MODL_delete_list( &instance_feature_list );
        instance_feature_list = NULL;
    }

    extern void ufusr (char * param, int * retcod, int param_len )
    {
        UF_initialize( );
        create_part_tube( );
        UF_CALL( UF_PART_save() );
        UF_terminate( );
    }
```

3. 运行结果

在编译连接后,通过“File→Execute→NX Open”调用生成的动态链接库文件,其结果如7-8所示。

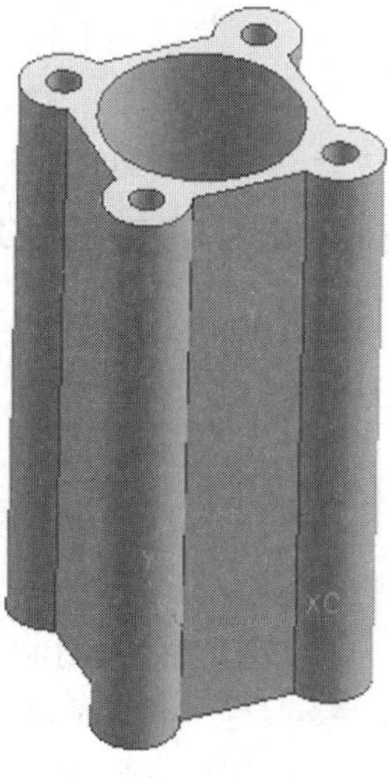

图7-8　拉伸草图特征

7.8　创建凸缘联轴器

本实例创建了一个YL2系列凸缘联轴器参数化设计系统,由于凸缘联轴器是标准件,联轴器的轴孔直径是主参数,轴孔直径决定了联轴器的其他尺寸,故本例采用结构变量数组来存入YL2型凸缘联轴器的参数,当用户从“凸缘联轴器参数化设计对话框”中选择某种型号的联轴器后(即联轴器的轴孔直径),系统将自动调用相应的参数生成联轴器的零件实体模型。

1. 运行环境设置

(1) 在项目目录下新建3个目录:“…\coupling\application”用于存放对话框文件(＊.dlg)和编译连接后生成的动态链接库文件(＊.dll);“…\coupling\startup”用于存放菜单文件(＊.men)和工具条文件(＊.tbr);“…\coupling\bitmap”用于存放工具条和对话框的位图图标。

(2) 设置2个环境变量:“UGII_VENDOR_DIR = …\coupling”使NX系统在启动后自动执行菜单和工具条文件;“UGII_BITMAP_PATH = …\coupling\bitmap”使系统能够加载设置工具条和对话框相应的位图文件。

2. 流程图

凸缘联轴器系统流程如图 7-9 所示。

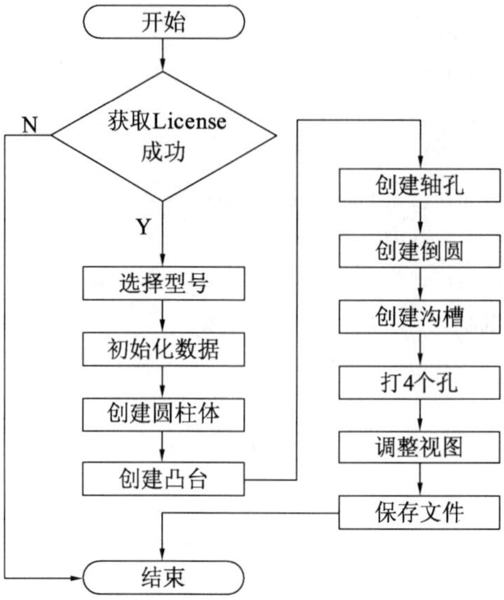

图 7-9　凸缘联轴器系统流程图

3. 资源文件

(1) 菜单和工具条文件

本系统在菜单栏菜单“Help”的右侧建立一个新的菜单栏菜单“综合实例”,综合实例下包含一个子菜单项“创建 YL 型凸缘联轴器... ”。在界面上出现一个工具条“创建 YL 型凸缘联轴器”。本系统的菜单文件为 coupling. men,工具条文件为 coupling. tbr,其内容分别如下:

① 菜单文件 coupling. men

```
VERSION 120


EDIT UG_GATEWAY_MAIN_MENUBAR
TOP_MENU
    CASCADE_BUTTON CUSTOM_MYMENU
    LABEL  综合实例
END_OF_TOP_MENU
MENU CUSTOM_MYMENU
    BUTTON MAKE_COUPLING
    LABEL  创建 YL 型凸缘联轴器...
    BITMAP coupling_ico. bmp
    ACTIONS coupling. dlg
END_OF_MENU
```

② 工具条文件 coupling. tbr

```
TITLE  综合实例
VERSION 170
```

```
BUTTON MAKE_COUPLING
LABEL 创建 YL 型凸缘联轴器
BITMAP coupling_ico.bmp
```

(2) 对话框文件

本例采用 UI Styler 创建对话框,以与 NX 系统本身的对话框风格相一致。

(3) 程序代码及注释

```
/**************\
 * 创建联轴器 *
\**************/

#include <stdlib.h>
#include <stdio.h>
#include <string.h>

#include <uf.h>
#include <uf_mb.h>
#include <uf_ui.h>
#include <uf_curve.h>
#include <uf_defs.h>
#include <uf_disp.h>
#include <uf_exit.h>
#include <uf_modl.h>
#include <uf_part.h>
#include <uf_view.h>
#include <uf_curve.h>
#include <uf_layer.h>
#include <uf_styler.h>

#define COUPLING_BITMAP_0                  ("BITMAP_0")
#define COUPLING_SEP_1                     ("SEP_1")
#define COUPLING_OPTION_CHOICE             ("OPTION_CHOICE")
#define COUPLING_DIALOG_OBJECT_COUNT       ( 3 )

#define LAYER_SOLID         1
#define LAYER_SKETCH        21
#define LAYER_CURVE         41
#define COUPLING_CB_COUNT ( 2 + 1 ) /* Add 1 for the terminator */

/*定义联轴器的数据结构*/
struct_coupling
{
    double coupling_diameter;
```

```
    double center_of_hole_diameter;
    double axis_diameter;
    double axis_length;
    int hole_num;
    double coupling_length;
};
typedef struct _coupling coupling_s;

/* 声明回调函数 */
int COUPLING_ok_cb( int dialog_id, void * client_data,
                    UF_STYLER_item_value_type_p_t callBack_data );

int COUPLING_cancel_cb( int dialog_id, void * client_data,
                    UF_STYLER_item_value_type_p_t callBack_data );

void create_coupling( int choose );     /* 创建联轴器 */
void fitview( void );           /* 调整视图 */

static UF_STYLER_callBack_info_t COUPLING_cbs[COUPLING_CB_COUNT] =
{
    {UF_STYLER_DIALOG_INDEX, UF_STYLER_OK_CB          , 0, COUPLING_ok_cb},
    {UF_STYLER_DIALOG_INDEX, UF_STYLER_Cancel_CB      , 0, COUPLING_cancel_cb},
    {UF_STYLER_NULL_OBJECT, UF_STYLER_NO_CB, 0, 0 }
};

static UF_MB_styler_actions_t actions[ ] = {
    { "coupling.dlg",  NULL,   COUPLING_cbs,  UF_MB_STYLER_IS_NOT_TOP },
    { NULL,  NULL,  NULL,  0 } /* This is a NULL terminated list */
};
extern void ufsta (char *param, int *retcode, int rlen)
{
    int  error_code;
    if ( (UF_initialize()) != 0)
        return;
    if ( (error_code = UF_MB_add_styler_actions (actions)) !=0)
    {
        char fail_message[133];
        UF_get_fail_message(error_code, fail_message);
        printf ( "%s\n", fail_message );
    }
    UF_terminate();
    return;
}
```

```
int COUPLING_ok_cb ( int dialog_id, void * client_data,
                     UF_STYLER_item_value_type_p_t callBack_data)
{
    if ( UF_initialize( ) ! = 0)
        return ( UF_UI_CB_CONTINUE_DIALOG );

    tag_t is_part_opened;
    is_part_opened = UF_PART_ask_display_part( );
    if ( NULL_TAG == is_part_opened )
    {
        uc1601( "请先新建一个部件文件,然后再进行此项操作。", 1 );
        return ( UF_UI_CB_EXIT_DIALOG );
    }

    /* 获取对话框信息 */
    UF_STYLER_item_value_type_t data;
    data.item_id = COUPLING_OPTION_CHOICE;
    data.item_attr = UF_STYLER_VALUE;
    UF_STYLER_ask_value( dialog_id, &data );
    /* 创建联轴器 */
    create_coupling( data.value.integer );
    /* 调整视图 */
    fitview( );
    /* 保存文件 */
    UF_PART_save( );
    UF_terminate( );
    return ( UF_UI_CB_EXIT_DIALOG );
}

int COUPLING_cancel_cb (  int dialog_id,
                          void * client_data,
                          UF_STYLER_item_value_type_p_t callBack_data )
{
    if ( UF_initialize( ) ! =0)
        return ( UF_UI_CB_CONTINUE_DIALOG );
    uc1601( "用户取消了本次操作!", 1 );
    UF_terminate ( );
    return ( UF_UI_CB_EXIT_DIALOG );
}

void create_coupling( int choose )
{
    /* 初始化联轴器数据 */
```

```
coupling_s coupling[ 7 ] = {
        80.0, 64.0, 24.0, 32.0, 4, 34.0,
        80.0, 64.0, 28.0, 32.0, 4, 34.0,
        80.0, 64.0, 32.0, 42.0, 4, 44.0,
        80.0, 64.0, 36.0, 42.0, 4, 44.0,
        80.0, 64.0, 38.0, 42.0, 4, 44.0,
        80.0, 64.0, 40.0, 52.0, 4, 54.0,
        80.0, 64.0, 24.0, 52.0, 4, 54.0 };

    /* 定义圆柱参数 */
    double cyl_origin[ 3 ] = { 0.0, 0.0, 0.0 };
    double cyl_direction[ 3 ] = { 0.0, 0.0, 1.0 };
    char cyl_height[ 40 ];
    char cyl_diameter[ 40 ];
    tag_t tag_cyl;
    uf_list_p_t cyl_face_list;
    uf_list_p_t cyl_edge_list;

    /* 定义凸台参数 */
    double boss_location[ 3 ] = { 0.0, 0.0, 0.0 };
    double boss_direction[ 3 ] = { 0.0, 0.0, 1.0 };
    char boss_diameter[ 40 ];
    char boss_height[ 40 ];
    tag_t boss_face;
    tag_t tag_boss;
    uf_list_p_t boss_face_list;
    uf_list_p_t boss_edge_list;

    /* 定义轴孔参数 */
    double axis_hole_location[ 3 ] = { 0.0, 0.0, 0.0 };
    double axis_hole_direction[ 3 ] = { 0.0, 0.0, 1.0 };
    char axis_hole_diameter[ 40 ];
    char axis_hole_depth[ 40 ];
    tag_t axis_hole_face_li;
    tag_t axis_hole_face_t1;
    tag_t tag_axis_hole;
    tag_t tag_big_hole;
    uf_list_p_t big_hole_face_list;

    /* 定义键槽参数 */
    tag_t tag_line;
    uf_list_p_t line_list;
    UF_CURVE_line_t line_coords[ 4 ];
```

```
char *limit[ 2 ];
char *limit0 = "0.0";
char limit1[ 40 ];
uf_list_p_t extruded2_list;

/* 定义螺栓孔参数 */
double iset_location[ 3 ] = { 0.0, 0.0, 0.0 };
char number_str[ 40 ];
char angle_str[ 40 ];
uf_list_p_t iset_list;
tag_t tag_iset;

/* 创建圆柱 */
sprintf( cyl_height, "%f", coupling[ choose ].coupling_length / 4.0 );
sprintf( cyl_diameter, "%f", coupling[ choose ].coupling_diameter );
UF_MODL_create_cyl1( UF_NULLSIGN, cyl_origin, cyl_height,
    cyl_diameter, cyl_direction, &tag_cyl );

/* 在圆柱体上创建凸台 */
boss_location[ 2 ] = coupling[ choose ].coupling_length / 4.0;
sprintf( boss_diameter, "%f", coupling[ choose ].center_of_hole_diameter *
    2.0 - coupling[ choose ].coupling_diameter );
sprintf( boss_height, "%f", coupling[ choose ].coupling_length -
    coupling[ choose ].coupling_length / 4.0 );
UF_MODL_ask_feat_faces( tag_cyl, &cyl_face_list );
UF_MODL_ask_list_item( cyl_face_list, 1, &boss_face );

UF_MODL_create_boss( boss_location, boss_direction, boss_diameter,
    boss_height, "0.0", boss_face, &tag_boss );

/*创建轴孔*/
sprintf( axis_hole_diameter, "%f", coupling[ choose ].coupling_diameter * 0.6 );
sprintf( axis_hole_depth, "%f", coupling[ choose ].coupling_length -
    coupling[ choose ].axis_length );
UF_MODL_ask_list_item( cyl_face_list, 1, &axis_hole_face_li );
UF_MODL_create_simple_hole( axis_hole_location, axis_hole_direction,
    axis_hole_diameter, axis_hole_depth, "0.0", axis_hole_face_li,
    NULL_TAG, &tag_big_hole );

sprintf( axis_hole_diameter, "%f", coupling[ choose ].axis_diameter );
UF_MODL_ask_feat_faces( tag_big_hole, &big_hole_face_list );
UF_MODL_ask_list_item( big_hole_face_list, 0, &axis_hole_face_li );
UF_MODL_delete_list( &big_hole_face_list );
```

```
UF_MODL_ask_feat_faces( tag_boss, &boss_face_list );
UF_MODL_ask_list_item( boss_face_list, 0, &axis_hole_face_t1 );
UF_MODL_delete_list( &boss_face_list );
UF_MODL_create_simple_hole( axis_hole_location, axis_hole_direction,
    axis_hole_diameter, NULL, "0.0", axis_hole_face_li,
    axis_hole_face_t1, &tag_axis_hole );

/* 创建倒圆角 */
tag_t tag_blend, tag_temp;
int count;
UF_MODL_ask_feat_edges( tag_cyl, &cyl_edge_list );
UF_MODL_ask_feat_edges( tag_boss, &boss_edge_list );
UF_MODL_ask_list_count( boss_edge_list, &count );
for ( int i = 0; i < count; i++ )
{
    UF_MODL_ask_list_item( boss_edge_list, i, &tag_temp );
    UF_MODL_put_list_item( cyl_edge_list, tag_temp );
}
UF_MODL_delete_list( &boss_edge_list );
UF_MODL_create_blend( "1.0", cyl_edge_list, 0, 0, 0, 0.0, &tag_blend );
UF_MODL_delete_list( &cyl_edge_list );

/* 创建键槽 */
UF_LAYER_set_status( LAYER_CURVE, UF_LAYER_WORK_LAYER );

line_coords[ 0 ].start_point[ 0 ] = 0.0;
line_coords[ 0 ].start_point[ 1 ] = -coupling[ choose ].axis_diameter / 8.0;
line_coords[ 0 ].end_point[ 0 ] = coupling[ choose ].axis_diameter * 0.55;
line_coords[ 0 ].end_point[ 1 ] = line_coords[ 0 ].start_point[ 1 ];
line_coords[ 1 ].start_point[ 0 ] = line_coords[ 0 ].end_point[ 0 ];
line_coords[ 1 ].start_point[ 1 ] = line_coords[ 0 ].end_point[ 1 ];
line_coords[ 1 ].end_point[ 0 ] = line_coords[ 1 ].start_point[ 0 ];
line_coords[ 1 ].end_point[ 1 ] = -line_coords[ 1 ].start_point[ 1 ];
line_coords[ 2 ].start_point[ 0 ] = line_coords[ 1 ].end_point[ 0 ];
line_coords[ 2 ].start_point[ 1 ] = line_coords[ 1 ].end_point[ 1 ];
line_coords[ 2 ].end_point[ 0 ] = line_coords[ 0 ].start_point[ 0 ];
line_coords[ 2 ].end_point[ 1 ] = line_coords[ 1 ].end_point[ 1 ];
line_coords[ 3 ].start_point[ 0 ] = line_coords[ 2 ].end_point[ 0 ];
line_coords[ 3 ].start_point[ 1 ] = line_coords[ 2 ].end_point[ 1 ];
line_coords[ 3 ].end_point[ 0 ] = line_coords[ 0 ].start_point[ 0 ];
line_coords[ 3 ].end_point[ 1 ] = line_coords[ 0 ].start_point[ 1 ];
UF_MODL_create_list( &line_list );
for ( i = 0; i < 4; i++ )
```

```
        {
            line_coords[ i ].start_point[ 2 ] = 0.0;
            line_coords[ i ].end_point[ 2 ] = 0.0;
            UF_CURVE_create_line( &line_coords[ i ], &tag_line );
            UF_MODL_put_list_item( line_list, tag_line );
        }
        UF_LAYER_set_status( LAYER_SOLID, UF_LAYER_WORK_LAYER );

        sprintf( limit1, "%f", coupling[ choose ].coupling_length );
        limit[ 0 ] = limit0;
        limit[ 1 ] = limit1;
        UF_MODL_create_extruded2( line_list, "0.0", limit, axis_hole_location,
            axis_hole_direction, UF_NEGATIVE, &extruded2_list );
        UF_MODL_delete_list( &extruded2_list);
        UF_MODL_delete_list( &line_list );
        UF_LAYER_set_all_but_work( UF_LAYER_INACTIVE_LAYER );

        /* 创建螺栓孔 */
        axis_hole_location[ 0 ] = coupling[ choose ].center_of_hole_diameter / 2;
        sprintf( axis_hole_diameter, "%f", coupling[ choose ].axis_diameter / 3 );
        UF_MODL_ask_list_item( cyl_face_list, 0, &axis_hole_face_t1 );
        UF_MODL_create_simple_hole( axis_hole_location, axis_hole_direction,
            axis_hole_diameter, NULL, "0.0", axis_hole_face_li,
            axis_hole_face_t1, &tag_axis_hole );
        UF_MODL_delete_list( &cyl_face_list );

        sprintf( number_str, "%d", coupling[ choose ].hole_num );
        sprintf( angle_str, "%f", 360.0 / coupling[ choose ].hole_num );
        UF_MODL_create_list( &iset_list );
        UF_MODL_put_list_item( iset_list, tag_axis_hole );
        UF_MODL_create_circular_iset ( 0, iset_location, axis_hole_direction,
            number_str, angle_str, iset_list, &tag_iset );
        UF_MODL_delete_list( &iset_list );
}

void fitview( void )
{
    tag_t view_tag = NULL_TAG;
    UF_VIEW_visualization_t view_data;

    UF_VIEW_ask_work_view( &view_tag );
    UF_VIEW_ask_visualization( view_tag, &view_data );
    view_data.display_mode = UF_VIEW_FULLY_SHADED;
```

```
        UF_VIEW_set_visualization( view_tag, &view_data );
        UF_VIEW_fit_view( view_tag, 0.7 );
    }
```

4. 运行结果

（1）设置运行环境后,将生成的动态链接库文件放到项目的 application 目录下,启动 NX 系统,新建一个部件文件,此时在界面会出现一个工具条文件,并在主菜单 Help 之后出现一个新的“综合实例”菜单项,如 7-10 所示。

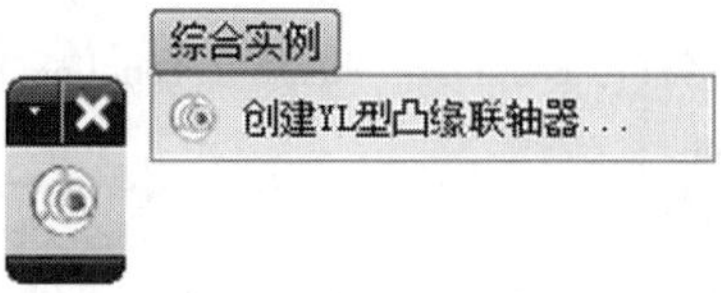

图 7-10　凸缘联轴器菜单及工具条

（2）单击工具条或菜单项“创建 YL 型凸缘联轴器... ”将弹出 YL 型凸缘联轴器的参数化设计对话框,让用户选择需要的型号,如图 7-11 所示。

（3）选择相应的凸缘联轴器型号后,单击“OK”按钮,此时系统将创建用户指定类型的凸缘联轴器,结果如图 7-12 所示。

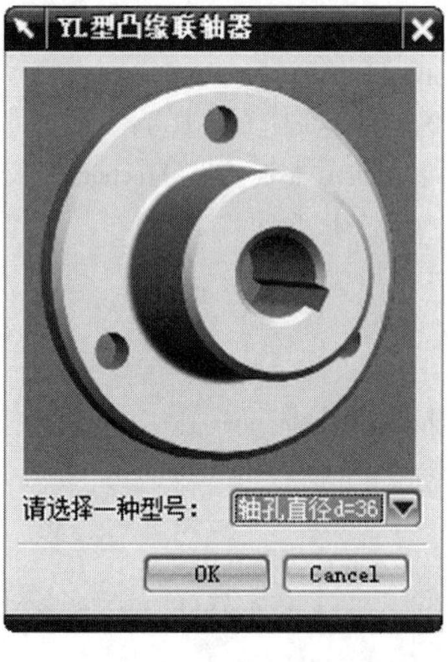

图 7-11　凸缘联轴器对话框

图 7-12　凸缘联轴器

如果用户启动 NX 系统后没有新建一个部件文件,而直接通过对话框创建凸缘联轴器,此时系统将弹出一个警告信息,提示用户先新建一个部件文件,如图 7-13 所示。

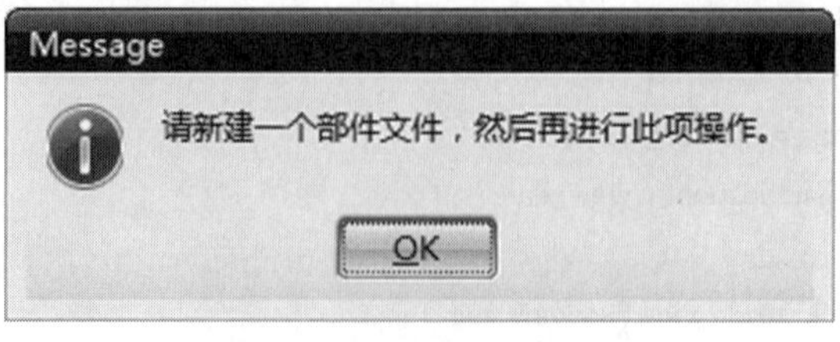

图 7-13　用户警告信息

第 8 章　装配设计

NX 集成环境中的装配模块用于实现将部件模型装配成一个最终的产品模型。与产品的实际装配不同,NX 的装配是一种虚拟装配,它并不是将该模型的所有数据完整地复制过来,而只是建立装配模型与被引用部件模型之间的引用关系,即使用指针在装配模型中与被引用的每一个零件(部件)间建立引用关系。虚拟装配技术不仅减少了数据冗余,而且使装配模型具有相关性,即一旦修改,装配模型就可随之可控地得到更新。

8.1　基本概念和术语

在装配环境中只有工作部件是当前活动的,用户创建的所有 NX 对象都在工作部件中,只有工作部件中的对象可以被修改。工作部件和显示部件可以是一致的,也可以是不一致的,即当显示部件为单个部件时,工作部件和显示部件是一致的;当显示部件为装配件,而工作部件为装配件中的组件时,工作部件和显示部件是不一致的。表 8-1 归纳了二次开发过程中与装配相关的术语。

表 8-1　与装配有关的术语

术　语	描　述
tag	部件或对象标识。一个 tag_t 标识一个 NX 对象,这个对象不仅仅是 NX 对象,还包括部件原型、实例和事例
piece part	单个部件。它是装配中最基本的元素
occurrence	部件或对象事例。当若干个部件被加入到一个装配中,系统不在装配中拷贝部件和其中的对象,而是将部件加载到内存,并将部件的事例加入到装配中
object occurrence	对象事例。部件中的每个对象,都会在装配中有一个对应的对象事例
instance	实例。当组件被加入到装配中,子装配与父部件的关系称为实例
multi-level	装配可以是多层的,即装配中可以有子装配
component part	装配中的组件。一个组件可以是一个子装配,也可以是一个部件
prototype	事例的原型。与事例对应的原型组件,即包含主几何体的部件
reference set	引用集。在复杂装配中,为简化组件表达而定义的有名字的集合
display part	显示部件。当前显示在图形窗口中的模型,显示部件可以是一个部件,也可以是装配件。显示部件必须是完全加载的
work part	工作部件。应用过程中正在被使用的组件文件

NX 装配环境中有 3 个重要的概念:原型、事例和实例。真实存在的部件模型或部件的几何对象称为原型,它记录了部件模型或部件几何对象的所有信息。事例是指在装配环境下对原型的引用,当一个部件文件被多次装入后,将产生多个不同的部件事例及对应的部件几何对象事例,事例表示了部件或对象的几何是如何定位和定向的。原型与事例之间可以是一对多的关系,事例的行为与它指向的原型相似,可以被显示、选择、引用,也可以通过某种方式修改事例的特性(比如改变颜色、增加属性等),因此用户可以改变一个事例的外观,而不影响它的原型及同一装配件中的其他事例。当然,如果一个事例没有被编辑(例如改变颜色等),也没有被引用,那么它不会被保存到装配件文件中,每次加载装配件时被重建,反之它将保存在装配体中。在装配体中,部件与其子部件之间的装配关系是通过部件实例来描述的,它记录装配树型结构中子结点与父结点之间的关联关系,每个实例都对应一个事例,但装配树的根结点只可能是父结点,它不对应部件实例,根结点的部件实例标识为 NULL_TAG。装配中部件操作的相关函数如表 8-2 所示。

表 8-2 装配中部件操作的相关函数

函数名称	函数功能及要点
UF_PART_ask_display_part	获取当前显示部件
UF_PART_set_display_part	设置当前显示部件
UF_ASSEM_ask_work_part	获取当前工作部件
UF_ASSEM_set_work_part	设置当前工作部件
UF_ASSEM_ask_work_occurrence	获取当前工作事例
UF_ASSEM_set_work_occurrence	设置当前工作事例
UF_ASSEM_ask_root_part_occ	获取根部件的事例,输入必须是根部件的原型
UF_ASSEM_ask_parent_of_instance	获取实例的父部件原型
UF_ASSEM_ask_child_of_instance	获取实例的子部件原型
UF_ASSEM_ask_instance_of_name	根据父部件和实例名称获取实例
UF_ASSEM_ask_part_occ_of_inst	根据父部件和实例获取子部件事例
UF_ASSEM_ask_part_occs_of_inst	获取某个实例的所有部件事例
UF_ASSEM_ask_inst_of_part_occ	获取某个部件事例的实例事例
UF_ASSEM_ask_occs_of_part	获取父部件下某个部件原型的所有部件事例
UF_ASSEM_ask_occs_of_entity	获取某个对象原型的所有对象事例
UF_ASSEM_ask_prototype_of_occ	获取某个部件或对象事例的原型
UF_ASSEM_ask_part_occurrence	获取某个部件或对象事例的父部件或对象事例
UF_ASSEM_ask_all_part_occ_children	获取某个部件事例的所有子部件事例
UF_ASSEM_ask_part_occ_children	获取某个部件事例的所有子部件事例
UF_ASSEM_count_ents_in_part_occ	获取某个部件事例中所有对象事例的个数
UF_ASSEM_find_occurrence	获取某个部件事例中某个对象原型的事例

续 表

函数名称	函数功能及要点
UF_ASSEM_get_occ_in_work_occ	获取某个部件事例在当前工作部件中的事例
UF_ASSEM_add_part_to_assembly	将已经存在的部件加入到装配件中
UF_ASSEM_create_component_part	创建一个新的部件,并把它增加到装配件中
UF_ASSEM_is_occurrence	判断某个部件或对象事例是不是事例
UF_ASSEM_is_part_occurrence	判断某个部件是不是事例
UF_ASSEM_occ_is_in_work_part	判断某个部件事例是否属于当前的工作部件
UF_ASSEM_cycle_ents_in_part_occ	循环查找某个部件事例中的所有对象事例
UF_ASSEM_cycle_inst_of_part	循环查找某个部件原型下的所有实例

8.2　自动装配操作

利用 NX Open 开发具体产品的应用系统时,常常遇到如何建立零件间装配约束关系的问题。如何实现零件间自动装配,是开发产品应用系统的难点之一。

8.2.1　装配约束关系的简化

在实际应用中,装配约束的配合类型有贴合、对准、角度、平行、正交、对中等多种类型,用于装配约束的对象类型有面、边、基准面、基准轴、点、线、曲线、坐标系等多种形式。为了便于数据描述,可将组件间的装配关系作适当简化,如图 8-1、图 8-2 所示,将零件间的装配约束关系简化为 2 组件间 3 个基准面的贴合或对准的装配约束类系。其中,图 8-2 中 X、Y、Z 为对应部件中的基准面名。

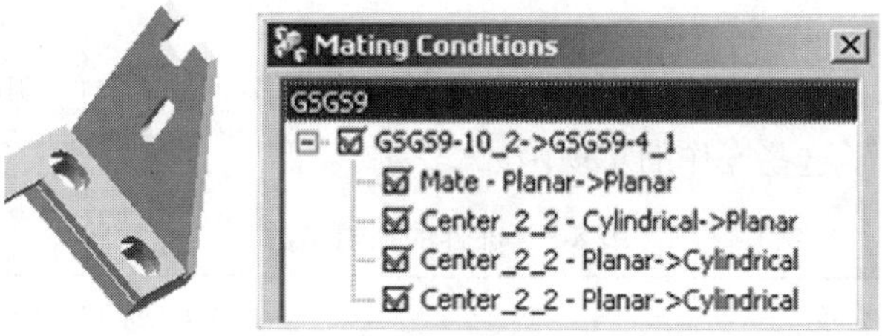

图 8-1　简化前的装配约束关系

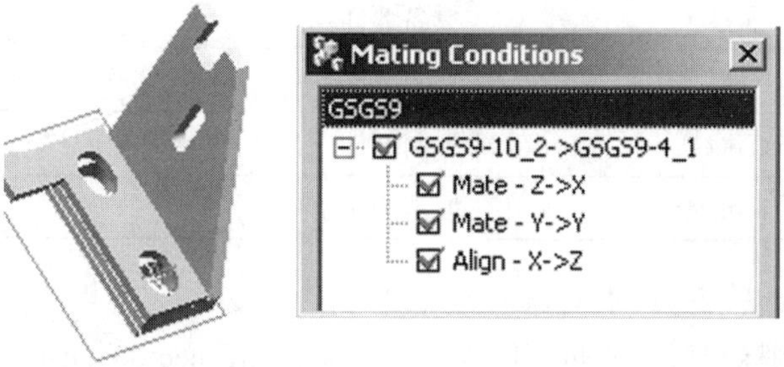

图 8-2　简化后的装配约束关系

简化组件装配约束关系后，将主动组件的部件名、组件名与对象名，从动组件的部件名、组件名与对象名，以及装配约束类型等信息保存在数据库中。在系统加载部件时，可根据数据库中的装配信息实现组件的自动装配。

8.2.2 自动装配的实现

8.2.2.1 主动组件的加载

使用 UF_ASSEM_add_part_to_assembly 函数即可将组件加载到装配体。在一个装配过程中，装配部件在指定的位置和方位装入到工作部件的指定层中，从而实现了装配部件与工作部件的上下级装配关系。下面的代码实现了这一功能，其中，tPrtWorkpart 为工作部件标识，sPartName 为加载部件文件名，sInstanceName 为加载部件的组件名，tInsPartFrom 返回加载部件的实例标识。

```
tag_t tPrtWorkpart = UF_ASSEM_ask_work_part();          //获取工作部件标识
char sPartName[_MAX_PATH] = "D:\\PartFrom.prt";         //装配部件文件名
char sRefsetsName[30+1] = "";
char sInstanceName[30+1] = "";
double adOrigin[3] = {0,0,0};                  //装配位置不改变
double adCsysMatrix[6] = {1,0,0,0,1,0};        //装配方位不改变
int iLayerNum;
UF_LAYER_ask_work_layer(&iLayerNum);
tag_t tInsPartFrom;     //返回加载部件的实例标识
UF_PART_load_status_t load_status;

UF_ASSEM_add_part_to_assembly(tPrtWorkpart,sPartName,sRefsetsName,sInstanceName,adOrigin,
adCsysMatrix,iLayerNum,&tInsPartFrom, &load_status);
UF_free_string_array(load_status.n_parts, load_status.file_names);
UF_free(load_status);
```

部件装入装配体以后，可以对它进行一系列编辑操作，如重定位、更名、移除、抑制和非抑制等。表 8-3 列出了这些操作的实现函数。

表 8-3 部件的编辑函数

函数名称	函数功能及要点
UF_ASSEM_reposition_instance	重定位部件
UF_ASSEM_rename_instance	更名部件
UF_ASSEM_remove_instance	移除部件
UF_ASSEM_suppress_instances	抑制部件
UF_ASSEM_unsuppress_instances	取消抑制部件

8.2.2.2 主动、从动组件事例标识的获取

主动组件的事例标识可以通过 UF_ASSEM_ask_part_occ_of_inst 函数直接获取。从动组件事例标识的获取较为繁琐，其步骤为：

（1）确定从动组件的部件标识；

（2）获取从动组件的所有事例标识；

（3）匹配事例标识对应的组件名与从动组件组件名，确定从动组件的事例标识。

注意 在同一装配中部件名相同的，其组件名不能相同；其组件名相同的，其部件名不能相同。

下段程序代码用于获取从动组件事例标识，其中 part_name 为部件文件名，inst_name 为组件名，occ_tag 返回部件事例标识。

```
void  Test_ask_part_occ_by_name( char  * part_name,  char  * inst_name, tag_t  * occ_tag )
{
tag_t  * part_occs;
tag_t temp_tag;
int i;
char part_n[133], refset_name[31], instance_name[31];
double origin[ 3 ], csys_matrix[ 9 ], transform[ 4 ][ 4 ];
temp_tag  =  UF_PART_ask_part_tag( part_name);
if( temp_tag  ! =  NULL_TAG)
{
    UF_ASSEM_ask_occs_of_part ( NULL_TAG, temp_tag, &part_occs );
    i  =  0;
    while( part_occs  ! =  NULL_TAG)
    {
      UF_ASSEM_ask_component_data( part_occs, part_n, refset_name, instance_name, origin,
csys_matrix, transform);
      if( strcmp( strlwr( instance_name), strlwr( inst_name) ) ==0 ) break;
      i ++ ;
    }
    if( part_occs  ! =  NULL_TAG)
        * occ_tag  =  part_occs;
    else
        * occ_tag  =  NULL_TAG;
    UF_free( part_occs);
};
    else
    * occ_tag  =  NULL_TAG;
}
```

8.2.2.3 约束对象标识的获取

获取用于建立装配约束关系的对象标识的步骤为：

（1）将对象所在部件设置为工作部件；

（2）利用 UF_OBJ_cycle_by_name 获取对象标识。

注意 在同一部件中对象名应唯一。

下段程序代码用于获取对象标识，其中 part_tag 为对象所在部件的部件标识，obj_name

为对象名,obj_tag 返回约束对象的标识。

```
void Test_ask_obj_tag_by_name( tag_t part_tag, char *obj_name, tag_t *obj_tag)
{
  tag_t work_part, object_tag = NULL_TAG;
  work_part = UF_ASSEM_ask_work_part( );
  if( part_tag ! = NULL_TAG)
  {
    UF_ASSEM_set_work_part( part_tag) ;
    UF_OBJ_cycle_by_name (obj_name, &object_tag) ;
    if (object_tag ! = NULL_TAG)
       *obj_tag = object_tag;
    else
       *obj_tag = NULL_TAG;,
  }
  else
     *obj_tag = NULL_TAG;
  UF_ASSEM_set_work_part( work_part) ;
}
```

8.2.2.4 装配约束关系的建立

NX Open 帮助文档中已经不再提供关于配合关系创建、求解等 API 的帮助,但这些 API 仍然能够正常使用。如果想查看有关的帮助文档,可以在 NX 4 及以下版本的帮助文档中查找。

装配中各部件间的配合关系是通过装配约束关系来实现的。装配约束是指一个部件到另一个部件的约束,即部件 A 配合到部件 B,则部件 A 称为主动件(From),部件 B 称为被动件(To)。在约束求解过程中,被动件在装配空间中的位置固定,而主动件将变换姿态到满足装配约束的位置上。需要注意的是,组成配合关系的约束之间不能存在几何关系上的矛盾,并且配合关系不能形成循环定义,即部件 A 配合到部件 B 上时,不能再定义部件 B 配合到部件 A 上。

可以将装配约束关系定义为“MR = < MT, MS, MP >”。其中,MR 为装配约束关系,MT 为约束类型,MS 为约束子类型,MP 为约束参数。NX 提供的装配约束关系包括 Mate、Align、Angle、Center、Distance、Parallel、Perpendicular 和 Tangent 等。当约束类型为 Distance 和 Angle 时,约束参数分别表示偏置距离与偏置角度。当约束类型为 Angle 与 Center 时,还需要利用子类型对约束进行精确定义,Angle 的子类型有平面角度和空间角度,Center 的子类型包括 1 to 1、1 to 2、2 to 1 和 2 to 2 共 4 种。

空间中每个部件都具有 6 个自由度,其中包括 3 个旋转自由度和 3 个平移自由度。在装配过程中,针对不同的部件可以采用全约束或部分约束的方法。在工程应用中,一个零件要实现在装配中的约束定位通常需要 2 个或 3 个约束序列。

建立组件间的装配约束的步骤如下:

(1) 定义装配约束:即填写结构 UF_ASSEM_constraint_s 中的内容;

(2) 求解约束:使用函数 UF_ASSEM_solve_mc 求解;

（3）应用约束到装配体：使用函数 UF_ASSEM_Apply_mc_data；

（4）更新模型：使用函数 UF_MODL_update。

下段程序代码用于 2 组件间的装配约束关系的建立，如果配对成功，系统将显示“求解约束成功！”、“应用装配成功！”，否则系统显示“求解约束失败！”、“应用装配失败！”。

```
Void AutoMatingParts (tag_t tagInsCyl,tag_t * tagObjectFrom,tag_t tagOccCyl,tag_t * tagObjectTo,
tag_t tagOccVBlk)
{
    /* 创建配合关系 */
    UF_ASSEM_mating_condition_t McData;
    tag_t tagObjectFrom          = NULL_TAG;
    tag_t tagObjectTo            = NULL_TAG;
    tag_t tagPrototypeFrom       = NULL_TAG;
    tag_t tagPrototypeTo         = NULL_TAG;

    /* 初始化约束 */
    UF_ASSEM_init_mc( &McData );

    /* 定义约束,构造配合关系 */
    McData.mated_object = tagInsCyl;
    McData.num_constraints = 3;
    McData.name = NULL;
    McData.user_name = false;
    //McData.override = false;
    McData.suppressed = false;
    //McData.implicit = false;

    tagObjectFrom      = NULL_TAG;
    tagObjectTo        = NULL_TAG;
    UF_OBJ_cycle_by_name( "B1", &tagObjectFrom );
    UF_OBJ_cycle_by_name( "P1", &tagObjectTo );
    tagPrototypeFrom = UF_ASSEM_ask_prototype_of_occ( tagObjectFrom );
    tagPrototypeTo     = UF_ASSEM_ask_prototype_of_occ( tagObjectTo );
    McData.constraints[ 0 ].from           = tagPrototypeFrom;
    McData.constraints[ 0 ].from_part_occ  = tagOccCyl;
    McData.constraints[ 0 ].from_status    = UF_ASSEM_ok;
    McData.constraints[ 0 ].from_type      = UF_ASSEM_planar_face;
    McData.constraints[ 0 ].to             = tagPrototypeTo;
    McData.constraints[ 0 ].to_part_occ    = tagOccVBlk;
    McData.constraints[ 0 ].to_status      = UF_ASSEM_ok;
    McData.constraints[ 0 ].to_type        = UF_ASSEM_planar_face;
    McData.constraints[ 0 ].mate_type      = UF_ASSEM_mate;
    McData.constraints[ 0 ].offset         = NULL_TAG;
```

```
McData. constraints[ 0 ]. name              = NULL;
McData. constraints[ 0 ]. user_name         = false;
McData. constraints[ 0 ]. inherited         = false;
McData. constraints[ 0 ]. suppressed        = false;
McData. constraints[ 0 ]. has_help_point    = false;
UF_DISP_set_highlight( tagObjectFrom,   1 );
UF_DISP_set_highlight( tagObjectTo,     1 );
uc1601( "这 2 个面进行配对操作", 1 );
UF_DISP_set_highlight( tagObjectFrom,    0 );
UF_DISP_set_highlight( tagObjectTo,    0 );

tagObjectFrom       = NULL_TAG;
tagObjectTo         = NULL_TAG;
UF_OBJ_cycle_by_name( "B2",      &tagObjectFrom );
UF_OBJ_cycle_by_name( "P2",      &tagObjectTo );
tagPrototypeFrom = UF_ASSEM_ask_prototype_of_occ( tagObjectFrom );
tagPrototypeTo  = UF_ASSEM_ask_prototype_of_occ( tagObjectTo );
McData. constraints[ 1 ]. from               = tagPrototypeFrom;
McData. constraints[ 1 ]. from_part_occ      = tagOccCyl;
McData. constraints[ 1 ]. from_status         = UF_ASSEM_ok;
McData. constraints[ 1 ]. from_type          = UF_ASSEM_planar_face;
McData. constraints[ 1 ]. to                   = tagPrototypeTo;
McData. constraints[ 1 ]. to_part_occ          = tagOccVBlk;
McData. constraints[ 1 ]. to_status          = UF_ASSEM_ok;
McData. constraints[ 1 ]. to_type              = UF_ASSEM_planar_face;
McData. constraints[ 1 ]. mate_type          = UF_ASSEM_mate;
McData. constraints[ 1 ]. offset             = NULL_TAG;
McData. constraints[ 1 ]. name               = NULL;
McData. constraints[ 1 ]. user_name           = false;
McData. constraints[ 1 ]. inherited         = false;
McData. constraints[ 1 ]. suppressed          = false;
McData. constraints[ 1 ]. has_help_point     = false;
UF_DISP_set_highlight( tagObjectFrom,     1 );
UF_DISP_set_highlight( tagObjectTo,          1 );
uc1601( "这 2 个面进行配对操作", 1 );
UF_DISP_set_highlight( tagObjectFrom,     0 );
UF_DISP_set_highlight( tagObjectTo,     0 );

tagObjectFrom       = NULL_TAG;
tagObjectTo            = NULL_TAG;
UF_OBJ_cycle_by_name( "B3",      &tagObjectFrom );
UF_OBJ_cycle_by_name( "P3",      &tagObjectTo );
tagPrototypeFrom = UF_ASSEM_ask_prototype_of_occ( tagObjectFrom );
```

```
tagPrototypeTo        = UF_ASSEM_ask_prototype_of_occ( tagObjectTo );
McData.constraints[ 2 ].from              = tagPrototypeFrom;
McData.constraints[ 2 ].from_part_occ     = tagOccCyl;
McData.constraints[ 2 ].from_status       = UF_ASSEM_ok;
McData.constraints[ 2 ].from_type         = UF_ASSEM_planar_face;
McData.constraints[ 2 ].to                = tagPrototypeTo;
McData.constraints[ 2 ].to_part_occ       = tagOccVBlk;
McData.constraints[ 2 ].to_status         = UF_ASSEM_ok;
McData.constraints[ 2 ].to_type           = UF_ASSEM_planar_face;
McData.constraints[ 2 ].mate_type         = UF_ASSEM_align;
McData.constraints[ 2 ].offset            = NULL_TAG;
McData.constraints[ 2 ].name              = NULL;
McData.constraints[ 2 ].user_name         = false;
McData.constraints[ 2 ].inherited         = false;
McData.constraints[ 2 ].suppressed        = false;
McData.constraints[ 2 ].has_help_point    = false;
UF_DISP_set_highlight( tagObjectFrom,    1 );
UF_DISP_set_highlight( tagObjectTo,        1 );
uc1601( "这 2 个面进行对齐操作", 1 );
UF_DISP_set_highlight( tagObjectFrom,    0 );
UF_DISP_set_highlight( tagObjectTo,    0 );

double dblzTransform[ 4 ][ 4 ];
UF_ASSEM_dof_t Dof;
UF_ASSEM_mc_status_t Status;

/* 求解约束 */
UF_CALL( UF_ASSEM_solve_mc( &McData, &Status, &Dof, dblzTransform ) );
if ( UF_ASSEM_mc_solved == Status )
{
    uc1601( "求解约束成功!", 1 );
    UF_ASSEM_mc_structure_state_t StructStatus;
    /* 将约束应用到装配体上 */
    UF_CALL( UF_ASSEM_apply_mc_data( &McData, &StructStatus, &Status ) );
    if ( UF_ASSEM_structure_ok == StructStatus )
    {
        uc1601( "应用装配成功!", 1 );
        /* 更新模型 */
        UF_MODL_update( );
        UF_DISP_refresh( );
    }
    else uc1601( "应用装配失败!", 1 );
}
```

```
    else uc1601( "求解约束失败!", 1 );
}
```

可以对已存在的部件配对条件进行一系列编辑操作，如检查、读取、抑制和删除等。表 8-4 列出了这些操作的接口函数。

表 8-4　配合关系编辑的函数

函数名称	函数功能及要点
UF_ASSEM_check_mc_structure	检查配对条件是否
UF_ASSEM_ask_mc_data_of_compnt	合法读取指定部件的配对条件
UF_ASSEM_suppress_mc	抑制或非抑制指定部件的配对条件
UF_ASSEM_delete_mc	删除指定部件的配对条件

8.3　自动装配实例实践

本实例创建了一个气缸自动装配系统，气缸由缸体、顶盖、导套、活塞杆和螺栓等部件组成。本例所有部件均采用二次开发方法创建，最后将各部件自动装配成气缸。

1. 运行环境设置

（1）在项目目录下新建 3 个目录："…\example\application"用于存放对话框文件和编译连接后生成的动态链接库文件；"…\example\startup"用于存放菜单和工具条文件；"…\test\bitmap"用于存放工具条和对话框的位图图标。

（2）设置 2 个环境变量："UGII_VENDOR_DIR = …\example"使 NX 系统在启动后自动执行菜单和工具条文件；"UGII_BITMAP_PATH = …\example\bitmap"使系统能找到相应的位图文件。

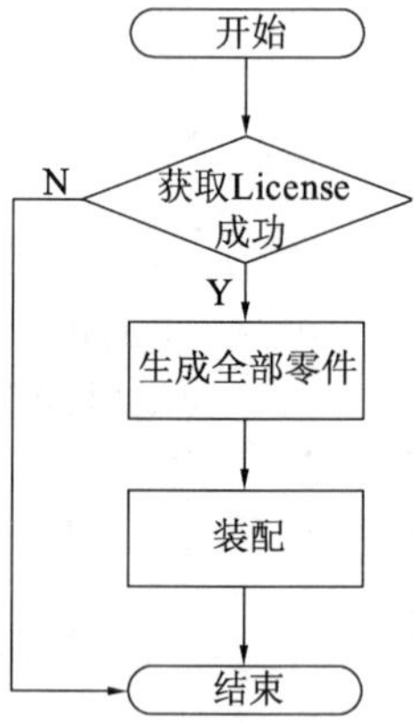

图 8-3　气缸系统流程图

2. 流程图

气缸系统流程如图 8-3 所示。

3. 资源文件

（1）菜单和工具条文件

本系统在菜单栏菜单 Help 的右侧建立一个新的菜单栏菜单"综合实例"，综合实例下将包含一个子菜单项"创建气缸…"。在界面上出现一个工具条"创建气缸"。本系统的菜单文件为 example. men，工具条文件为 example. tbr，其内容分别如下：

① 菜单文件 example. men

```
VERSION 120
! ------------------------------
EDIT UG_GATEWAY_MAIN_MENUBAR
TOP_MENU
    CASCADE_BUTTON CUSTOM_MYMENU
    LABEL 综合实例
```

```
END_OF_TOP_MENU

MENU CUSTOM_MYMENU
    BUTTON MAKE_QG
    LABEL 创建气缸...
    BITMAP makeqg.bmp
    ACTIONS makeqg.dlg
END_OF_MENU
```

② 工具条文件 screw.tbr

```
TITLE 综合实例
VERSION 170
! ------------------------------
BUTTON MAKE_QG
LABEL 创建气缸
BITMAP makeqg.bmp
```

（2）对话框文件

本例采用 UI Styler 创建对话框，以便与 NX 系统本身的对话框风格相一致。

（3）程序代码（makeqg.h）

```
/*********************************************\
 * Copyright (c) 2011,    UGSC               *
 * All rights reserved.                      *
 *                                           *
 * 文件名称：makeqg.h                         *
 * 文件标识：None                             *
 * 摘    要：创建一个气缸                      *
\*********************************************/

#ifndef MAKEQG_H_INCLUDED
#define MAKEQG_H_INCLUDED

#ifdef _cplusplus
extern "C" {
#endif

#include <stdio.h>
#include <math.h>
#include <stdlib.h>
#include <direct.h>

#include <uf.h>
#include <uf_part.h>
#include <uf_defs.h>
```

```
#include  <uf_exit.h>
#include  <uf_ui.h>
#include  <uf_styler.h>
#include  <uf_mb.h>
#include  <uf_view.h>
#include  <uf_sket.h>
#include  <uf_modl.h>
#include  <uf_curve.h>
#include  <uf_layer.h>
#include  <uf_csys.h>
#include  <uf_assem.h>

#define MK_QG_BITMAP_0                  ("BITMAP_0")
#define MK_QG_SEP_1                     ("SEP_1")
#define MK_QG_WIDE_S_PATH               ("WIDE_S_PATH")
#define MK_QG_ACTION_BROWSE             ("ACTION_BROWSE")
#define MK_QG_ACTION_CREATE             ("ACTION_CREATE")
#define MK_QG_DIALOG_OBJECT_COUNT       ( 5 )

#define EPSILON 0.005
#define UF_CALL(X) ( report_error( __FILE__, __LINE__, #X, ( X ) ) )

    /* 定义层编号 */
    enum layer_num
    {
        Layer_Solid = 1,
        Layer_Linked = 15,
        Layer_Sketch = 21,
        Layer_Curve = 41,
        Layer_Datums = 61,
        Layer_Sheet = 81,
        Layer_Draft = 101,
        Layer_Components = 201
    };

    /* 定义组件文件结构 */
    typedef struct part_s
    {
        char filename[ 256 ];       /* 文件名 */
        tag_t part_tag;             /* 组件文件 Tag 号 */
        uf_list_p_t feat_list;      /* 特征链表,需要用 UF_MODL_delete_list 释放 */
    };
    typedef struct part_s part_t;
```

```
    static int report_error( char *file, int line, char *call, int irc);

    int MK_QG_ok_cb_pressed ( int dialog_id,
        void * client_data,
        UF_STYLER_item_value_type_p_t callback_data);

    int MK_QG_back_cb ( int dialog_id,
        void * client_data,
        UF_STYLER_item_value_type_p_t callback_data);

    int MK_QG_cancel_cb_pressed ( int dialog_id,
        void * client_data,
        UF_STYLER_item_value_type_p_t callback_data);

    int MK_QG_action_browse_act_cb ( int dialog_id,
        void * client_data,
        UF_STYLER_item_value_type_p_t callback_data);

    int MK_QG_action_create_act_cb ( int dialog_id,
        void * client_data,
        UF_STYLER_item_value_type_p_t callback_data);

    void fitview( logical rotate );       /* 调整到合适的视图
                                             rotate: TRUE    适当旋转一下
                                                     FALSE   不旋转 */

    logical create_part_top( part_t* part );
    logical create_part_tube( part_t* part );
    logical create_part_staff( part_t* part );
    logical create_part_bush( part_t* part );
    logical create_part_bolt( part_t* part );
    logical create_part_assembly(
        part_t* part_assembly,
        part_t* part_top,
        part_t* part_tube,
        part_t* part_staff,
        part_t* part_bush,
        part_t* part_bolt );
    void reporterror_new_part( char *filename );

#ifdef _cplusplus
}
```

```
#endif

#endif /* MAKEQG_H_INCLUDED */
```

(4) 程序代码(makeqg.c)

```
#include "makeqg.h"

#define MK_QG_CB_COUNT ( 5 + 1 ) /* Add 1 for the terminator */

static UF_STYLER_callback_info_t MK_QG_cbs[MK_QG_CB_COUNT] =
{
  {UF_STYLER_DIALOG_INDEX, UF_STYLER_OK_CB          , 0, MK_QG_ok_cb_pressed},
  {UF_STYLER_DIALOG_INDEX, UF_STYLER_BACK_CB        , 0, MK_QG_back_cb},
  {UF_STYLER_DIALOG_INDEX, UF_STYLER_CANCEL_CB      , 0, MK_QG_cancel_cb_pressed},
  {MK_QG_ACTION_BROWSE   , UF_STYLER_ACTIVATE_CB    , 0, MK_QG_action_browse_act_cb},
  {MK_QG_ACTION_CREATE   , UF_STYLER_ACTIVATE_CB    , 0, MK_QG_action_create_act_cb},
  {UF_STYLER_NULL_OBJECT, UF_STYLER_NO_CB, 0, 0 }
};

static UF_MB_styler_actions_t actions[] = {
    { "makeqg.dlg",  NULL,   MK_QG_cbs,  UF_MB_STYLER_IS_NOT_TOP },
    { NULL,  NULL,  NULL,  0 } /* This is a NULL terminated list */
};

int units = UF_PART_METRIC;
extern void ufsta(char *param, int *retcode, int rlen)
{
    int  error_code;
    if ( ( UF_initialize( ) ) != 0 )
        return;
    if ( (error_code = UF_MB_add_styler_actions ( actions ) ) != 0 )
    {
        char fail_message[ 133 ];
        UF_get_fail_message( error_code, fail_message );
        printf ( "%s\n", fail_message );
    }
    UF_CALL( UF_UI_set_status( "单击“浏览”按钮选择文件名称" ) );
    UF_terminate( );
    return;
}

int MK_QG_ok_cb_pressed( int dialog_id,
                         void * client_data,
                         UF_STYLER_item_value_type_p_t callback_data)
```

```
{
    if ( UF_initialize( ) ! = 0 )
        return ( UF_UI_CB_CONTINUE_DIALOG ) ;
    /* ---- Enter your callback code here ----- */
    UF_terminate( ) ;
    return ( UF_UI_CB_EXIT_DIALOG ) ;
}

int MK_QG_cancel_cb_pressed( int dialog_id,
                             void * client_data,
                             UF_STYLER_item_value_type_p_t callback_data)
{
    if ( UF_initialize( ) ! = 0)
        return ( UF_UI_CB_CONTINUE_DIALOG ) ;
    /* ---- Enter your callback code here ----- */
    UF_terminate( ) ;
    return ( UF_UI_CB_EXIT_DIALOG ) ;
}

int MK_QG_back_cb( int dialog_id,
                   void * client_data,
                   UF_STYLER_item_value_type_p_t callback_data)
{
    if ( UF_initialize( ) ! = 0 )
        return ( UF_UI_CB_CONTINUE_DIALOG ) ;
    /* ---- Enter your callback code here ----- */
    UF_terminate( ) ;
    return ( UF_UI_CB_EXIT_DIALOG ) ;
}

/* 按下了“浏览”按钮 */
int MK_QG_action_browse_act_cb( int dialog_id,
                                void * client_data,
                                UF_STYLER_item_value_type_p_t callback_data)
{
    char filename[ 256 ] = "\0";
    int response = UF_UI_CANCEL;
    UF_STYLER_item_value_type_t value;

    if ( UF_initialize( ) ! = 0)
        return ( UF_UI_CB_CONTINUE_DIALOG ) ;

    /* 显示新建文件窗口 */
```

```
    UF_CALL( UF_UI_ask_create_part_filename(
        filename,
&units,
&response ) );
    if ( UF_UI_CANCEL == response )
    {
        char * warning_msg_title    = "警告";
        char * warning_msg_cancel  = "当前操作被用户取消!";

        UF_CALL( UF_UI_message_dialog(
            warning_msg_title,
            UF_UI_MESSAGE_WARNING,
            &warning_msg_cancel,
            1,
            FALSE,
            NULL,
&response ) );
    }
    /* 获取文件名字信息 */
    else
    {
        value.item_attr = UF_STYLER_VALUE;
        value.item_id = MK_QG_WIDE_S_PATH;
        value.value.string = filename;
        UF_STYLER_set_value (
            dialog_id,
            &value );
        value.item_attr = UF_STYLER_SENSITIVITY;
        value.item_id = MK_QG_ACTION_CREATE;
        value.value.integer = TRUE;
        UF_CALL( UF_STYLER_set_value( dialog_id, &value ) );
    }

    UF_terminate ();

    return (UF_UI_CB_CONTINUE_DIALOG);
}

/* 按下"创建"按钮 */
int MK_QG_action_create_act_cb ( int dialog_id,
                                 void * client_data,
                                 UF_STYLER_item_value_type_p_t callback_data)
{
```

```
/* 定义组件文件 */
part_t part_top;
part_t part_tube;
part_t part_staff;
part_t part_bush;
part_t part_bolt;
part_t part_assembly;

char filename_dir[ 256 ] = "\0";
UF_UI_dialog_dir_id_t dir_index = UF_UI_PART_DIR;
char *dir_name = NULL;

UF_STYLER_item_value_type_t value;

int i, length;

if ( UF_initialize( ) != 0)
    return ( UF_UI_CB_CONTINUE_DIALOG );

/* ---- Enter your callback code here ----- */
value.item_attr = UF_STYLER_SENSITIVITY;
value.item_id = MK_QG_ACTION_CREATE;
value.value.integer = FALSE;
UF_CALL( UF_STYLER_set_value( dialog_id, &value ) );

/* 获取文件的路径 */
value.item_attr = UF_STYLER_VALUE;
value.item_id = MK_QG_WIDE_S_PATH;
UF_CALL( UF_STYLER_ask_value( dialog_id, &value ) );
strcpy( part_assembly.filename, value.value.string );
UF_STYLER_free_value( &value );
UF_CALL( UF_UI_ask_dialog_directory(
            dir_index,
            &dir_name ) );
strcpy( filename_dir, dir_name );
UF_free( dir_name );
dir_name = NULL;

/* 生成各个部件文件的文件名 */
strcpy( part_top.filename, filename_dir );
strcpy( part_tube.filename, filename_dir );
strcpy( part_staff.filename, filename_dir );
strcpy( part_bush.filename, filename_dir );
```

```
strcpy( part_bolt.filename, filename_dir );
strcat( part_top.filename, "part_top.prt" );
strcat( part_tube.filename, "part_tube.prt" );
strcat( part_staff.filename, "part_staff.prt" );
strcat( part_bush.filename, "part_bush.prt" );
strcat( part_bolt.filename, "part_bolt.prt" );
length = ( int )strlen( part_assembly.filename );
for ( i = 0; i < length; i++ )
{
    part_assembly.filename[ i ] = tolower( part_assembly.filename[ i ] );
}
if ( NULL == strstr( part_assembly.filename, ".prt" ) )
    strcat( part_assembly.filename, ".prt" );

/* 创建各个部件文件 */
if ( ! create_part_top( &part_top ) )
{
    reporterror_new_part( part_top.filename );
    UF_terminate( );
    return ( UF_UI_CB_EXIT_DIALOG );
}
if ( ! create_part_tube( &part_tube ) )
{
    reporterror_new_part( part_tube.filename );
    UF_terminate( );
    return ( UF_UI_CB_EXIT_DIALOG );
}
if ( ! create_part_staff( &part_staff ) )
{
    reporterror_new_part( part_staff.filename );
    UF_terminate( );
    return ( UF_UI_CB_EXIT_DIALOG );
}
if ( ! create_part_bush( &part_bush ) )
{
    reporterror_new_part( part_bush.filename );
    UF_terminate( );
    return ( UF_UI_CB_EXIT_DIALOG );
}
if ( ! create_part_bolt( &part_bolt ) )
{
    reporterror_new_part( part_bolt.filename );
    UF_terminate( );
```

```
        return ( UF_UI_CB_EXIT_DIALOG );
    }
    if ( ! create_part_assembly(
&part_assembly,
&part_top,
&part_tube,
&part_staff,
&part_bush,
&part_bolt ) )
    {
        reporterror_new_part( part_assembly.filename );
        UF_terminate( );
        return ( UF_UI_CB_EXIT_DIALOG );
    }

    /* 清理内存 */
    if ( NULL != part_top.feat_list )UF_MODL_delete_list( &part_top.feat_list );
    if ( NULL != part_tube.feat_list )UF_MODL_delete_list( &part_tube.feat_list );
    if ( NULL != part_staff.feat_list )UF_MODL_delete_list( &part_staff.feat_list );
    if ( NULL != part_bush.feat_list )UF_MODL_delete_list( &part_bush.feat_list );
    if ( NULL != part_bolt.feat_list )UF_MODL_delete_list( &part_bolt.feat_list );
    if ( NULL != part_assembly.feat_list )UF_MODL_delete_list( &part_assembly.feat_list );

    /* 生成报告 */
    UF_CALL( UF_UI_open_listing_window( ) );
    UF_CALL( UF_UI_write_listing_window( "气缸生成完毕！\n\n" ) );
    UF_CALL( UF_UI_write_listing_window( "装配文件:\n" ) );
    UF_CALL( UF_UI_write_listing_window( part_assembly.filename ) );
    UF_CALL( UF_UI_write_listing_window( "\n部件文件:\n" ) );
    UF_CALL( UF_UI_write_listing_window( part_top.filename ) );
    UF_CALL( UF_UI_write_listing_window( "\n" ) );
    UF_CALL( UF_UI_write_listing_window( part_tube.filename ) );
    UF_CALL( UF_UI_write_listing_window( "\n" ) );
    UF_CALL( UF_UI_write_listing_window( part_staff.filename ) );
    UF_CALL( UF_UI_write_listing_window( "\n" ) );
    UF_CALL( UF_UI_write_listing_window( part_bush.filename ) );
    UF_CALL( UF_UI_write_listing_window( "\n" ) );
    UF_CALL( UF_UI_write_listing_window( part_bolt.filename ) );
    UF_CALL( UF_UI_write_listing_window( "\n" ) );

    UF_terminate( );

    return (UF_UI_CB_EXIT_DIALOG);
```

```
}

static int report_error( char * file, int line, char * call, int irc)
{
    if ( irc )
    {
        char err[133], messg[300];

        UF_get_fail_message( irc, err );
        sprintf( messg, "\n%s\nerror %d at line %d in %s\n%s",
            err, irc, line, file, call );
        printf( "%s\n", messg );
        strcpy( &messg[129], "..." );
        uc1601( messg, TRUE );  /* Internal only - remove for external */
    }
    return( irc );
}

/* 创建文件失败报错 */
void reporterror_new_part( char * filename )
{
    char * error_msg_title = "错误";
    char error_msg[256] = "不能创建文件:";
    char * error_msg_p = error_msg;
    int response;

    strcpy( error_msg, filename );

    UF_CALL( UF_UI_message_dialog(
        error_msg_title,
        UF_UI_MESSAGE_ERROR,
        &error_msg_p,
        1,
        FALSE,
        NULL,
        &response ) );
}

logical create_part_top( part_t * part )
{
    /******************************\
     *          变量声明区          *
    \******************************/
```

```
/* 块 */
double blk_corner_pt[ 3 ] = { -25.0, -25.0, 0.0 };
char *blk_edge_len[ 3 ] = {
    "blk_size_length =50.0",
    "blk_size_width =50.0",
    "blk_size_height =20.0" };
tag_t blk_tag;
uf_list_p_t blk_face_list;
uf_list_p_t blk_edge_list;

/* 草图 */
char sketch1_name[30] = "SKET_CUT_MAIN";
int sketch1_option = 1;        /* Sketch on face/datum plane */
double sketch1_matrix[9];
tag_t sketch1_object[2];
int sketch1_reference[2] = { 1, 1 }; /* Horizontal, Direction */
int sketch1_plane_dir = 1;  /* direction: Outwards */
tag_t sketch1_tag;

/* 与块进行布尔减操作的线 */
tag_t main_line_tag[16];
UF_CURVE_line_t main_line_coords;
double main_line_vertex_x[16] = { -5.0,    5.0,    5.0,    25.0,
                                  25.0,    5.0,    5.0,    -5.0,
                                  -5.0,  -25.0,  -25.0,    -5.0,  -5.0 };
double main_line_vertex_y[16] = {-25.0,  -25.0,   -5.0,    -5.0,
                                   5.0,    5.0,   25.0,    25.0,
                                   5.0,    5.0,   -5.0,    -5.0, -25.0 };

/* 拉伸并与块进行布尔减操作 */
uf_list_p_t extruded_line_list = NULL;
char *extruded_taper_angle = "extruded1_taper_angle =0";
char *extruded_limit[ 2 ] = { "extruded1_start =0",
                              "extruded1_end =15" };
double extruded_point[3] = { 0.0, 0.0, 0.0 };
double extruded_direction[3] = { 0.0, 0.0, -1.0 };
UF_FEATURE_SIGN extruded_sign = UF_NEGATIVE;
tag_t extruded_tag;
uf_list_p_t extruded_feature_list;
uf_list_p_t extruded_face_list;

/* 凸垫 */
double pocket_location[3] = { 17.5, 17.5, 20.0 };
```

```
double pocket_direction[3] = { 0.0, 0.0, -1.0 };
double pocket_x_dir[3] = { 1.0, 0.0, 0.0 };
char *pocket_len[3] = { "pocket_size_length = 15",
                        "pocket_size_width = 15",
                        "pocket_size_height = 10" };
char *pocket_corner = "pocket_corner = 0";
char *pocket_floor = "pocket_floor = 0";
char *pocket_angle = "pocket_angle = 0";
tag_t pocket_face;
tag_t pocket_tag;
uf_list_p_t pocket_face_list = NULL;

/* 引用实例 */
int ins_method = 0;      /* gerneral */
double ins_location[3] = { 0.0, 0.0, 0.0 };
double ins_axis[3] = { 0.0, 0.0, 1.0 };
char *ins_number_str = "instance1_number = 4";
char *ins_angle_str = "instance1_angle = 90";
uf_list_p_t ins_feature_list = NULL;
tag_t instance1_tag = NULL_TAG;
tag_t instance2_tag = NULL_TAG;

/* 凸台 */
double boss_location[3] = { 0.0, 0.0, 5.0 };
double boss_direction[3] = { 0.0, 0.0, 1.0 };
char *boss_diame = "boss_diameter = 35";
char *boss_height = "boss_height = 25";
char *boss_angle = "boss_angle = 0";
tag_t boss_face;
tag_t boss_tag;
uf_list_p_t boss_face_list = NULL;

/* 沉头孔 */
double c_bore_hole_location[3] = { 17.5, 17.5, 10.0 };
double c_bore_hole_direction[3] = { 0.0, 0.0, -1.0 };
char *c_bore_hole_diameter1 = "sub_hole_diameter = 6";
char *c_bore_hole_depth1 = "sub_hole_depth = 20";
char *c_bore_hole_diameter2 = "sub_c_bore_diameter = 8";
char *c_bore_hole_depth2 = "sub_c_bore_depth = 5";
char *c_bore_hole_angle = "sub_c_bore_angle = 0";
tag_t c_bore_face_li = NULL_TAG;
tag_t c_bore_face_t1 = NULL_TAG;
tag_t sub_c_bore_hole_tag;
```

```
tag_t main_c_bore_hole_tag;

/* 边倒角 */
char *blend_radius = "blend_radius =7.5";
uf_list_p_t blend_edge_list = NULL;
int blend_smooth_overflow = 0;
int blend_cliff_overflow = 0;
int blend_notch_overflow = 0;
double blend_verb_tool = 0;
tag_t blend_tag;

/* 找线的数据 */
double edge_point1[3];
double edge_point2[3];
int edge_vertex_count;

/* 找面的数据 */
int face_type;
double face_point[3];
double face_dir[3];
double face_box[6];
double face_radius;
double face_rad_data;
int face_norm_dir;

/* 临时变量 */
int i, count;
double d;
tag_t object;

/********************************\
 *          开始生成            *
\********************************/
/* 创建文件 */
UF_CALL( UF_PART_new(
    part->filename,
    units,
    &part->part_tag ) );
if ( NULL_TAG == part->part_tag ) return FALSE;

fitview( FALSE );
/* 生成块 */
UF_CALL( UF_MODL_create_block1(
```

```
        UF_NULLSIGN,
        blk_corner_pt,
        blk_edge_len,
        &blk_tag ) );
    UF_MODL_create_list( &part -> feat_list );
    UF_MODL_put_list_item( part -> feat_list, blk_tag );

    UF_CALL( UF_MODL_ask_feat_faces(
        blk_tag,
        &blk_face_list ) );
    UF_CALL( UF_MODL_ask_feat_edges(
        blk_tag,
        &blk_edge_list ) );

    /* 生成草图 */
    UF_CALL( UF_LAYER_set_status( Layer_Sketch, UF_LAYER_WORK_LAYER ) );
    UF_CALL( UF_MODL_ask_list_count( blk_face_list, &count ) );
    for ( i = 0; i < count; i ++ )
    {
        UF_CALL( UF_MODL_ask_list_item( blk_face_list, i, &object ) );
        UF_CALL( UF_MODL_ask_face_data( object,
                                        &face_type,
                                        face_point,
                                        face_dir,
                                        face_box,
                                        &face_radius,
                                        &face_rad_data,
                                        &face_norm_dir ) );
        if ( 22 == face_type && fabs( face_dir[2] - 1.0 ) < EPSILON )
        {
            sketch1_object[0] = object;
            break;
        }
    }
    UF_CALL( UF_MODL_ask_list_count( blk_edge_list, &count ) );
    for ( i = 0; i < count; i ++ )
    {
        UF_CALL( UF_MODL_ask_list_item( blk_edge_list, i, &object ) );
        UF_CALL( UF_MODL_ask_edge_verts( object,
                                         edge_point1,
                                         edge_point2,
                                         &edge_vertex_count ) );
        UF_CALL( UF_MODL_eval_exp( "blk_size_length", &d ) );
```

```
        if ( fabs( fabs( edge_point1[0] - edge_point2[0] ) - d ) < EPSILON
&& fabs( edge_point1[1] - edge_point2[1] ) < EPSILON )
        {
            sketch1_object[1] = object;
            break;
        }
    }
    UF_CALL( UF_SKET_initialize_sketch(
        sketch1_name,
        &sketch1_tag ) );
    UF_CALL( UF_SKET_create_sketch(
        sketch1_name,
        sketch1_option,
        sketch1_matrix,
        sketch1_object,
        sketch1_reference,
        sketch1_plane_dir,
        &sketch1_tag ) );
    UF_CALL( UF_LAYER_set_status( Layer_Solid, UF_LAYER_WORK_LAYER ) );
    UF_CALL( UF_LAYER_set_status( Layer_Sketch, UF_LAYER_INACTIVE_LAYER ) );

    /* 创建线,并添加到草图 */
    UF_CALL( UF_MODL_create_list( &extruded_line_list ) );
    for ( i = 0; i < 12; i++ )
    {
        main_line_coords.start_point[ 0 ] = main_line_vertex_x[ i ];
        main_line_coords.start_point[ 1 ] = main_line_vertex_y[ i ];
        main_line_coords.start_point[ 2 ] = 20.0;
        main_line_coords.end_point[ 0 ] = main_line_vertex_x[ i + 1 ];
        main_line_coords.end_point[ 1 ] = main_line_vertex_y[ i + 1 ];
        main_line_coords.end_point[ 2 ] = 20.0;
        UF_CALL( UF_CURVE_create_line (
            &main_line_coords,
            &main_line_tag[ i ] ) );
        UF_CALL( UF_MODL_put_list_item( extruded_line_list, main_line_tag[ i ] ) );
    }
    UF_CALL( UF_SKET_add_objects(
        sketch1_tag,
        12,
        main_line_tag ) );
    UF_CALL( UF_SKET_terminate_sketch( ) );

    /* 拉伸线并与块进行布尔减操作 */
```

```
UF_CALL( UF_MODL_ask_list_count( extruded_line_list, &count ) );

UF_CALL( UF_MODL_create_extruded (
    extruded_line_list,
    extruded_taper_angle,
    extruded_limit,
    extruded_point,
    extruded_direction,
    extruded_sign,
    &extruded_feature_list ) );
UF_CALL( UF_MODL_ask_list_item( extruded_feature_list, 0, &extruded_tag ) );
UF_MODL_put_list_item( part -> feat_list, extruded_tag );

/* 凸垫 */
UF_CALL( UF_MODL_delete_list( &blk_face_list ) );
blk_face_list = NULL;
UF_CALL( UF_MODL_ask_feat_faces( blk_tag, &blk_face_list ) );
UF_CALL( UF_MODL_ask_list_count( blk_face_list, &count ) );
for ( i = 0; i < count; i ++ )
{
    UF_CALL( UF_MODL_ask_list_item( blk_face_list, i, &object ) );
    UF_CALL( UF_MODL_ask_face_data( object,
        &face_type,
        face_point,
        face_dir,
        face_box,
        &face_radius,
        &face_rad_data,
        &face_norm_dir ) );
    if (22 == face_type && fabs( face_dir[2] - 1.0 ) < EPSILON && face_box[2] > 19.0 )
    {
        pocket_face = object;
        break;
    }
}
UF_CALL( UF_MODL_create_rect_pocket(
    pocket_location,
    pocket_direction,
    pocket_x_dir,
    pocket_len,
    pocket_corner,
    pocket_floor,
    pocket_angle,
```

```
    pocket_face,
    &pocket_tag ) );
UF_MODL_put_list_item( part -> feat_list, pocket_tag );

/* 凸垫的引用实例 */
UF_CALL( UF_MODL_create_list( &ins_feature_list ) );
UF_CALL( UF_MODL_put_list_item( ins_feature_list, pocket_tag ) );
UF_CALL( UF_MODL_create_circular_iset(
    ins_method,
    ins_location,
    ins_axis,
    ins_number_str,
    ins_angle_str,
    ins_feature_list,
    &instance1_tag ) );
UF_CALL( UF_MODL_delete_list( &ins_feature_list ) );
ins_feature_list = NULL;
UF_MODL_put_list_item( part -> feat_list, instance1_tag );

/* 四周的沉头孔 */
UF_CALL( UF_MODL_ask_feat_faces( pocket_tag, &pocket_face_list ) );
UF_CALL( UF_MODL_ask_list_count( pocket_face_list, &count ) );
for ( i = 0; i < count; i ++ )
{
    UF_CALL( UF_MODL_ask_list_item( pocket_face_list, i, &object ) );
    UF_CALL( UF_MODL_ask_face_data(  object,
        &face_type,
        face_point,
        face_dir,
        face_box,
        &face_radius,
        &face_rad_data,
        &face_norm_dir ) );
    if ( fabs( face_dir[2] - 1.0 ) < EPSILON )
    {
        c_bore_face_li = object;
        break;
    }
}
UF_CALL( UF_MODL_ask_list_count( blk_face_list, &count ) );
for ( i = 0; i < count; i ++ )
{
    UF_CALL( UF_MODL_ask_list_item( blk_face_list, i, &object ) );
```

```
        UF_CALL( UF_MODL_ask_face_data(
            object,
            &face_type,
            face_point,
            face_dir,
            face_box,
            &face_radius,
            &face_rad_data,
            &face_norm_dir ) );
        if ( fabs( face_dir[2] + 1.0 ) < EPSILON )
        {
            c_bore_face_t1 = object;
            break;
        }
    }
    UF_CALL( UF_MODL_create_c_bore_hole (
        c_bore_hole_location,
        c_bore_hole_direction,
        c_bore_hole_diameter1,
        c_bore_hole_depth1,
        c_bore_hole_diameter2,
        c_bore_hole_depth2,
        c_bore_hole_angle,
        c_bore_face_li,
        c_bore_face_t1,
        &sub_c_bore_hole_tag ) );
    UF_MODL_put_list_item( part->feat_list, sub_c_bore_hole_tag );

    /* 四周沉头孔的引用实例 */
    ins_number_str = "instance2_number=4";
    ins_angle_str = "instance2_angle=90";

    UF_CALL( UF_MODL_delete_list( &ins_feature_list ) );
    ins_feature_list = NULL;
    UF_CALL( UF_MODL_create_list( &ins_feature_list ) );
    UF_CALL( UF_MODL_put_list_item( ins_feature_list, sub_c_bore_hole_tag ) );
    UF_CALL( UF_MODL_create_circular_iset(
        ins_method,
        ins_location,
        ins_axis,
        ins_number_str,
        ins_angle_str,
        ins_feature_list,
```

```
    &instance2_tag ) );
UF_MODL_put_list_item( part -> feat_list, instance2_tag );

/* 凸台 */
UF_CALL( UF_MODL_ask_feat_faces( extruded_tag, &extruded_face_list ) );
UF_CALL( UF_MODL_ask_list_count( extruded_face_list, &count ) );
for ( i = 0; i < count; i ++ )
{
    UF_CALL( UF_MODL_ask_list_item( extruded_face_list, i, &object ) );
    UF_CALL( UF_MODL_ask_face_data(
        object,
        &face_type,
        face_point,
        face_dir,
        face_box,
        &face_radius,
        &face_rad_data,
        &face_norm_dir ) );
    if ( fabs( face_dir[2] - 1.0 ) < EPSILON )
    {
        boss_face = object;
        break;
    }
}
UF_CALL( UF_MODL_create_boss(
    boss_location,
    boss_direction,
    boss_diame,
    boss_height,
    boss_angle,
    boss_face,
    &boss_tag ) );
UF_MODL_put_list_item( part -> feat_list, boss_tag );

/* 中心的沉头孔 */
c_bore_hole_location[0] = 0.0;
c_bore_hole_location[1] = 0.0;
c_bore_hole_location[2] = 0.0;
c_bore_hole_direction[0] = 0.0;
c_bore_hole_direction[1] = 0.0;
c_bore_hole_direction[2] = 1.0;
c_bore_hole_diameter1 = "main_hole_diameter=30";
c_bore_hole_depth1 = "main_hole_depth=20";
```

```
c_bore_hole_diameter2 = "main_c_bore_diameter=35";
c_bore_hole_depth2 = "main_c_bore_depth =4";
c_bore_hole_angle = "main_c_bore_angle=0";
c_bore_face_li = c_bore_face_t1;
UF_CALL( UF_MODL_ask_feat_faces( boss_tag, &boss_face_list ) );
UF_CALL( UF_MODL_ask_list_count( boss_face_list, &count ) );
for ( i = 0; i < count; i++ )
{
    UF_CALL( UF_MODL_ask_list_item( boss_face_list, i, &object ) );
    UF_CALL( UF_MODL_ask_face_data(
        object,
        &face_type,
        face_point,
        face_dir,
        face_box,
        &face_radius,
        &face_rad_data,
        &face_norm_dir ) );
    if ( 22 == face_type )
    {
        c_bore_face_t1 = object;
        break;
    }
}
UF_CALL( UF_MODL_create_c_bore_hole (
    c_bore_hole_location,
    c_bore_hole_direction,
    c_bore_hole_diameter1,
    c_bore_hole_depth1,
    c_bore_hole_diameter2,
    c_bore_hole_depth2,
    c_bore_hole_angle,
    c_bore_face_li,
    c_bore_face_t1,
    &main_c_bore_hole_tag ) );
UF_MODL_put_list_item( part->feat_list, main_c_bore_hole_tag );

/* 边倒角 */
UF_CALL( UF_MODL_create_list( &blend_edge_list ) );
UF_CALL( UF_MODL_ask_list_count( blk_edge_list, &count ) );
for ( i = 0; i < count; i++ )
{
    UF_CALL( UF_MODL_ask_list_item( blk_edge_list, i, &object ) );
```

```
        UF_CALL( UF_MODL_ask_edge_verts(
            object,
            edge_point1,
            edge_point2,
            &edge_vertex_count ) );
        if ( fabs( edge_point1[0] - edge_point2[0] ) < EPSILON
&& fabs( edge_point1[1] - edge_point2[1] ) < EPSILON )
        {
            UF_CALL( UF_MODL_put_list_item( blend_edge_list, object ) );
        }
    }
    UF_CALL( UF_MODL_create_blend(
        blend_radius,
        blend_edge_list,
        blend_smooth_overflow,
        blend_cliff_overflow,
        blend_notch_overflow,
        blend_verb_tool,
        &blend_tag ) );
    UF_MODL_put_list_item( part->feat_list, blend_tag );

    fitview( TRUE );

    /* 保存文件 */
    UF_CALL( UF_PART_save() );


    /* 清理内存 */
    UF_CALL( UF_MODL_delete_list( &blk_face_list ) );
    blk_face_list = NULL;
    UF_CALL( UF_MODL_delete_list( &blk_edge_list ) );
    blk_edge_list = NULL;
    UF_CALL( UF_MODL_delete_list( &extruded_line_list ) );
    extruded_line_list = NULL;
    UF_CALL( UF_MODL_delete_list( &extruded_feature_list ) );
    extruded_feature_list = NULL;
    UF_CALL( UF_MODL_delete_list( &ins_feature_list ) );
    ins_feature_list = NULL;
    UF_CALL( UF_MODL_delete_list( &pocket_face_list ) );
    pocket_face_list = NULL;
    UF_CALL( UF_MODL_delete_list( &extruded_face_list ) );
    extruded_face_list = NULL;
    UF_CALL( UF_MODL_delete_list( &boss_face_list ) );
```

```
        boss_face_list = NULL;
        UF_CALL( UF_MODL_delete_list( &blend_edge_list ) );
        blend_edge_list = NULL;

        return TRUE;
    }

    logical create_part_tube( part_t * part )
    {
        /******************************** \
         *          变量声明区          *
        \ ********************************/
        /* 用于拉伸出主体的线 */
        UF_CURVE_line_t line_coords[4];
        double line_vertex_position_x[5] = { 0.0, 20.0, 20.0, 0.0, 0.0 };
        double line_vertex_position_y[5] = { 0.0, 0.0, 20.0, 20.0, 0.0 };
        tag_t line_tag[32];
        uf_list_p_t line_list;
        UF_CURVE_arc_t arc_coords;
        tag_t arc1_tag;
        tag_t arc2_tag;
        double trim_ref_point[3] = { 20.0, 18.0, 0.0 };
        double trim_int_point[3] = { 20.0, 2.0, 0.0 };
        int trim_ext_ind = UF_CURVE_LINEAR_SHAPE;

        /* 草图 */
        char sketch_name[30] = "SKETCH_MAIN";
        tag_t sketch_tag;
        double sketch_matrix[ 9 ] = {
            1.0, 0.0, 0.0,
            0.0, 1.0, 0.0,
            0.0, 0.0, 0.0 };
        tag_t sketch_object[ 2 ];
        int sketch_reference[ 2 ];
        int sketch_plane_dir = 1;

        /* 镜像 */
        tag_t mirror_tags[ 32 ];
        int mirror_num_new_objs;
        tag_t * mirror_new_obj_tags = NULL;
        tag_t * mirror_con_tags = NULL;

        /* 拉伸 */
```

```
char *extruded_taper_angle = "extruded_taper_angle=0";
char *extruded_limit[2] = {"extruded_start=0", "extruded_end=100"};
double extruded_point[3] = {0.0, 0.0, 0.0};
double extruded_direction[3] = {0.0, 0.0, 1.0};
uf_list_p_t extruded_list = NULL;
tag_t extruded_tag;
uf_list_p_t extruded_face_list;

/* 孔 */
double hole_location[ 3 ] = {0.0, 0.0, 0.0};
double hole_direction[ 3 ] = {0.0, 0.0, 1.0};
char *hole_diame = "center_hole_diame=35";
char *hole_depth = "center_hole_depth=100";
char *hole_angle = "center_hole_angle=0";
tag_t hole_face_li;
tag_t hole_face_t1;
tag_t center_hole_tag;
tag_t side_hole_tag;

/* 引用实例 */
int ins_method = 0;     /* gerneral */
double ins_location[3] = {0.0, 0.0, 0.0};
double ins_axis[3] = {0.0, 0.0, 1.0};
char *ins_number_str = "instance1_number=4";
char *ins_angle_str = "instance1_angle=90";
uf_list_p_t ins_feature_list = NULL;
tag_t instance1_tag = NULL_TAG;
tag_t instance2_tag = NULL_TAG;

/* 找面的数据 */
int face_type;
double face_point[3];
double face_dir[3];
double face_box[6];
double face_radius;
double face_rad_data;
int face_norm_dir;

/* 临时变量 */
int i, j, count;
tag_t object;
```

```
/********************************\
 *          Program Start         *
\********************************/
/* 创建文件 */
UF_CALL( UF_PART_new(
    part -> filename,
    units,
    &part -> part_tag ) );
if ( NULL_TAG == part -> part_tag ) return FALSE;

fitview( FALSE );

/* 创建用于拉伸出主体的线 */
UF_CALL( UF_LAYER_set_status( Layer_Sketch, UF_LAYER_WORK_LAYER ) );
UF_CALL( UF_MODL_create_list( &line_list ) );
for( i = 0; i < 4; i++ )
{
    line_coords[ i ].start_point[ 0 ] = line_vertex_position_x[ i ];
    line_coords[ i ].start_point[ 1 ] = line_vertex_position_y[ i ];
    line_coords[ i ].start_point[ 2 ] = 0;
    line_coords[ i ].end_point[ 0 ] = line_vertex_position_x[ i + 1 ];
    line_coords[ i ].end_point[ 1 ] = line_vertex_position_y[ i + 1 ];
    line_coords[ i ].end_point[ 2 ] = 0;
    UF_CALL( UF_CURVE_create_line(
        &line_coords[i],
        &line_tag[i] ) );
    UF_CALL( UF_MODL_put_list_item( line_list, line_tag[i] ) );
}
arc_coords.arc_center[ 0 ] = 17.5;
arc_coords.arc_center[ 1 ] = 17.5;
arc_coords.arc_center[ 2 ] = 0;
arc_coords.start_angle = 0;
arc_coords.end_angle = PI;
arc_coords.radius = 7.5;
UF_CALL( UF_CSYS_ask_wcs( &object ) )
UF_CALL( UF_CSYS_ask_matrix_of_object( object, &arc_coords.matrix_tag ) );
UF_CALL( UF_CURVE_create_arc(&arc_coords, &arc1_tag ) );
line_tag[4] = arc1_tag;
arc_coords.start_angle = 1.5 * PI;
arc_coords.end_angle = 2 * PI;
UF_CALL( UF_CURVE_create_arc(&arc_coords, &arc2_tag ) );
line_tag[5] = arc2_tag;
UF_CALL( UF_CURVE_edit_trim_curve (
```

```
        line_tag[ 1 ],
        arc1_tag,
        trim_ref_point,
        trim_int_point,
        trim_ext_ind ) );
    trim_ref_point[ 0 ] = 18.0;
    trim_ref_point[ 1 ] = 20.0;
    trim_int_point[ 0 ] = 1.0;
    trim_int_point[ 1 ] = 20.0;
    UF_CALL( UF_CURVE_edit_trim_curve (
        line_tag[ 2 ],
        arc1_tag,
        trim_ref_point,
        trim_int_point,
        trim_ext_ind ) );
    trim_ref_point[ 0 ] = 10.0;
    trim_ref_point[ 1 ] = 17.5;
    trim_int_point[ 0 ] = 17.5;
    trim_int_point[ 1 ] = 20.0;
    trim_ext_ind = UF_CURVE_CIRCULAR_SHAPE;
    UF_CALL( UF_CURVE_edit_trim_curve (
        arc1_tag,
        line_tag[2],
        trim_ref_point,
        trim_int_point,
        trim_ext_ind ) );
    trim_ref_point[ 0 ] = 17.0;
    trim_ref_point[ 1 ] = 10.0;
    trim_int_point[ 0 ] = 17.0;
    trim_int_point[ 1 ] = 10.0;
    UF_CALL( UF_CURVE_edit_trim_curve (
        arc2_tag,
        line_tag[1],
        trim_ref_point,
        trim_int_point,
        trim_ext_ind ) );
    UF_CALL( UF_MODL_put_list_item( line_list, arc1_tag ) );
    UF_CALL( UF_MODL_put_list_item( line_list, arc2_tag ) );

    /* 创建草图并把线加入进去 */
    UF_CALL( UF_LAYER_set_status( Layer_Sketch, UF_LAYER_WORK_LAYER ) );
    UF_CALL( UF_SKET_initialize_sketch(
        sketch_name,
```

```
        &sketch_tag ) );
    UF_CALL( UF_SKET_create_sketch(
        sketch_name,
        2,          /* Specify sketch CSYS */
        sketch_matrix,
        sketch_object,
        sketch_reference,
        sketch_plane_dir,
        &sketch_tag ) );
    UF_CALL( UF_SKET_add_objects(
        sketch_tag,
        6,
        line_tag ) );
    UF_CALL( UF_SKET_terminate_sketch( ) );

    /* 对线进行镜像操作 */
    UF_CALL( UF_SKET_initialize_sketch(
        sketch_name,
        &sketch_tag ) );
    for ( i = 1, j = 0; i < 6; i++ )
    {
        if ( 3 == i ) continue;
        mirror_tags[ j++ ] = line_tag[ i ];
    }
    UF_CALL( UF_SKET_mirror_objects(
        sketch_tag,
        line_tag[ 3 ],
        4,
        mirror_tags,
        &mirror_num_new_objs,
        &mirror_new_obj_tags,
        &mirror_con_tags ) );
    for ( i = 0; i < mirror_num_new_objs; i++ )
    {
        mirror_tags[ i + 4 ] = mirror_new_obj_tags[ i ];
    }
    UF_CALL( UF_SKET_mirror_objects(
        sketch_tag,
        line_tag[ 0 ],
        8,
        mirror_tags,
        &mirror_num_new_objs,
        &mirror_new_obj_tags,
```

```
    &mirror_con_tags ) );

UF_CALL( UF_MODL_delete_list( &line_list ) );
line_list = NULL;
UF_CALL( UF_MODL_create_list( &line_list ) );
for ( i = 0; i < mirror_num_new_objs; i ++ )
{
    UF_CALL( UF_MODL_put_list_item( line_list, mirror_new_obj_tags[ i ] ) );
    UF_CALL( UF_MODL_put_list_item( line_list, mirror_tags[ i ] ) );
}

/* 拉伸出主体 */
UF_CALL( UF_LAYER_set_status( Layer_Solid, UF_LAYER_WORK_LAYER ) );

UF_CALL( UF_MODL_create_extruded(
    line_list,
    extruded_taper_angle,
    extruded_limit,
    extruded_point,
    extruded_direction,
    UF_NULLSIGN,
    &extruded_list ) );
UF_CALL( UF_MODL_ask_list_item( extruded_list, 0, &extruded_tag ) );
UF_CALL( UF_MODL_ask_feat_faces( extruded_tag, &extruded_face_list ) );
UF_CALL( UF_LAYER_set_all_but_work( UF_LAYER_INACTIVE_LAYER ) );
UF_CALL( UF_MODL_create_list( &part -> feat_list ) );
UF_CALL( UF_MODL_put_list_item( part -> feat_list, extruded_tag ) );

/* 在中心打孔 */
UF_CALL( UF_MODL_ask_list_count( extruded_face_list, &count ) );
for ( i = 0; i < count; i ++ )
{
    UF_CALL( UF_MODL_ask_list_item( extruded_face_list, i, &object ) );
    UF_CALL( UF_MODL_ask_face_data(
        object,
        &face_type,
        face_point,
        face_dir,
        face_box,
        &face_radius,
        &face_rad_data,
        &face_norm_dir ) );
    if ( 22 == face_type && fabs( face_dir[ 2 ] + 1.0 ) < EPSILON )
```

```
            hole_face_li = object;
        if ( 22 == face_type && fabs( face_dir[ 2 ] - 1.0 ) < EPSILON )
            hole_face_t1 = object;
    }
    UF_CALL( UF_MODL_create_simple_hole(
        hole_location,
        hole_direction,
        hole_diame,
        hole_depth,
        hole_angle,
        hole_face_li,
        hole_face_t1,
        &center_hole_tag ) );
    UF_CALL( UF_MODL_put_list_item( part->feat_list, center_hole_tag ) );

    /* 在四周打孔 */
    hole_location[ 0 ] = 17.5;
    hole_location[ 1 ] = 17.5;
    hole_location[ 2 ] = 0;
    hole_diame = "side_hole_diame=6";
    hole_depth = "side_hole_depth=100";
    hole_angle = "side_hole_angle=0";
    UF_CALL( UF_MODL_create_simple_hole(
        hole_location,
        hole_direction,
        hole_diame,
        hole_depth,
        hole_angle,
        hole_face_li,
        hole_face_t1,
        &side_hole_tag ) );
    UF_CALL( UF_MODL_put_list_item( part->feat_list, side_hole_tag ) );

    /* 用引用实例的方式打出其余的 3 个孔 */
    ins_number_str = "ins_number=4";
    ins_angle_str = "ins_angle=90";

    UF_CALL( UF_MODL_create_list( &ins_feature_list ) );
    UF_CALL( UF_MODL_put_list_item( ins_feature_list, side_hole_tag ) );
    UF_CALL( UF_MODL_create_circular_iset(
        ins_method,
        ins_location,
        ins_axis,
```

```
            ins_number_str,
            ins_angle_str,
            ins_feature_list,
            &instance1_tag ) );
    UF_CALL( UF_MODL_put_list_item( part -> feat_list, instance1_tag ) );

    fitview( TRUE );

    /* 保存文件 */
    UF_CALL( UF_PART_save() );

    /* 清理内存 */
    UF_CALL( UF_MODL_delete_list( &line_list ) );
    line_list = NULL;
    UF_free( mirror_new_obj_tags );
    mirror_new_obj_tags = NULL;
    UF_free( mirror_con_tags );
    mirror_con_tags = NULL;
    UF_CALL( UF_SKET_terminate_sketch() );
    UF_CALL( UF_MODL_delete_list( &extruded_list ) );
    extruded_list = NULL;
    UF_CALL( UF_MODL_delete_list( &extruded_face_list ) );
    extruded_face_list = NULL;
    UF_CALL( UF_MODL_delete_list( &ins_feature_list ) );
    ins_feature_list = NULL;
    UF_CALL( UF_MODL_delete_list( &ins_feature_list ) );
    ins_feature_list = NULL;

    return TRUE;
}

logical create_part_staff( part_t * part )
{
    /******************************\
     *    Variable Delcare        *
    \******************************/
    /* 用于拉伸出主体的线 */
    UF_CURVE_line_t line_coords;
    tag_t line_tags[ 20 ];
    double position_x[ 20 ] = { 0.0,    0.0,    15.0,   15.0,
                                17.5,   17.5,   10.0,   10.0,
                                8.0,    8.0,    6.0,    6.0,
                                4.0,    4.0,    6.0,    6.0,    0.0 };
```

```
double position_z[ 20 ] = { 0.0,      195.0,  195.0,  175.0,
                            175.0,   155.0,  155.0,  135.0,
                            135.0,   30.0,   30.0,   20.0,
                            20.0,    15.0,   15.0,   0.0,     0.0 };
uf_list_p_t line_list = NULL;

/* 旋转 */
char *revolved_limit[ 2 ] = { "revolved_start=0", "revolved_end=360" };
double revolved_point[ 3 ] = { 0.0, 0.0, 0.0 };
double revolved_direction[ 3 ] = { 0.0, 0.0, 1.0 };
uf_list_p_t revolved_list = NULL;
tag_t revolved_tag;

/* 边倒角 */
char *blend_radius = "blend_radius=2";
uf_list_p_t blend_list = NULL;
tag_t blend_tag;

/* 临时变量 */
int i, count;
tag_t object;
/********************************\
 *        Program Start         *
\********************************/
/* 创建文件 */
UF_CALL( UF_PART_new(
    part->filename,
    units,
    &part->part_tag ) );
if ( NULL_TAG == part->part_tag ) return FALSE;

fitview( FALSE );

/* 创建用于拉伸出主体的线 */
UF_CALL( UF_LAYER_set_status( Layer_Curve, UF_LAYER_WORK_LAYER ) );
UF_CALL( UF_MODL_create_list( &line_list ) );
for ( i = 0; i < 16; i++ )
{
    line_coords.start_point[ 0 ] = position_x[ i ];
    line_coords.start_point[ 1 ] = 0.0;
    line_coords.start_point[ 2 ] = position_z[ i ];
    line_coords.end_point[ 0 ] = position_x[ i + 1 ];
    line_coords.end_point[ 1 ] = 0;
```

```
    line_coords. end_point[ 2 ] = position_z[ i + 1 ];
    UF_CALL( UF_CURVE_create_line(
    &line_coords,
    &line_tags[ i ] ) );
    UF_CALL( UF_MODL_put_list_item( line_list, line_tags[ i ] ) );
}

/* 旋转 */
UF_CALL( UF_LAYER_set_status( Layer_Solid, UF_LAYER_WORK_LAYER ) );

UF_CALL( UF_MODL_create_revolved(
    line_list,
    revolved_limit,
    revolved_point,
    revolved_direction,
    UF_NULLSIGN,
    &revolved_list ) );

UF_CALL( UF_MODL_ask_list_item( revolved_list, 0, &revolved_tag ) );
UF_CALL( UF_MODL_create_list( &part->feat_list ) );
UF_CALL( UF_MODL_put_list_item( part->feat_list, revolved_tag ) );

/* 边倒角 */
UF_CALL( UF_LAYER_set_status( Layer_Solid, UF_LAYER_WORK_LAYER ) );
UF_CALL( UF_LAYER_set_status( Layer_Curve, UF_LAYER_INACTIVE_LAYER ) );
UF_CALL( UF_MODL_ask_feat_edges( revolved_tag, &revolved_list ) );
UF_CALL( UF_MODL_ask_list_count( revolved_list, &count ) );
UF_CALL( UF_MODL_create_list( &blend_list ) );
UF_CALL( UF_MODL_ask_list_item( revolved_list, 0, &object ) );
UF_CALL( UF_MODL_put_list_item( blend_list, object ) );
UF_CALL( UF_MODL_ask_list_item( revolved_list, count - 1, &object ) );
UF_CALL( UF_MODL_put_list_item( blend_list, object ) );
UF_CALL( UF_MODL_create_blend(
    blend_radius,
    blend_list,
    0,
    0,
    0,
    0.0,
    &blend_tag ) );
UF_CALL( UF_MODL_put_list_item( part->feat_list, blend_tag ) );

fitview( TRUE );
```

```
    /* 清理内存 */
    UF_CALL( UF_MODL_delete_list( &line_list ) );
    line_list = NULL;
    UF_CALL( UF_MODL_delete_list( &revolved_list ) );
    revolved_list = NULL;
    UF_CALL( UF_MODL_delete_list( &blend_list ) );
    blend_list = NULL;

    /* 保存文件 */
    UF_CALL( UF_PART_save( ) );

    return TRUE;
}

logical create_part_bush( part_t * part )
{
    /******************************** \
     *        Variable Delcare        *
    \ ********************************/
    /* 圆柱 */
    double cylinder_origin[ 3 ] = { 0.0, 0.0, 0.0 };
    char *cylinder_height = "cylinder_height=25";
    char *cylinder_diam = "cylinder_diam=30";
    double cylinder_direction[ 3 ] = { 0.0, 0.0, 1.0 };
    tag_t cylinder_tag;
    uf_list_p_t cylinder_face_list = NULL;

    /* 孔 */
    double hole_location[ 3 ] = { 0.0, 0.0, 0.0 };
    double hole_direction [ 3 ] = { 0.0, 0.0, 1.0 };
    char *hole_diame = "hole_diame=16";
    char *hole_depth = "hole_depth=30";
    char *hole_angle = "hole_angle=0";
    tag_t hole_face_li;
    tag_t hole_face_t1;
    tag_t hole_tag;
    uf_list_p_t hole_edge_list;

    /* 边倒角 */
    char *blend_radius = "blend_radius=2";
    tag_t blend_tag;

    /* 找面的数据 */
```

```
int face_type;
double face_point[3];
double face_dir[3];
double face_box[6];
double face_radius;
double face_rad_data;
int face_norm_dir;

/* 临时变量 */
int i, count;
tag_t object;

/********************************\
 *        Program Start          *
\********************************/
/* 创建文件 */
UF_CALL( UF_PART_new(
    part->filename,
    units,
    &part->part_tag ) );
if ( NULL_TAG == part->part_tag ) return FALSE;
fitview( FALSE );

/* 圆柱 */
UF_CALL( UF_LAYER_set_status( Layer_Solid, UF_LAYER_WORK_LAYER ) );
UF_CALL( UF_MODL_create_cylinder(
    UF_NULLSIGN,
    NULL_TAG,
    cylinder_origin,
    cylinder_height,
    cylinder_diam,
    cylinder_direction,
    &cylinder_tag ) );
UF_CALL( UF_MODL_create_list( &part->feat_list ) );
UF_CALL( UF_MODL_put_list_item( part->feat_list, cylinder_tag ) );

/* 打孔 */
UF_CALL( UF_MODL_ask_feat_faces( cylinder_tag, &cylinder_face_list ) );
UF_CALL( UF_MODL_ask_list_count( cylinder_face_list, &count ) );
for ( i = 0; i < count; i++ )
{
    UF_CALL( UF_MODL_ask_list_item( cylinder_face_list, i, &object ) );
    UF_CALL( UF_MODL_ask_face_data(
```

```
            object,
            &face_type,
            face_point,
            face_dir,
            face_box,
            &face_radius,
            &face_rad_data,
            &face_norm_dir ) );
        if ( 22 == face_type && fabs( face_dir[ 2 ] + 1.0 ) < EPSILON )
            hole_face_li = object;
        else if ( 22 == face_type && fabs( face_dir[ 2 ] - 1.0 ) < EPSILON )
            hole_face_t1 = object;
    }
    UF_CALL( UF_MODL_create_simple_hole(
        hole_location,
        hole_direction,
        hole_diame,
        hole_depth,
        hole_angle,
        hole_face_li,
        hole_face_t1,
        &hole_tag ) );
    UF_CALL( UF_MODL_put_list_item( part ->feat_list, hole_tag ) );

    /* 边倒角 */
    UF_CALL( UF_MODL_ask_feat_edges( hole_tag, &hole_edge_list ) );
    UF_CALL( UF_MODL_create_blend(
        blend_radius,
        hole_edge_list,
        0,
        0,
        0,
        0.0,
        &blend_tag ) );
    UF_CALL( UF_MODL_put_list_item( part ->feat_list, blend_tag ) );

    fitview( TRUE );

    /* 保存文件 */
    UF_CALL( UF_PART_save( ) );

    /* 清理内存 */
    UF_CALL( UF_MODL_delete_list( &hole_edge_list ) );
```

```
    hole_edge_list = NULL;
    UF_CALL( UF_MODL_delete_list( &cylinder_face_list ) );
    cylinder_face_list = NULL;

    return TRUE;
}

logical create_part_bolt( part_t * part )
{
    /********************************\
     *       Variable Delcare       *
    \********************************/
    /* 用于拉伸出主体的线 */
    UF_CURVE_line_t line_coords;
    tag_t line_tags[ 8 ];
    double position_x[ 8 ] = { 0.0,    0.0,    1.0,    3.0,
                               3.0,    4.0,    4.0,    0.0 };
    double position_z[ 8 ] = { 0.0,    45.0,   45.0,   40.0,
                               10.0,   10.0,   0.0,    0.0 };
    uf_list_p_t line_list = NULL;
    uf_list_p_t line_list2 = NULL;

    /* 旋转 */
    char * revolved_limit[ 2 ] = { "revolved_start =0", "revolved_end =360" };
    double revolved_point[ 3 ] = { 0.0, 0.0, 0.0 };
    double revolved_direction[ 3 ] = { 0.0, 0.0, 1.0 };
    uf_list_p_t revolved_list = NULL;
    tag_t revolved_tag;

    /* 拉伸 */
    char * extruded_taper_angle = "extruded_taper_angle =0";
    char * extruded_limit[ 2 ] = { "extruded_start =0", "extruded_end =8" };
    double extruded_point[ 3 ] = { 0.0, 0.0, 0.0 };
    double extruded_direction[ 3 ] = { 0.0, 0.0, 1.0 };
    uf_list_p_t extruded_list = NULL;
    tag_t extruded_tag;

    /* 临时变量 */
    int i;

    /********************************\
     *       Program Start          *
    \********************************/
```

```
/* 创建文件 */
UF_CALL( UF_PART_new(
    part->filename,
    units,
    &part->part_tag ) );
if ( NULL_TAG == part->part_tag ) return NULL_TAG;

fitview( FALSE );

/* 创建用于拉伸出主体的线 */
UF_CALL( UF_LAYER_set_status( Layer_Curve, UF_LAYER_WORK_LAYER ) );
UF_CALL( UF_MODL_create_list( &line_list ) );
for ( i = 0; i < 7; i++ )
{
    line_coords.start_point[ 0 ] = position_x[ i ];
    line_coords.start_point[ 1 ] = 0.0;
    line_coords.start_point[ 2 ] = position_z[ i ];
    line_coords.end_point[ 0 ] = position_x[ i + 1 ];
    line_coords.end_point[ 1 ] = 0;
    line_coords.end_point[ 2 ] = position_z[ i + 1 ];
    UF_CALL( UF_CURVE_create_line(
    &line_coords,
    &line_tags[ i ] ) );
    UF_CALL( UF_MODL_put_list_item( line_list, line_tags[ i ] ) );
}

/* 生成旋转体 */
UF_CALL( UF_LAYER_set_status( Layer_Solid, UF_LAYER_WORK_LAYER ) );

UF_CALL( UF_MODL_create_revolved(
    line_list,
    revolved_limit,
    revolved_point,
    revolved_direction,
    UF_NULLSIGN,
    &revolved_list ) );

UF_CALL( UF_MODL_ask_list_item( revolved_list, 0, &revolved_tag ) );
UF_CALL( UF_MODL_create_list( &part->feat_list ) );
UF_CALL( UF_MODL_put_list_item( part->feat_list, revolved_tag ) );
UF_CALL( UF_LAYER_set_status( Layer_Curve, UF_LAYER_INACTIVE_LAYER ) );

/* 创建用于打孔的线 */
```

```
UF_CALL( UF_LAYER_set_status( Layer_Curve, UF_LAYER_WORK_LAYER ) );
UF_CALL( UF_MODL_create_list( &line_list2 ) );
for ( i = 0; i < 6; i ++ )
{
    line_coords. start_point[ 0 ] = cos( PI / 3 * i ) * 3;
    line_coords. start_point[ 1 ] = sin( PI / 3 * i ) * 3;
    line_coords. start_point[ 2 ] = 0;
    line_coords. end_point[ 0 ] = cos( PI / 3 * ( i + 1 ) ) * 3;
    line_coords. end_point[ 1 ] = sin( PI / 3 * ( i + 1 ) ) * 3;
    line_coords. end_point[ 2 ] = 0;
    UF_CALL( UF_CURVE_create_line(
    &line_coords,
    &line_tags[ i ] ) );
    UF_CALL( UF_MODL_put_list_item( line_list2, line_tags[ i ] ) );
}

/* 拉伸并在主体上打出一个六边形的孔 */
UF_CALL( UF_LAYER_set_status( Layer_Solid, UF_LAYER_WORK_LAYER ) );
UF_CALL( UF_LAYER_set_status( Layer_Curve, UF_LAYER_INACTIVE_LAYER ) );
UF_CALL( UF_MODL_create_extruded(
    line_list2,
    extruded_taper_angle,
    extruded_limit,
    extruded_point,
    extruded_direction,
    UF_NEGATIVE,
    &extruded_list ) );
UF_CALL( UF_MODL_ask_list_item( extruded_list, 0, &extruded_tag ) );
UF_CALL( UF_MODL_put_list_item( part -> feat_list, extruded_tag ) );

fitview( TRUE );

/* 清理内存 */
UF_CALL( UF_MODL_delete_list( &line_list ) );
line_list = NULL;
UF_CALL( UF_MODL_delete_list( &revolved_list) );
revolved_list = NULL;
UF_CALL( UF_MODL_delete_list( &line_list2) );
line_list2 = NULL;
UF_CALL( UF_MODL_delete_list( &extruded_list ) );
extruded_list = NULL;

/* 保存文件 */
```

```
    UF_CALL( UF_PART_save( ) );

return TRUE;
}

logical create_part_assembly(
                                part_t * part_assembly,
                                part_t * part_top,
                                part_t * part_tube,
                                part_t * part_staff,
                                part_t * part_bush,
                                part_t * part_bolt )
{
    /******************************\
    *       Variable Delcare       *
    \******************************/
    /* 实例声明区 */
    tag_t ins_top1;
    tag_t ins_top2;
    tag_t ins_tube;
    tag_t ins_staff;
    tag_t ins_bush;
    tag_t ins_bolt[ 8 ];

    /* 事例声明区 */
    tag_t occ_top1;
    tag_t occ_top2;
    tag_t occ_tube;
    tag_t occ_staff;
    tag_t occ_bush;
    tag_t occ_bolt[ 8 ];

    /* 约束求解的数据 */
    UF_ASSEM_mating_condition_t mc_data;
    UF_ASSEM_mc_status_t status;
    UF_ASSEM_dof_t dof;
    double transform[ 4 ][ 4 ];
    UF_ASSEM_mc_structure_state_t struct_status;
    tag_t face_occ_from;
    tag_t face_occ_to;
    uf_list_p_t list;
    tag_t *occurrences;
```

```
    /* 临时变量 */
    int i;
    char mess[ 40 ];
    tag_t tag1, tag2, object;

    /* 添加组件的变量 */
    double origin[ 3 ] = { 0.0, 0.0, 0.0 };
    double csys_matrix[ 6 ] = { 1.0,    0.0,    0.0,
                                0.0,    1.0,    0.0 };
    UF_PART_load_status_t error_status;

    /******************************\
     *        Program Start       *
    \******************************/
    /* 创建文件 */
    UF_CALL( UF_PART_new(
        part_assembly -> filename,
        units,
        &part_assembly -> part_tag ) );
    if ( NULL_TAG == *part_assembly -> filename ) return FALSE;

    fitview( FALSE );

/**********************************************************************\
 *                              此处开始装配                              *
\**********************************************************************/
/*-------------------------------------------------------------------*\
 |                              加入 Tube                             |
/*-------------------------------------------------------------------*/
    UF_CALL( UF_ASSEM_add_part_to_assembly(
        part_assembly -> part_tag,
        part_tube -> filename,
        NULL_TAG,
        "ins_tube",
        origin,
        csys_matrix,
        -1,
        &ins_tube,
        &error_status ) );
    if ( error_status.file_names != NULL )
    {
        UF_free_string_array( error_status.n_parts, error_status.file_names );
    }
```

```
    if ( error_status.statuses != NULL )
    {
        UF_free(error_status.statuses );
    }
    occ_tube = UF_ASSEM_ask_part_occ_of_inst( NULL_TAG, ins_tube );
/* ------------------------------------------------------------ *\
 |                          加入 Top1 并装配                      |
/* ------------------------------------------------------------ */
    origin[ 0 ] = 60.0;
    UF_CALL( UF_ASSEM_add_part_to_assembly(
        part_assembly -> part_tag,
        part_top -> filename,
        NULL_TAG,
        "ins_top1",
        origin,
        csys_matrix,
        -1,
        &ins_top1,
        &error_status ) );
    if ( error_status.file_names != NULL )
    {
        UF_free_string_array( error_status.n_parts, error_status.file_names );
    }
    if ( error_status.statuses != NULL )
    {
        UF_free(error_status.statuses );
    }
    occ_top1 = UF_ASSEM_ask_part_occ_of_inst( NULL_TAG, ins_top1 );
    UF_CALL( UF_MODL_ask_list_item( part_top -> feat_list, 0, &object ) );    /* 取得 Top1
的 blk 特征 */
    UF_CALL( UF_MODL_ask_feat_faces( object, &list ) );
    UF_CALL( UF_MODL_ask_list_item( list, 11, &tag1 ) );        /* 取得 Top1 下表面 */
    UF_CALL( UF_MODL_delete_list( &list ) );
    UF_CALL( UF_MODL_ask_list_item( part_tube -> feat_list, 0, &object ) );    /* 取得 Tube
的 Extruded 特征 */
    UF_CALL( UF_MODL_ask_feat_faces( object, &list ) );
    UF_CALL( UF_MODL_ask_list_item( list, 9, &tag2 ) );         /* 取得 Tube 下表面 */
    UF_CALL( UF_MODL_delete_list( &list ) );
    /* 约束求解 */
    UF_ASSEM_ask_occs_of_entity( tag1, &occurrences );
    face_occ_from = occurrences[ 0 ];
    UF_free( occurrences );
    UF_ASSEM_ask_occs_of_entity( tag2, &occurrences );
```

```
    face_occ_to = occurrences[ 0 ];
    UF_free( occurrences );
    UF_CALL( UF_ASSEM_init_mc( &mc_data ) );
    mc_data.mated_object = ins_top1;
    mc_data.name = NULL;
    mc_data.user_name = FALSE;
    mc_data.constraints[ 0 ].from_status = UF_ASSEM_ok;
    mc_data.constraints[ 0 ].to_status = UF_ASSEM_ok;
    mc_data.constraints[ 0 ].mate_type = UF_ASSEM_mate;
    mc_data.constraints[ 0 ].from_type = UF_ASSEM_planar_face;
    mc_data.constraints[ 0 ].to_type = UF_ASSEM_planar_face;
    mc_data.constraints[ 0 ].from = UF_ASSEM_ask_prototype_of_occ( face_occ_from );
    mc_data.constraints[ 0 ].from_part_occ = occ_top1;
    mc_data.constraints[ 0 ].to = UF_ASSEM_ask_prototype_of_occ( face_occ_to );
    mc_data.constraints[ 0 ].to_part_occ = occ_tube;
    mc_data.constraints[ 0 ].name = "face to face";
    mc_data.constraints[ 0 ].user_name = TRUE;
    mc_data.constraints[ 0 ].suppressed = FALSE;
    mc_data.num_constraints = 1;
    mc_data.suppressed = FALSE;
    mc_data.override = FALSE;
    UF_CALL( UF_ASSEM_solve_mc(
        &mc_data,
        &status,
        &dof,
        transform ) );
    if ( UF_ASSEM_mc_solved == status )
    {
        UF_ASSEM_apply_mc_data(
        &mc_data,
        &struct_status,
        &status );
        UF_DISP_refresh( );
        UF_MODL_update( );
    }
/* ------------------------------------------------------------ *\
|                     加入 Staff 并装配                          |
\* ------------------------------------------------------------ */
    UF_CALL( UF_ASSEM_add_part_to_assembly(
        part_assembly -> part_tag,
        part_staff -> filename,
        NULL_TAG,
        "ins_staff",
```

```
        origin,
        csys_matrix,
        -1,
        &ins_staff,
        &error_status ) );
    if ( error_status.file_names != NULL )
    {
        UF_free_string_array( error_status.n_parts, error_status.file_names );
    }
    if ( error_status.statuses != NULL )
    {
        UF_free( error_status.statuses );
    }
    occ_staff = UF_ASSEM_ask_part_occ_of_inst( NULL_TAG, ins_staff );
    UF_CALL( UF_ASSEM_init_mc( &mc_data ) );
    mc_data.mated_object = ins_staff;
    mc_data.name = NULL;
    mc_data.user_name = FALSE;
    mc_data.num_constraints = 2;
    mc_data.suppressed = FALSE;
    mc_data.override = FALSE;
    UF_CALL( UF_MODL_ask_list_item( part_staff->feat_list, 0, &object ) );
    UF_CALL( UF_MODL_ask_feat_faces( object, &list ) );
    UF_CALL( UF_MODL_ask_list_item( list, 2, &tag1 ) );
    UF_CALL( UF_MODL_delete_list( &list ) );
    UF_CALL( UF_MODL_ask_list_item( part_top->feat_list, 7, &object ) );
    UF_CALL( UF_MODL_ask_feat_faces( object, &list ) );
    UF_CALL( UF_MODL_ask_list_item( list, 1, &tag2 ) );
    UF_CALL( UF_MODL_delete_list( &list ) );
    UF_ASSEM_ask_occs_of_entity( tag1, &occurrences );
    face_occ_from = occurrences[ 0 ];
    UF_free( occurrences );
    UF_ASSEM_ask_occs_of_entity( tag2, &occurrences );
    face_occ_to = occurrences[ 0 ];
    UF_free( occurrences );
    mc_data.constraints[ 0 ].from_status = UF_ASSEM_ok;
    mc_data.constraints[ 0 ].to_status = UF_ASSEM_ok;
    mc_data.constraints[ 0 ].mate_type = UF_ASSEM_mate;
    mc_data.constraints[ 0 ].from_type = UF_ASSEM_planar_face;
    mc_data.constraints[ 0 ].to_type = UF_ASSEM_planar_face;
    mc_data.constraints[ 0 ].from = UF_ASSEM_ask_prototype_of_occ( face_occ_from );
    mc_data.constraints[ 0 ].from_part_occ = occ_staff;
    mc_data.constraints[ 0 ].to = UF_ASSEM_ask_prototype_of_occ( face_occ_to );
```

```
mc_data.constraints[ 0 ].to_part_occ = occ_top1;
mc_data.constraints[ 0 ].name = "face to face";
mc_data.constraints[ 0 ].user_name = TRUE;
mc_data.constraints[ 0 ].suppressed = FALSE;
UF_CALL( UF_MODL_ask_list_item( part_staff->feat_list, 0, &object ) );
UF_CALL( UF_MODL_ask_feat_faces( object, &list ) );
UF_CALL( UF_MODL_ask_list_item( list, 1, &tag1 ) );
UF_CALL( UF_MODL_delete_list( &list ) );
UF_CALL( UF_MODL_ask_list_item( part_top->feat_list, 7, &object ) );
UF_CALL( UF_MODL_ask_feat_faces( object, &list ) );
UF_CALL( UF_MODL_ask_list_item( list, 0, &tag2 ) );
UF_CALL( UF_MODL_delete_list( &list ) );
UF_ASSEM_ask_occs_of_entity( tag1, &occurrences );
face_occ_from = occurrences[ 0 ];
UF_free( occurrences );
UF_ASSEM_ask_occs_of_entity( tag2, &occurrences );
face_occ_to = occurrences[ 0 ];
UF_free( occurrences );
mc_data.constraints[ 1 ].from_status = UF_ASSEM_ok;
mc_data.constraints[ 1 ].to_status = UF_ASSEM_ok;
mc_data.constraints[ 1 ].mate_type = UF_ASSEM_align;
mc_data.constraints[ 1 ].from_type = UF_ASSEM_cylindrical_face;
mc_data.constraints[ 1 ].to_type = UF_ASSEM_cylindrical_face;
mc_data.constraints[ 1 ].from = UF_ASSEM_ask_prototype_of_occ( face_occ_from );
mc_data.constraints[ 1 ].from_part_occ = occ_staff;
mc_data.constraints[ 1 ].to = UF_ASSEM_ask_prototype_of_occ( face_occ_to );
mc_data.constraints[ 1 ].to_part_occ = occ_top1;
mc_data.constraints[ 1 ].name = "align";
mc_data.constraints[ 1 ].user_name = TRUE;
mc_data.constraints[ 1 ].suppressed = FALSE;
UF_CALL( UF_ASSEM_solve_mc(
    &mc_data,
    &status,
    &dof,
    transform ) );
if ( UF_ASSEM_mc_solved == status )
{
    UF_ASSEM_apply_mc_data(
    &mc_data,
    &struct_status,
    &status );
    UF_DISP_refresh( );
    UF_MODL_update( );
```

```
    }
/* ------------------------------------------------------------ *\
|                       加入 Top2 并装配                          |
\* ------------------------------------------------------------ */
    UF_CALL( UF_ASSEM_add_part_to_assembly(
        part_assembly -> part_tag,
        part_top -> filename,
        NULL_TAG,
        "ins_top2",
        origin,
        csys_matrix,
        -1,
        &ins_top2,
        &error_status ) );
    if ( error_status.file_names != NULL )
    {
        UF_free_string_array( error_status.n_parts, error_status.file_names );
    }
    if ( error_status.statuses != NULL )
    {
        UF_free( error_status.statuses );
    }
    occ_top2 = UF_ASSEM_ask_part_occ_of_inst( NULL_TAG, ins_top2 );
    //约束求解
    UF_CALL( UF_ASSEM_init_mc( &mc_data ) );
    mc_data.mated_object = ins_top2;
    mc_data.name = NULL;
    mc_data.user_name = FALSE;
    mc_data.num_constraints = 1;
    mc_data.suppressed = FALSE;
    mc_data.override = FALSE;
    UF_CALL( UF_MODL_ask_list_item( part_top -> feat_list, 0, &object ) );
    UF_CALL( UF_MODL_ask_feat_faces( object, &list ) );
    UF_CALL( UF_MODL_ask_list_item( list, 11, &tag1 ) );
    UF_CALL( UF_MODL_delete_list( &list ) );
    UF_CALL( UF_MODL_ask_list_item( part_tube -> feat_list, 0, &object ) );
    UF_CALL( UF_MODL_ask_feat_faces( object, &list ) );
    UF_CALL( UF_MODL_ask_list_item( list, 8, &tag2 ) );
    UF_CALL( UF_MODL_delete_list( &list ) );
    UF_ASSEM_ask_occs_of_entity( tag1, &occurrences );
    face_occ_from = occurrences[ 0 ];
    UF_free( occurrences );
    UF_ASSEM_ask_occs_of_entity( tag2, &occurrences );
```

```
    face_occ_to = occurrences[ 0 ];
    UF_free( occurrences );
    mc_data.constraints[ 0 ].from_status = UF_ASSEM_ok;
    mc_data.constraints[ 0 ].to_status = UF_ASSEM_ok;
    mc_data.constraints[ 0 ].mate_type = UF_ASSEM_mate;
    mc_data.constraints[ 0 ].from_type = UF_ASSEM_planar_face;
    mc_data.constraints[ 0 ].to_type = UF_ASSEM_planar_face;
    mc_data.constraints[ 0 ].from = UF_ASSEM_ask_prototype_of_occ( face_occ_from );
    mc_data.constraints[ 0 ].from_part_occ = occ_top2;
    mc_data.constraints[ 0 ].to = UF_ASSEM_ask_prototype_of_occ( face_occ_to );
    mc_data.constraints[ 0 ].to_part_occ = occ_tube;
    mc_data.constraints[ 0 ].name = "face to face";
    mc_data.constraints[ 0 ].user_name = TRUE;
    mc_data.constraints[ 0 ].suppressed = FALSE;
    UF_CALL( UF_ASSEM_solve_mc(
        &mc_data,
        &status,
        &dof,
        transform ) );
    if ( UF_ASSEM_mc_solved == status )
    {
        UF_ASSEM_apply_mc_data(
        &mc_data,
        &struct_status,
        &status );
        UF_DISP_refresh( );
        UF_MODL_update( );
    }
/* ------------------------------------------------------------ *\
|                       加入 Bush 并装配                         |
\* ------------------------------------------------------------ */
    UF_CALL( UF_ASSEM_add_part_to_assembly(
        part_assembly -> part_tag,
        part_bush -> filename,
        NULL_TAG,
        "ins_bush",
        origin,
        csys_matrix,
        -1,
        &ins_bush,
        &error_status ) );
    if ( error_status.file_names != NULL )
    {
```

```
    UF_free_string_array( error_status. n_parts, error_status. file_names );
}
if ( error_status. statuses != NULL )
{
    UF_free( error_status. statuses );
}
occ_bush = UF_ASSEM_ask_part_occ_of_inst( NULL_TAG, ins_bush );
//assembly
UF_CALL( UF_ASSEM_init_mc( &mc_data ) );
mc_data. mated_object = ins_bush;
mc_data. name = NULL;
mc_data. user_name = FALSE;
mc_data. num_constraints = 2;
mc_data. suppressed = FALSE;
mc_data. override = FALSE;
UF_CALL( UF_MODL_ask_list_item( part_bush -> feat_list, 0, &object ) );
UF_CALL( UF_MODL_ask_feat_faces( object, &list ) );
UF_CALL( UF_MODL_ask_list_item( list, 0, &tag1 ) );
UF_CALL( UF_MODL_delete_list( &list ) );
UF_CALL( UF_MODL_ask_list_item( part_top -> feat_list, 6, &object ) );
UF_CALL( UF_MODL_ask_feat_faces( object, &list ) );
UF_CALL( UF_MODL_ask_list_item( list, 1, &tag2 ) );
UF_CALL( UF_MODL_delete_list( &list ) );
UF_ASSEM_ask_occs_of_entity( tag1, &occurrences );
face_occ_from = occurrences[ 0 ];
UF_free( occurrences );
UF_ASSEM_ask_occs_of_entity( tag2, &occurrences );
face_occ_to = occurrences[ 1 ];
UF_free( occurrences );
mc_data. constraints[ 0 ]. from_status = UF_ASSEM_ok;
mc_data. constraints[ 0 ]. to_status = UF_ASSEM_ok;
mc_data. constraints[ 0 ]. mate_type = UF_ASSEM_align;
mc_data. constraints[ 0 ]. from_type = UF_ASSEM_planar_face;
mc_data. constraints[ 0 ]. to_type = UF_ASSEM_planar_face;
mc_data. constraints[ 0 ]. from = UF_ASSEM_ask_prototype_of_occ( face_occ_from );
mc_data. constraints[ 0 ]. from_part_occ = occ_bush;
mc_data. constraints[ 0 ]. to = UF_ASSEM_ask_prototype_of_occ( face_occ_to );
mc_data. constraints[ 0 ]. to_part_occ = occ_top2;
mc_data. constraints[ 0 ]. name = "face align";
mc_data. constraints[ 0 ]. user_name = TRUE;
mc_data. constraints[ 0 ]. suppressed = FALSE;
UF_CALL( UF_MODL_ask_list_item( part_bush -> feat_list, 0, &object ) );
UF_CALL( UF_MODL_ask_feat_faces( object, &list ) );
```

```
UF_CALL( UF_MODL_ask_list_item( list, 2, &tag1 ) );
UF_CALL( UF_MODL_delete_list( &list ) );
UF_CALL( UF_MODL_ask_list_item( part_top -> feat_list, 6, &object ) );
UF_CALL( UF_MODL_ask_feat_faces( object, &list ) );
UF_CALL( UF_MODL_ask_list_item( list, 0, &tag2 ) );
UF_CALL( UF_MODL_delete_list( &list ) );
UF_ASSEM_ask_occs_of_entity( tag1, &occurrences );
face_occ_from = occurrences[ 0 ];
UF_free( occurrences );
UF_ASSEM_ask_occs_of_entity( tag2, &occurrences );
face_occ_to = occurrences[ 1 ];
UF_free( occurrences );
mc_data.constraints[ 1 ].from_status = UF_ASSEM_ok;
mc_data.constraints[ 1 ].to_status = UF_ASSEM_ok;
mc_data.constraints[ 1 ].mate_type = UF_ASSEM_align;
mc_data.constraints[ 1 ].from_type = UF_ASSEM_cylindrical_face;
mc_data.constraints[ 1 ].to_type = UF_ASSEM_cylindrical_face;
mc_data.constraints[ 1 ].from = UF_ASSEM_ask_prototype_of_occ( face_occ_from );
mc_data.constraints[ 1 ].from_part_occ = occ_bush;
mc_data.constraints[ 1 ].to = UF_ASSEM_ask_prototype_of_occ( face_occ_to );
mc_data.constraints[ 1 ].to_part_occ = occ_top2;
mc_data.constraints[ 1 ].name = "align";
mc_data.constraints[ 1 ].user_name = TRUE;
mc_data.constraints[ 1 ].suppressed = FALSE;
UF_CALL( UF_ASSEM_solve_mc(
    &mc_data,
    &status,
    &dof,
    transform ) );
if ( UF_ASSEM_mc_solved == status )
{
    UF_ASSEM_apply_mc_data(
        &mc_data,
        &struct_status,
        &status );
    UF_DISP_refresh( );
    UF_MODL_update( );
}

/* ------------------------------------------------------------------------ *\
|                              加入 Bolt1 并装配                          |
\* ------------------------------------------------------------------------ */
/* 在 Top1 上装配上第一个螺栓 */
```

```
UF_CALL( UF_ASSEM_add_part_to_assembly(
    part_assembly -> part_tag,
    part_bolt -> filename,
    NULL_TAG,
    "ins_bolt1",
    origin,
    csys_matrix,
    -1,
    &ins_bolt[ 0 ],
    &error_status ) );
if ( error_status. file_names ! = NULL )
{
    UF_free_string_array( error_status. n_parts, error_status. file_names );
}
if ( error_status. statuses ! = NULL )
{
    UF_free( error_status. statuses );
}
occ_bolt[ 0 ] = UF_ASSEM_ask_part_occ_of_inst( NULL_TAG, ins_bolt[ 0 ] );
UF_CALL( UF_ASSEM_init_mc( &mc_data ) );
mc_data. mated_object = ins_bolt[ 0 ];
mc_data. name = NULL;
mc_data. user_name = FALSE;
mc_data. num_constraints = 1;
mc_data. suppressed = FALSE;
mc_data. override = FALSE;
UF_CALL( UF_MODL_ask_list_item( part_bolt -> feat_list, 0, &object ) );
UF_CALL( UF_MODL_ask_feat_faces( object, &list ) );
UF_CALL( UF_MODL_ask_list_item( list, 4, &tag1 ) );
UF_CALL( UF_MODL_delete_list( &list ) );
UF_CALL( UF_MODL_ask_list_item( part_top -> feat_list, 4, &object ) );
UF_CALL( UF_MODL_ask_feat_faces( object, &list ) );
UF_CALL( UF_MODL_ask_list_item( list, 1, &tag2 ) );
UF_CALL( UF_MODL_delete_list( &list ) );
UF_ASSEM_ask_occs_of_entity( tag1, &occurrences );
face_occ_from = occurrences[ 0 ];
UF_free( occurrences );
UF_ASSEM_ask_occs_of_entity( tag2, &occurrences );
face_occ_to = occurrences[ 0 ];
UF_free( occurrences );
mc_data. constraints[ 0 ]. from_status = UF_ASSEM_ok;
mc_data. constraints[ 0 ]. to_status = UF_ASSEM_ok;
mc_data. constraints[ 0 ]. mate_type = UF_ASSEM_mate;
```

```
mc_data.constraints[ 0 ].from_type = UF_ASSEM_planar_face;
mc_data.constraints[ 0 ].to_type = UF_ASSEM_planar_face;
mc_data.constraints[ 0 ].from = UF_ASSEM_ask_prototype_of_occ( face_occ_from );
mc_data.constraints[ 0 ].from_part_occ = occ_bolt[ 0 ];
mc_data.constraints[ 0 ].to = UF_ASSEM_ask_prototype_of_occ( face_occ_to );
mc_data.constraints[ 0 ].to_part_occ = occ_top1;
mc_data.constraints[ 0 ].name = "face to face";
mc_data.constraints[ 0 ].user_name = TRUE;
mc_data.constraints[ 0 ].suppressed = FALSE;
UF_CALL( UF_ASSEM_solve_mc(
    &mc_data,
    &status,
    &dof,
    transform ) );
if ( UF_ASSEM_mc_solved == status )
{
    UF_ASSEM_apply_mc_data(
    &mc_data,
    &struct_status,
    &status );
    UF_DISP_refresh( );
    UF_MODL_update( );
}
/* 在 top1 上装配上另外 3 个螺栓 */
for( i = 1; i < 4; i ++ )
{
    sprintf( mess, "ins_bolt%d", i + 1 );
    UF_CALL( UF_ASSEM_add_part_to_assembly(
    part_assembly -> part_tag,
    part_bolt -> filename,
    NULL_TAG,
    mess,
    origin,
    csys_matrix,
    -1,        /* use the original layers */
    &ins_bolt[ i ],
    &error_status ) );
    if ( error_status.file_names != NULL )
    {
        UF_free_string_array( error_status.n_parts, error_status.file_names );
    }
    if ( error_status.statuses != NULL )
    {
```

```
            UF_free( error_status. statuses );
        }
        occ_bolt[ i ] = UF_ASSEM_ask_part_occ_of_inst( NULL_TAG, ins_bolt[ i ] );
        mc_data. mated_object = ins_bolt[ i ];
        UF_CALL( UF_MODL_ask_list_item( part_bolt -> feat_list, 0, &object ) );
        UF_CALL( UF_MODL_ask_feat_faces( object, &list ) );
        UF_CALL( UF_MODL_ask_list_item( list, 4, &tag1 ) );
        UF_CALL( UF_MODL_delete_list( &list ) );
        UF_CALL( UF_MODL_ask_list_item( part_top -> feat_list, 5, &object ) );
        UF_CALL( UF_MODL_ask_feat_faces( object, &list ) );
        UF_CALL( UF_MODL_ask_list_item( list, 3 * ( i - 1 ) + 1, &tag2 ) );
        UF_CALL( UF_MODL_delete_list( &list ) );
        UF_ASSEM_ask_occs_of_entity( tag1, &occurrences );
        face_occ_from = occurrences[ i ];
        UF_free( occurrences );
        UF_ASSEM_ask_occs_of_entity( tag2, &occurrences );
        face_occ_to = occurrences[ 0 ];
        UF_free( occurrences );
        mc_data. constraints[ 0 ]. from = UF_ASSEM_ask_prototype_of_occ( face_occ_from );
        mc_data. constraints[ 0 ]. from_part_occ = occ_bolt[ i ];
        mc_data. constraints[ 0 ]. to = UF_ASSEM_ask_prototype_of_occ( face_occ_to );
        mc_data. constraints[ 0 ]. to_part_occ = occ_top1;
        UF_CALL( UF_ASSEM_solve_mc(
            &mc_data,
            &status,
            &dof,
            transform ) );
        if ( UF_ASSEM_mc_solved == status )
        {
            UF_ASSEM_apply_mc_data(
              &mc_data,
              &struct_status,
              &status );
              UF_DISP_refresh( );
              UF_MODL_update( );
        }
    }
    /* 在 Top2 上装配上第一个螺栓 */
    UF_CALL( UF_ASSEM_add_part_to_assembly(
        part_assembly -> part_tag,
        part_bolt -> filename,
        NULL_TAG,
        "ins_bolt5",
```

```
    origin,
    csys_matrix,
    -1,        /* use the original layers */
    &ins_bolt[ 4 ],
    &error_status ) );
if ( error_status.file_names != NULL )
{
    UF_free_string_array( error_status.n_parts, error_status.file_names );
}
if ( error_status.statuses != NULL )
{
    UF_free( error_status.statuses );
}
occ_bolt[ 4 ] = UF_ASSEM_ask_part_occ_of_inst( NULL_TAG, ins_bolt[ 4 ] );
//assembly
mc_data.mated_object = ins_bolt[ 4 ];
UF_CALL( UF_MODL_ask_list_item( part_bolt->feat_list, 0, &object ) );
UF_CALL( UF_MODL_ask_feat_faces( object, &list ) );
UF_CALL( UF_MODL_ask_list_item( list, 4, &tag1 ) );
UF_CALL( UF_MODL_delete_list( &list ) );
UF_CALL( UF_MODL_ask_list_item( part_top->feat_list, 4, &object ) );
UF_CALL( UF_MODL_ask_feat_faces( object, &list ) );
UF_CALL( UF_MODL_ask_list_item( list, 1, &tag2 ) );
UF_CALL( UF_MODL_delete_list( &list ) );
UF_ASSEM_ask_occs_of_entity( tag1, &occurrences );
face_occ_from = occurrences[ 4 ];
UF_free( occurrences );
UF_ASSEM_ask_occs_of_entity( tag2, &occurrences );
face_occ_to = occurrences[ 1 ];
UF_free( occurrences );
mc_data.constraints[ 0 ].from = UF_ASSEM_ask_prototype_of_occ( face_occ_from );
mc_data.constraints[ 0 ].from_part_occ = occ_bolt[ 4 ];
mc_data.constraints[ 0 ].to = UF_ASSEM_ask_prototype_of_occ( face_occ_to );
mc_data.constraints[ 0 ].to_part_occ = occ_top2;
UF_CALL( UF_ASSEM_solve_mc(
    &mc_data,
    &status,
    &dof,
    transform ) );
if ( UF_ASSEM_mc_solved == status )
{
    UF_ASSEM_apply_mc_data(
    &mc_data,
```

```
        &struct_status,
        &status );
        UF_DISP_refresh( );
        UF_MODL_update( );
    }
    /* 在 Top2 上装配上另外 3 个螺栓 */
    for ( i = 5; i < 8; i++ )
    {
        sprintf( mess, "ins_bolt%d", i + 1 );
        UF_CALL( UF_ASSEM_add_part_to_assembly(
        part_assembly->part_tag,
        part_bolt->filename,
        NULL_TAG,
        mess,
        origin,
        csys_matrix,
        -1,        /* use the original layers */
        &ins_bolt[ i ],
        &error_status ) );
        if ( error_status.file_names != NULL )
        {
            UF_free_string_array( error_status.n_parts, error_status.file_names );
        }
        if ( error_status.statuses != NULL )
        {
            UF_free( error_status.statuses );
        }
        occ_bolt[ i ] = UF_ASSEM_ask_part_occ_of_inst( NULL_TAG, ins_bolt[ i ] );
        mc_data.mated_object = ins_bolt[ i ];
        UF_CALL( UF_MODL_ask_list_item( part_bolt->feat_list, 0, &object ) );
        UF_CALL( UF_MODL_ask_feat_faces( object, &list ) );
        UF_CALL( UF_MODL_ask_list_item( list, 4, &tag1 ) );
        UF_CALL( UF_MODL_delete_list( &list ) );
        UF_CALL( UF_MODL_ask_list_item( part_top->feat_list, 5, &object ) );
        UF_CALL( UF_MODL_ask_feat_faces( object, &list ) );
        UF_CALL( UF_MODL_ask_list_item( list, 3 * ( i - 5 ) + 1, &tag2 ) );
        UF_CALL( UF_MODL_delete_list( &list ) );
        UF_ASSEM_ask_occs_of_entity( tag1, &occurrences );
        face_occ_from = occurrences[ i ];
        UF_free( occurrences );
        UF_ASSEM_ask_occs_of_entity( tag2, &occurrences );
        face_occ_to = occurrences[ 1 ];
        UF_free( occurrences );
```

```
        mc_data.constraints[ 0 ].from = UF_ASSEM_ask_prototype_of_occ( face_occ_from );
        mc_data.constraints[ 0 ].from_part_occ = occ_bolt[ i ];
        mc_data.constraints[ 0 ].to = UF_ASSEM_ask_prototype_of_occ( face_occ_to );
        mc_data.constraints[ 0 ].to_part_occ = occ_top2;
        UF_CALL( UF_ASSEM_solve_mc(
            &mc_data,
            &status,
            &dof,
            transform ) );
        if ( UF_ASSEM_mc_solved == status )
        {
            UF_ASSEM_apply_mc_data(
            &mc_data,
            &struct_status,
            &status );
            UF_DISP_refresh( );
            UF_MODL_update( );
        }
    }
/ ************************************************************************** \
 *                                 装配结束                    *
\ ************************************************************************** /
    fitview( TRUE );
    /* 保存文件 */
    UF_CALL( UF_PART_save( ) );

    return TRUE;
}

void fitview( logical rotate )
{
    tag_t view_tag = NULL_TAG;
    UF_VIEW_visualization_t view_data;
    double view_rotate_axis[3] = { -1.0, 0.0, 0.0 };
    double view_rotate_delta_angle = 1;
    int view_rotate_time = 15;

    UF_CALL( UF_VIEW_ask_work_view( &view_tag ) );
    UF_CALL( UF_VIEW_ask_visualization( view_tag, &view_data ) );
    UF_CALL( UF_VIEW_fit_view( view_tag, 0.5 ) );
    view_data.display_mode = UF_VIEW_FULLY_SHADED;
    UF_CALL( UF_VIEW_set_visualization( view_tag, &view_data ) );
    if ( rotate )
```

```
    {
        UF_CALL( UF_VIEW_rotate_view( view_tag,
            view_rotate_axis,
            view_rotate_delta_angle,
            view_rotate_time ) );
        UF_CALL( UF_VIEW_rotate_view( view_tag,
            view_rotate_axis,
            view_rotate_delta_angle,
            view_rotate_time ) );
        UF_CALL( UF_VIEW_fit_view( view_tag, 0.5 ) );
    }
    UF_CALL( UF_LAYER_set_all_but_work( UF_LAYER_INACTIVE_LAYER ) );
}
```

4. 运行结果

(1) 设置运行环境后,将生成的动态链接库文件放到项目的 application 目录下,启动 NX 系统,新建一个部件文件,此时在界面会出现一个工具条文件,并在主菜单 Help 之后出现一个新的"综合实例"的菜单项,如图 8-4 所示。

图 8-4　创建气缸菜单及工具条

(2) 单击工具条或菜单项"创建气缸..." ,将弹出气缸自动装配的对话框,如图 8-5 所示。

(3) 单击"浏览..."按钮以选择新建气缸存贮位置和文件名,单击"创建"按钮,系统将创建气缸装配及相关零件文件,结果如图 8-6 所示。

图 8-5　自动装配用户界面

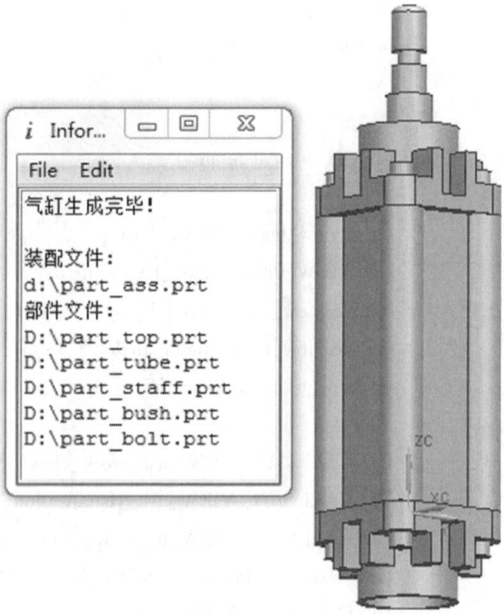

图 8-6　运行结果

第 9 章　工程图

NX 的工程图模块(Drafting)为创建和管理工程图提供了一个综合的工具组,使工程设计人员可以从 NX 三维实体模型得到完全相关的二维工程图,生成与实体模型相关的尺寸标注,保证了工程图随着实体模型的改变而同步更新。工程图模块可快速创建二维图的多个视图,包括正视图、轴测图、各种剖视图、辅助视图和局部放大视图等。二维工程图导出的一般过程如下:进行制图的参数预设置,创建图纸,插入视图,插入符号,标注尺寸,插入表面粗糙度、文字注释、标题栏、明细栏和填写技术要求等。

9.1　工程图的设置

在创建工程图时,应预先设置工程图的有关参数。工程图的参数预设置包括:系统制图参数预设置、视图显示参数预设置、注释与符号预设置等。在 NX 系统中可以从 3 个方面对工程图的应用参数进行预设置:

(1) 客户缺省文件。通过 ug_metric. def 或 ug_english. def 文件预设置相应的参数,这部分内容通常由系统管理员按国标和企标统一设定。

(2) 部件文件制图应用参数预设置。在部件文件内预设置各种制图参数,这些设置将影响部件文件内所有制图对象,并且这些设置对部件文件的影响优先于客户缺省(文件)。

(3) 对部件文件内特定的对象进行参数预设置。改变个别制图对象的参数预设置,将影响指定的制图对象。这些改变优先于客户缺省文件和部件文件制图应用参数预设置。

9.1.1　系统制图参数预设置

NX Open 提供了 4 个函数来设置系统制图的所有参数,包括对部件文件和部件文件内特定的对象进行参数预设置,它们包含在头文件 uf_drf. h 中。其中制图参数由 4 个数组组成,数组 MPX 用于传递所有的尺寸及制图辅助的格式参数,数组 DPX 用于传递与尺寸及制图辅助文本相关的屏幕显示或制图文件参数。其中 MPI 和 DPI 用于存储制图参数中的整型部分的数据,而 MPR 和 DPR 用于存储制图参数中的实型部分的数据。系统制图参数预设置函数如表 9-1 所示。

表 9-1　系统制图参数预设置函数

函数名称	函数功能及要点
UF_DRF_set_preferences	制图参数的预设置
UF_DRF_ask_preferences	查询当前制图参数的设置

续 表

函数名称	函数功能及要点
UF_DRF_set_object_preferences	指定制图对象参数的预设置
UF_DRF_ask_object_preferences	通过制图对象标识获得制图对象的参数设置

9.1.2 视图参数设置

NX Open 允许用户控制视图的抑制更新和自动更新,并可以设置和查询视图的视图角、视图比例和视图状态等参数,与视图参数设置相关函数如表 9-2 所示,它们包含在头文件 uf_draw. h中。

表 9-2 视图参数设置函数

函数名称	函数功能及要点
UF_DRAW_set_auto_update	设置视图自动更新
UF_DRAW_set_suppress_view_updat	设置视图抑制更新
UF_DRAW_set_view_anchor	定义锚点。锚点必须是一个全息点(smart point)
UF_DRAW_set_view_angle	设置视图角
UF_DRAW_set_view_scale	设置视图比例
UF_DRAW_set_view_status	设置视图状态为激活或参考
UF_DRAW_ask_auto_update	查询关于视图自动更新的参数预设置值,TRUE 表示视图自动更新,FALSE 表示延时视图更新
UF_DRAW_ask_suppress_view_update	查询系统的延长视图更新的参数值,如果系统参数为 TRUE,则表示系统将延时视图更新
UF_DRAW_ask_view_label_parms	获得指定视图标签对象的参数
UF_DRAW_ask_view_anchor	获得指定视图的锚点
UF_DRAW_ask_view_angle	获得指定视图的视图角
UF_DRAW_ask_view_scale	查询指定视图的比例
UF_DRAW_ask_view_status	查询指定视图的状态:激活或参考

9.1.3 注释参数设置

NX Open 允许用户查询、设置注释参数,包括尺寸、线、箭头、字体、符号、单位、半径、区域填充/剖面线等所有注释参数。与注释参数设置相关函数如表 9-3 所示,它们包含在头文件 uf_drf. h 中。

表9-3 注释参数设置函数

函数名称	函数功能及要点
UF_DRF_set_retained_state	设置工程图中的注释是否处于保留状态。如果输入UF_DRF_DELETE_RETAINED_ANNOTATIONS,所有与实体模型关联的注释将可能随实体模型修改而从视图中删除。如果输入UF_DRF_KEEP_RETAINED_ANNOTATIONS,则保留注释
UF_DRF_set_retain_color_font_width	设置处于保留状态注释的颜色、线型及线宽。当工程图中的注释被设置处于保留状态时,则模型修改后,所有与原模型相关的注释将以设定的颜色、线型及线宽显示
UF_DRF_set_diameter_radius_preferences	直径和半径尺寸显示方式参数的预设置
UF_DRF_set_dimension_preferences	尺寸参数的预设置,包括箭头符号、尺寸线、公差、精度、文本方位和放置类型等参数
UF_DRF_set_units_format_preferences	单位参数的预设置,包括长度和角度尺寸的显示方式及双重尺寸的格式
UF_DRF_set_symbol_preferences	符号参数的预设置,包括标识符号、用户自定义符号、中心线及形位公差符号等
UF_DRF_set_line_arrow_preferences	引导线、箭头及尺寸和注释的延长线的参数预设置
UF_DRF_set_lettering_preferences	预设置各类字符的尺寸、字距、行距及字体等参数
UF_DRF_set_hatch_fill_preferences	预设置剖面线和填充样式的类型、比例、角度、距离、颜色和线型等参数
UF_DRF_set_areafill_angle	为指定的区域填充对象设置区域填充的旋转角度
UF_DRF_set_areafill_scale	为指定的区域填充对象设置区域填充的比例
UF_DRF_set_areafill_material	为指定的区域填充对象设置区域填充的材料。材料是通过类型为UF_DRF_valid_material_e的枚举变量来定义的,包括软木塞、毛毡、隔音材料、混凝土、泥土、岩石、沙、液相线、横截木纹及纵向木纹等
UF_DRF_ask_ang_obj_units_format	查询角度尺寸的单位格式及公差格式
UF_DRF_ask_dimension_preferences	查询尺寸的参数预设置值,包括箭头符号、尺寸线、公差、精度、文本方位和放置类型等参数
UF_DRF_ask_units_format_preferences	查询单位的系统参数预设置值,包括长度和角度尺寸的显示方式及双重尺寸的格式
UF_DRF_ask_symbol_preferences	查询符号的系统参数预设置值,包括标识符号、用户自定义符号、中心线及形位公差符号等
UF_DRF_ask_line_arrow_preferences	查询引导线、箭头及尺寸和注释的延长线的系统参数预设置值
UF_DRF_ask_lettering_preferences	查询各类字符的尺寸、字距、行距及字体等系统参数预设置值
UF_DRF_ask_areafill_data	查询指定区域填充对象的参数,包括区域填充的比例、旋转角度、填充材料和误差

续 表

函数名称	函数功能及要点
UF_DRF_ask_dim_info	获得指定尺寸的子类型，尺寸在工作坐标系中的原点坐标，尺寸线及相关联的文本信息。其中输出的类型为 UF_DRF_dim_info_t 的结构变量必须使用函数 UF_DRF_free_dimension 释放
UF_DRF_ask_chamfer_dimension_data	获得指定倒角尺寸的参数

9.1.4 工程图设置实例实践

1. 运行环境

新建或打开一个部件文件，进入制图环境，插入一个视图。

2. 程序代码及注释

```
#include <stdio.h>
#include <string.h>
#include <uf.h>
#include <uf_drf.h>
#include <uf_obj.h>
#include <uf_ui.h>
#include <uf_part.h>
#include <uf_object_types.h>
#include <uf_draw.h>
#include <uf_modl.h>

/* 设置尺寸参数 */
void set_dimension_parameters( void )
{
    /* 设置变量定义 */
    char      message[133];
    int       mpi_array[100];
    double    mpr_array[70];
    char      rad_symbol[27], dia_symbol[27];

    UF_UI_open_listing_window();
    UF_UI_write_listing_window( "\n 设置前的系统工程图参数:\n\n" );
    /* 查询设置前的系统制图参数 */
    UF_DRF_ask_preferences(mpi_array, mpr_array, rad_symbol, dia_symbol );
    sprintf( message,"尺寸值的小数位数:mpi[3] = %d\n 公差值的小数位数:mpi[4] = 
%d\n", mpi_array[3], mpi_array[4] );
    UF_UI_write_listing_window(message);
    sprintf( message,"公差类型:mpi[6] = %d\n 上公差:mpr[24] = %f\n 下公差:mpr[25] = 
%f\n", mpi_array[6], mpr_array[24], mpr_array[25] );
    UF_UI_write_listing_window(message);
```

```
        /* 设置尺寸、公差等制图参数 */
        mpi_array[3] = 2; /* 设置尺寸值的小数位 */
        mpi_array[4] = 4; /* 设置公差值小数位 */
        mpi_array[6] = 4; /* 设置公差类型(单线双向类) */
        mpr_array[24] = 0.00002;  /* 设置上公差 */
        mpr_array[25] = 0.00002;  /* 设置下公差 */
        UF_DRF_set_preferences( mpi_array, mpr_array, rad_symbol, dia_symbol );
        UF_UI_write_listing_window( "\n\n设置后的系统工程图参数:\n\n" );
        /* 查询设置后的系统制图参数 */
        UF_DRF_ask_preferences( mpi_array, mpr_array,  rad_symbol, dia_symbol );
        sprintf( message,"尺寸值的小数位数:mpi[3] = %d\n公差值的小数位数:mpi[4] = %d\n",
mpi_array[3], mpi_array[4] );
        UF_UI_write_listing_window( message );
        sprintf( message,"公差类型:mpi[6] = %d\n上公差:mpr[24] = %f\n下公差:mpr[25] =
%f\n", mpi_array[6], mpr_array[24], mpr_array[25] );
        UF_UI_write_listing_window( message );
    }
    /* 设置视图比例 */
    void set_view_scale( void )
    {
        int          num_views = 0;
        logical      auto_update;
        tag_t        drawing_tag = NULL_TAG;
        tag_p_t      view_list = NULL;
        tag_t        exp_tag = NULL_TAG;

        /* 查询当前图纸标识 */
        UF_DRAW_ask_current_drawing( &drawing_tag );
        /* 获得当前图纸的视图个数及标识 */
        UF_DRAW_ask_views( drawing_tag, &num_views, &view_list );
        /* 设置视图自动更新 */
        auto_update = true;
        if ( num_views > 0 )
            UF_DRAW_set_auto_update (view_list[0], &auto_update);
        /* 设置视图比例 */
        UF_MODL_create_exp_tag ("1.5", &exp_tag);
        UF_DRAW_set_view_parm_scale (view_list[0], exp_tag);
        UF_free( view_list );
    }
    extern void ufusr( char * param, int * retcod, int param_len )
    {
        if( ! UF_initialize() )
        {
```

```
        /* 对话框设置参数 */
        char *cp1 = "设置制图参数";
        int   ip2 = 0;
        char cp3[2][38] = { "设置尺寸参数", "设置视图比例" };
        int   ip4 = 2;
        int   value;
        value = uc1603( cp1, ip2, cp3, ip4 );
        switch( value )
        {
        case 5:   /* 设置尺寸参数 */
            set_dimension_parameters( );
            break;
        case 6:   /* 设置视图比例 */
            set_view_scale( );
            break;
        default:
            uc1601( "发生了错误!", 0 );
        }
        UF_terminate( );
    }
}
```

3. 运行结果

在编译连接后,通过"File→Execute→NX Open"调用生成的动态链接库文件。此时界面弹出一个用户选择对话框,如图 9-1 所示。当用户选择"设置尺寸参数"选项后,新建的尺寸标注将加上公差标注,尺寸保留 2 位小数,并且弹出一个消息对话框,列出参数设置前后的值,结果如图 9-2、图 9-3 所示。当用户选择"设置视图比例"选项后,当前图纸上的视图将放大 1.5 倍。

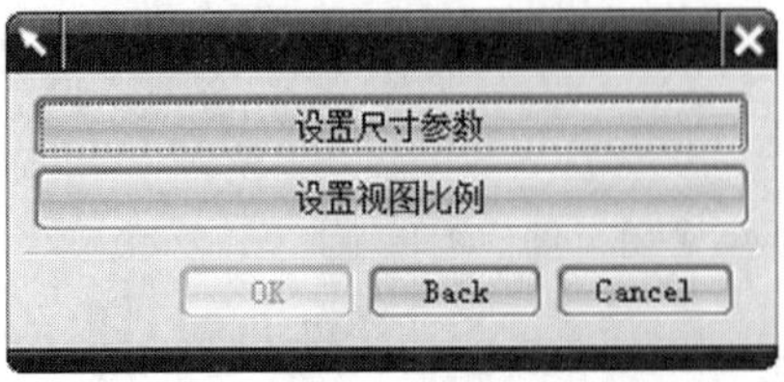

图 9-1　工程图参数设置选择对话框

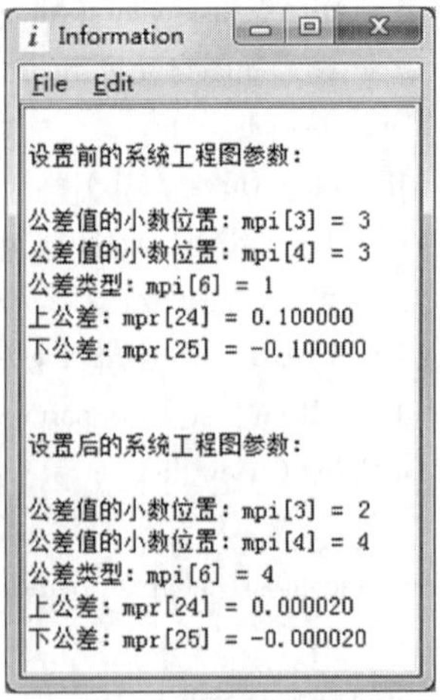

图 9-2　尺寸参数设置消息框

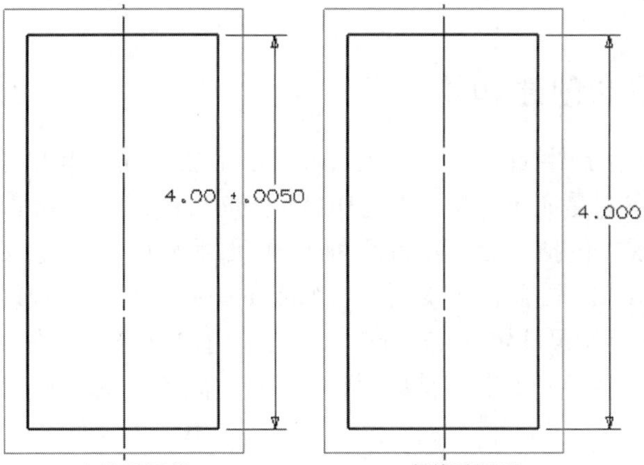

(a) 参数设置前　　(b) 参数设置后

图9-3　尺寸参数设置效果比较

9.2　图框模板文件的导入

导入模板文件时,应注意导入模式的设置。如果希望在新文件中保持模板文件的原始图层,导入方式设置为原始图层模式;如果希望将模板文件导入到新文件的工作图层中,导入方式设置为工作层模式。

导入后如果希望对模板文件进行整体操作,可以将模板文件作为组(Group)导入,便于对模板文件的整体修改。参数设置代码如下:

```
UF_import_part_modes_t modes;
modes.layer_mode = 1;  // 0 = 导入方式为原始图层; 1 = 导入方式为工作层
modes.group_mode = 1;  // 0 = 非组导入; 1 = 组导入
modes.plist_mode = 1;
modes.view_mode   = 1;
modes.cam_mode    = FALSE;

double dest_csys[6] = {1,0,0,0,1,0};
double dest_point[6] = {0,0,0};
tag_t group;
UF_PART_import(file_name,&modes,dest_csys,dest_point,1,&group);
```

在二维制图中可将企业常用的标准图框做成模板文件,并在需要时导入,这样可以节省时间,提高设计效率。为了能够自动填写图纸中的标题栏,可以在模板文件中先定义零件属性,如序号、编码、名称、数量、图号、规格和材料等,并设置属性在标题栏中的放置位置,然后将模板文件导入。但由于模板文件的属性并不随模板文件的导入而导入,因此,为了使模板文件的附属信息与二维制图的标题栏关联,在建立二维图前必须定义和模板文件中属性名称相同的属性,然后导入模板,这样可以在模板文件中的属性和新建二维图纸的属性之间建立链接关系,通过改变属性值即可编辑标题栏。

9.3 工程图的创建和管理

新建图纸时需要指定图纸的名称、图纸尺寸、比例、投影角度和单位,其中图纸尺寸、比例、投影角度和单位参数是通过类型为 UF_DRAW_info_t 的结构体变量来指定的,而设置图纸尺寸共有 3 种方式,包括公制、英制两种标准尺寸及用户自定义,它是通过类型为 UF_DRAW_size_union_u的联合体变量来控制的,metric_size_code 表示公制尺寸定义,english_size_code表示英制尺寸定义,custom_size 表示用户自定义。在大多数工程图操作的函数中,当输入的图纸名为一个空字符串时(双引号之间不能有空格),系统一般默认为当前图纸。

9.3.1 工程图相关函数

表9-4 为创建、管理和查询工程图的函数,其函数的声明主要包含在头文件 uf_draw. h 中。

表 9-4 工程图相关函数

函数名称	函数功能和要点
UF_DRAW_create_drawing	新建一张图纸,返回新建图纸的标识
UF_DRAW_open_drawing	打开指定图纸
UF_DRAW_delete_drawing	删除指定图纸
UF_DRAW_rename_drawing	重新命名指定图纸
UF_DRAW_set_display_state	设置图纸状态,"1"表示实体模型的显示;"2"表示工程视图的显示
UF_DRAW_set_drawing_info	编辑或修改当前图纸的参数,包括大小、比例、投影角度和单位。如果当前图纸有一个或多个辅助视图或正交视图,则不能改变当前图纸的投影角度。注意:只能编辑当前图纸的参数
UF_DRAW_set_drawing_ref_pt	设置指定图纸上指定视图的参考点,以控制视图在图纸上的位置。如果指定的图纸为空字符串,则表示当前图纸;如果指定的视图为空字符串,则表示当前视图
UF_DRAW_ask_current_drawing	返回当前图纸的标识
UF_DRAW_ask_drawing_of_view	获得指定图成员视图所在的图纸标识,如果为 NULL_TAG 则表示没有找到对应的图纸
UF_DRAW_ask_drawing_info	获得指定图纸的参数,包括大小、比例、投影角度和单位
UF_DRAW_ask_drawings	获得当前工作部件的图纸数量及标识
UF_DRAW_ask_num_drawings	获得当前工作部件的图纸数量
UF_DRAW_ask_drawing_ref_pt	获得指定图成员视图在图纸上的参考点,如果输入的图成员视图为 NULL_TAG,则工作视图被使用;如果输入的不是图成员视图,则函数返回错误

9.3.2　工程图实例实践

1. 运行环境

新建一个部件文件。

2. 程序代码及注释

```
#include <stdio.h>
#include <uf.h>
#include <uf_defs.h>
#include <uf_draw.h>
#include <uf_ui.h>

extern void ufusr( char *param, int *retcode, int param_len)
{
    if( ! UF_initialize( ) )
    {
        int        num_drawings;
        char       message[MAX_LINE_SIZE + 1];

        /* 创建第一张图纸的变量定义 */
        tag_t          fdrawing_tag = NULL_TAG;
        char           fdrawing_name[MAX_ENTITY_NAME_SIZE] = "first_drawing";
        UF_DRAW_info_t fdrawing_info;
        /* 创建第二张图纸的变量定义 */
        tag_t          sdrawing_tag = NULL_TAG;
        char           sdrawing_name[MAX_ENTITY_NAME_SIZE] = "second_drawing";
        UF_DRAW_info_t sdrawing_info;

        /* 设置图纸的参数 */
        fdrawing_info.drawing_scale = 1.0;
        fdrawing_info.projection_angle = UF_DRAW_THIRD_ANGLE_PROJECTION;
        fdrawing_info.size.metric_size_code = UF_DRAW_A1;
        fdrawing_info.size_state = UF_DRAW_METRIC_SIZE;
        fdrawing_info.units = UF_PART_METRIC;
        /* 创建第一张图纸 */
        UF_DRAW_create_drawing( fdrawing_name, &fdrawing_info, &fdrawing_tag);
        /* 获得第一张图纸的参数 */
        UF_DRAW_ask_drawing_info( fdrawing_tag, &sdrawing_info );
        /* 在第一张图纸参数的基础上创建第二张图纸 */
        sdrawing_info.drawing_scale = 2.0;
        sdrawing_info.size.metric_size_code = UF_DRAW_A3;
        UF_DRAW_create_drawing( sdrawing_name, &sdrawing_info, &sdrawing_tag);
        /* 为第一张图纸更名 */
```

```
            UF_DRAW_rename_drawing( fdrawing_tag, "my_first_drawing" );
            UF_DRAW_open_drawing( fdrawing_tag );
            /* 获得当前部件文件中图纸的数量,并输出到消息框中 */
            UF_DRAW_ask_num_drawings( &num_drawings );
            UF_UI_open_listing_window( );
            sprintf( message,"当前部件文件共有: %d 张图纸。", num_drawings );
            UF_UI_write_listing_window( message );
             UF_terminate( );
        }
    }
```

3. 运行结果

编译连接后,通过"File→Execute→NX Open"调用生成的动态链接库文件,结果将在部件导航器中创建 2 张图纸,分别为 SECOND_DRAWING 和 my_first_drawing,如图 9-4 所示。同时弹出一个消息对话框,显示当前部件中图纸的数量,如图 9-5 所示。

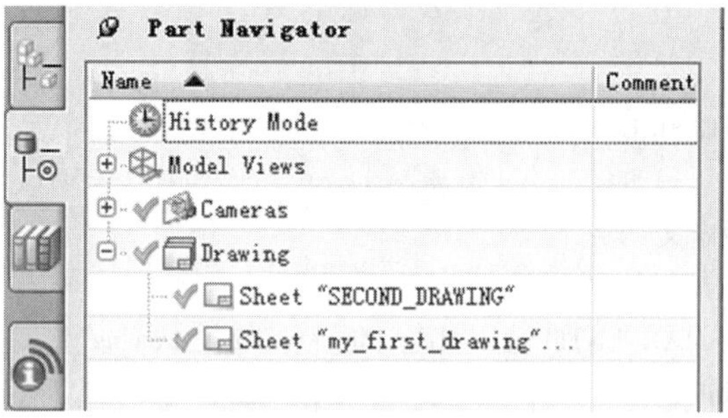

图 9-4 创新工程图

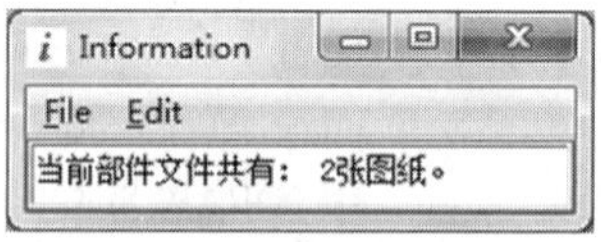

图 9-5 查询工程图参数消息框

9.4 建立和编辑视图

建立和编辑视图包括新建视图、删除视图、移动视图、复制视图、对齐视图、建立破断视图及编辑视图等。NX Open 允许用户在图纸上新建不同投影方向的视图,可以基于父视图建立各类常规剖视图、正交视图、辅助视图、细节视图、实体轴测图、立体剖视图、展开剖视图等,并可控制放置的视图比例、视图边界及位置。用户可以利用 NX Open 来编辑视图,包括移动/复制视图、更新视图及定义视图的边界和查询视图的各种信息。

输入视图时,视图的参数是通过类型为 UF_DRAW_view_info_s 的结构体变量来定义的,其中包括设置视图的比例、是否使用参考点、是否继承边界、是否传递注释等。

在视图操作函数中,当给定的视图名为一个空字符串(双引号之间不能有空格)或 NULL_TAG 时,则系统默认为当前视图。图成员视图的名称需要一个字符"@"以表明它是一个图成员视图。

9.4.1 视图相关函数

表 9-5、表 9-6 和表 9-7 分别为创建、编辑和查询视图的函数,其函数的声明主要包含在头文件 uf_draw.h 中。

表 9-5 创建视图函数

函数名称	函数功能及要点
UF_DRAW_import_view	输入一个视图到当前图纸上
UF_DRAW_add_orthographic_view	放置主视图的正交视图到当前图纸上,其中投影方向是通过类型为 UF_DRAW_proj_dir_e 的枚举变量来定义的。如果没有指定投影方向,则投影方向由图纸参考点的位置相对于父视图的中点来确定
UF_DRAW_add_auxiliary_view	放置辅助视图到当前图纸上
UF_DRAW_add_detail_view	放置模型视图的矩形局部详图到当前图纸上,需要定义局部详图比例
UF_DRAW_add_circ_detail_view	放置模型视图的圆形局部详图到当前图纸上,需要定义局部详图比例
UF_DRAW_create_simple_sxview	创建一个简单剖视图。其中只需指定箭头方向,而箭头位置将自动产生
UF_DRAW_create_stepped_sxview	创建一个阶梯剖视图。在函数中至少要提供一个截面线段,同时一个剖切线不能超过 49 个截面线段;如果输入 2 个剖切位置而没有定义折弯位置,系统将产生一个折弯位置;如果输入 2 个相连的折弯位置,系统将忽略第二个折弯位置;如果没有定义箭头位置,系统将自动产生
UF_DRAW_create_half_sxview	创建一个半剖视图。其中截面线段的数量至少为 2(剖切线段和折弯线段),如果用户定义箭头位置,则截面线段的数量为 3
UF_DRAW_create_revolved_sxview	创建一个旋转剖视图。在函数中一个剖切线不能超过 49 个截面线段;如果输入 2 个剖切位置而没有定义折弯位置,系统将产生一个折弯位置;如果输入 2 个相连的折弯位置,系统将忽略第二个折弯位置;如果没有定义箭头位置,系统将自动产生
UF_DRAW_create_unfolded_sxview	创建一个展开剖视图。如果没有定义箭头位置,系统将自动产生
UF_DRAW_create_breakout	创建一个截除的剖视图

表 9-6 编辑视图函数

函数名称	函数功能及要点
UF_DRAW_move_view	移动当前图纸上的指定视图到指定位置
UF_DRAW_move_view_to_drawing	移动当前图纸上的指定视图到目标图纸上。如果目标图纸比指定视图小,则返回错误
UF_DRAW_copy_view	复制当前图纸上的视图。当结合函数 UF_DRAW_move_view 一起使用时,可以复制视图到当前图纸上任意位置;当结合函数 UF_DRAW_move_view_to_drawing 一起使用时,可以复制当前图纸上的视图到别的图纸上的指定位置

续 表

函数名称	函数功能及要点
UF_DRF_update_views	更新指定图纸上一个或多个视图,共有 3 种更新方式:自动更新、更新所有视图、更新指定视图;如果更新指定视图,则必须输入视图名称。如果指定的图纸不是当前图纸,则打开指定图纸,使其成为当前图纸。如果指定的图纸为空字符串,系统则默认当前图纸
UF_DRAW_upd_out_of_date_views	更新指定图纸上所有过时视图。如果指定图纸为NULL_TAG,则更新当前部件中所有图纸上的视图
UF_DRAW_update_one_view	更新指定图纸上指定视图
UF_DRAW_define_view_auto_rect	利用自动的矩形定义指定视图的视图边界
UF_DRAW_define_view_boundary	定义指定视图的视图边界。有效的曲线类型为:UF_line_type、UF_circle_type 和 UF_spline_type,所有的曲线在视图必须可见,如果曲线的类型为 UF_circle_type,则这个圆必须位于视图平面上
UF_DRAW_define_view_manual_rect	利用人工矩形定义指定视图的视图边界
UF_DRAW_define_bound_by_objects	利用对象定义指定视图的视图边界

表 9-7 查询视图函数

函数名称	函数功能及要点
UF_DRF_is_object_out_of_date	查询图纸或视图的更新或延时的状态。如果输出为 TRUE,则表示对象处于延时状态
UF_DRAW_ask_num_views	获得指定图纸上视图的个数。如果指定的图纸标识为 NULL_TAG,则系统默认为当前图纸
UF_DRAW_ask_view_borders	获得当前图纸上指定视图的边界。如果指定的视图标识为 NULL_TAG,则系统默认为当前视图
UF_DRAW_ask_view_of_drawing	获得指定图纸上的视图标识。如果指定图纸上没有视图,则输出 NULL_TAG
UF_DRAW_ask_views	获得当前图纸上视图的数量及标识。如果指定的图纸标识为 NULL_TAG,则系统默认为当前图纸

9.4.2 视图实例实践

1. 运行环境

新建或打开一个部件文件,创建一个零件。

2. 程序代码及注释

```
#include <stdio.h>
#include <uf.h>
#include <uf_part.h>
#include <uf_drf.h>
#include <uf_draw.h>
```

```
#include <uf_obj.h>
#include <uf_ui.h>

void ufusr (char *param, int *retcode, int paramLen)
{
    if (! UF_initialize())
    {
        int         num_views;
        char        message[MAX_LINE_SIZE + 1];

        /* 定义图纸变量 */
        char drawing_name[MAX_ENTITY_NAME_SIZE] = "my_drawing";
        UF_DRAW_info_t drawing_info;
        tag_t              drawing_tag = NULL_TAG;
        tag_t              view_tag = NULL_TAG;
        /* 定义前视图变量 */
        tag_t          front_view_tag = NULL_TAG;
        char             *front_view_name = "FRONT";
        double         front_reference_point[2] = {210.0, 400.0};
        /* 定义轴测视图变量 */
        tag_t          tri_view_tag = NULL_TAG;
        char             *tri_view_name = "TFR-TRI";
        double         tri_reference_point[2] = {630.0, 120.0};
        /* 定义俯视图变量 */
        UF_DRAW_proj_dir_t bottom_projection_direction = UF_DRAW_project_below;
        double         bottom_reference_point[2] = {210.0, 120.0};
        tag_t          bottom_view_tag = NULL_TAG;
        /* 定义左视图变量 */
        UF_DRAW_proj_dir_t left_projection_direction = UF_DRAW_project_left;
        double         left_reference_point[2] = {630.0, 400.0};
        tag_t          left_view_tag = NULL_TAG;
        /* 创建并打开图纸 */
        drawing_info.drawing_scale = 1.0;
        drawing_info.projection_angle = UF_DRAW_THIRD_ANGLE_PROJECTION;
        drawing_info.size.metric_size_code = UF_DRAW_A1;
        drawing_info.size_state = UF_DRAW_METRIC_SIZE;
        drawing_info.units = UF_PART_METRIC;
        UF_DRAW_create_drawing( drawing_name, &drawing_info,&drawing_tag);
        UF_DRAW_open_drawing( drawing_tag );
        /* 设置视图参数 */
        UF_DRAW_view_info_t view_info;
        UF_DRAW_initialize_view_info( &view_info );
        view_info.view_status = UF_DRAW_ACTIVE_VIEW;
```

```
        view_info.anchor_point = NULL_TAG;
        view_info.view_scale = 1.0;
        view_info.use_ref_pt = TRUE;
        view_info.inherit_boundary = TRUE;
        /* 创建前视图 */
        UF_OBJ_cycle_by_name( front_view_name, &view_tag );
        if( view_tag != NULL_TAG )
        {
            UF_DRAW_import_view( drawing_tag, view_tag, front_reference_point,
                &view_info, &front_view_tag );
            UF_DRAW_define_view_auto_rect( front_view_tag );
        }
        view_tag = NULL_TAG;
        /* 创建轴测视图 */
        UF_OBJ_cycle_by_name( tri_view_name, &view_tag );
        if( view_tag != NULL_TAG )
        {
            UF_DRAW_import_view( drawing_tag, view_tag, tri_reference_point,
                &view_info, &tri_view_tag );
            UF_DRAW_define_view_auto_rect( tri_view_tag );
        }
        /* 创建俯视图 */
        if( front_view_tag != NULL_TAG )
        {
            UF_DRAW_add_orthographic_view( drawing_tag, front_view_tag,
                bottom_projection_direction, bottom_reference_point, &bottom_view_tag );
            UF_DRAW_define_view_auto_rect( bottom_view_tag );
        }
        /* 创建左视图 */
        if( front_view_tag != NULL_TAG )
        {
            UF_DRAW_add_orthographic_view( drawing_tag, front_view_tag,
                left_projection_direction, left_reference_point, &left_view_tag );
            UF_DRAW_define_view_auto_rect( left_view_tag );
        }
        /*查询当前图纸的视图个数 */
        UF_DRAW_ask_num_views( NULL_TAG, &num_views );
        UF_UI_open_listing_window();
        sprintf(message,"当前图纸共有：%d 个视图。", num_views );
        UF_UI_write_listing_window( message );
        UF_terminate();
    }
}
```

3. 运行结果

编译连接后，通过“File→Execute→NX Open”调用生成的动态链接库文件，结果将在部件导航器中创建并打开名为“my_drawing”的图纸，在图纸上创建当前部件的前视图、左视图、俯视图和轴测图，结果如图 9-6 所示。同时弹出一个消息对话框，显示当前图纸中视图的数量，如图 9-7 所示。

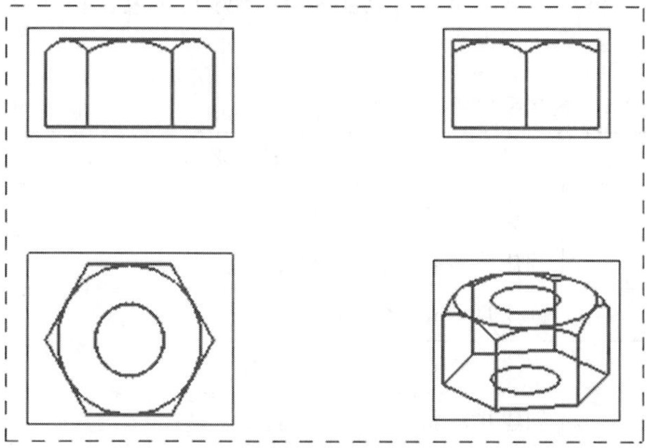

图 9-6　创建视图

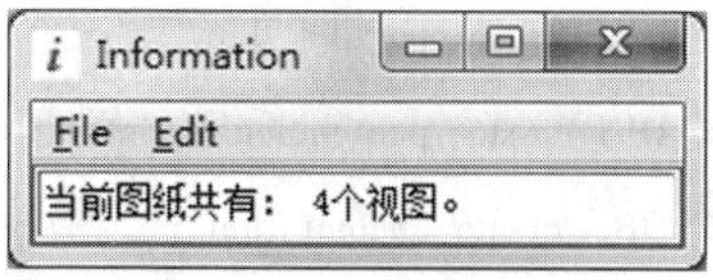

图 9-7　查询视图参数消息框

9.5　创建辅助文本与尺寸

与在 NX 交互环境中建立辅助文本和尺寸标注类似，用户可在 NX Open 中用相应的函数创建辅助文本和柱注尺寸。

在二维工程图中，可以采用格式控制符来生成符号、尺寸、ID 符号和公差符号等。由于尺寸和辅助文本的格式多样化，控制符可以用来在文本中生成分数、公差以及形位公差等。控制符的命令格式由一个小于号（ < ）、一个字符命令（或参数集）和一个大于号（ > ）组成。下面给出一段生成尺寸公差的示例代码：

```
tag_t tDimObject = NULL_TAG;
char *appendText = new char[256];
char *reformatsCtrl = new char[256];
UF_DRF_appended_text_t appText;
int deci = 3;
double lower = 0.023,upper = 0.010;
appText.location = UF_DRF_APPENDED_TEXT_AFTER;
appText.num_lines = 1;
appText.text = &appendText;
sprintf( reformatsCtrl,"%s%d%s%.df>","<T+%.",deci,"f!  +%",deci);

sprintf( appendText,reformatsCtrl,upper,lower);
UF_DRF_set_appended_text( tDimObject,1,&appText);
delete appendText;
```

9.5.1 建立尺寸相关函数

在利用 NX Open 二次开发进行尺寸标注时有 2 种方法：

(1) 将尺寸标注到视图中，然后把带有尺寸标注的视图插入到图纸上；

(2) 直接在图纸上标注尺寸。尺寸标注对象定义在头文件 uf_drf_types. h 中。

表 9-8 中提供了创建、编辑及查询各种尺寸标注函数，其函数的声明主要包含在头文件 uf_drf. h 中。

表 9-8 建立尺寸函数

函数名称	函数功能和要点
UF_DRF_create_horizontal_dim	创建并显示一个水平尺寸
UF_DRF_create_vertical_dim	创建并显示一个垂直尺寸
UF_DRF_create_parallel_dim	创建并显示一个平行尺寸
UF_DRF_create_perpendicular_dim	创建并显示一个正交尺寸
UF_DRF_create_angular_dim	创建并显示一个角度尺寸
UF_DRF_create_cylindrical_dim	创建并显示一个圆柱的尺寸
UF_DRF_create_hole_dim	创建并显示一个孔的尺寸
UF_DRF_create_diameter_dim	创建并显示一个直径尺寸
UF_DRF_create_radius_dim	创建并显示一个半径尺寸
UF_DRF_create_foldedradius_dim	创建并显示一个折叠半径尺寸
UF_DRF_create_concir_dim	创建并显示一个同心圆尺寸
UF_DRF_create_ordinate_dim	创建一个水平或垂直的纵坐标尺寸
UF_DRF_create_chamfer_dim	创建并显示一个倒角尺寸
UF_DRF_create_arclength_dim	创建并显示一个弧长尺寸
UF_DRF_create_orddimension	创建并显示一个坐标尺寸
UF_DRF_create_horizontal_chain_dimension	创建并显示一个水平链尺寸
UF_DRF_create_vertical_chain_dimension	创建并显示一个垂直链尺寸
UF_DRF_create_horizontal_baseline_dimension	创建并显示一个水平基线尺寸
UF_DRF_create_vertical_baseline_dimension	创建并显示一个垂直基线尺寸
UF_DRF_create_assortpart_dim	创建并显示一个混合尺寸

9.5.2 注释与标签相关函数

NX Open 允许用户创建、编辑和查询制图对象的注释与标签，与注释与标签相关的函数如表 9-9、表 9-10 所示，其函数的声明主要包含在头文件 uf_drf. h 和 uf_draw. h 中。

表 9-9　创建和编辑注释与标签函数

函数名称	函数功能及要点
UF_DRF_create_label	创建并显示一个文本标签
UF_DRF_create_note	创建并显示一个水平或垂直注释
UF_DRAW_attach_note_to_view	将一个存在的注释与指定的图成员视图相关联。如果注释对象已经与一个图成员视图相关联,调用本函数时不需要取消它们的关联性,它将自动取消
UF_DRAW_create_view_label	给指定的视图增加视图标签。如果指定的视图已经存在一个视图标签,则该函数将编辑已经存在的视图标签
UF_DRAW_create_tabular_note	创建一个表格注释
UF_DRAW_delete_view_label	删除指定视图的视图标签。如果指定的视图没有视图标签,该函数将忽略
UF_DRAW_detach_note_from_view	取消一个存在的视图注释与视图的关联性。它不能取消截面视图与其标签的关联性,也不能取消截面线与其父视图的关联性
UF_DRAW_update_tabnot	更新指定的表格注释
UF_DRF_set_vertical_note	编辑指定的注释对象为垂直或水平方向。该函数的第二个参数用于控制指定的注释的方位,TRUE 表示注释为垂直方向,FALSE 表示注释为水平方向。如果指定的不是一个注释对象,则该函数将忽略
UF_DRF_set_appended_text	为指定尺寸对象附加文本

表 9-10　查询注释与标签函数

函数名称	函数功能及要点
UF_DRAW_ask_view_label	获得与指定视图相关的标签,若无标签,则返回 NULL_TAG
UF_DRAW_ask_view_notes	获得与指定视图相关的注释
UF_DRF_ask_label_info	获得指定标签对象的信息
UF_DRF_ask_vertical_note	获得指定标签对象的方位:垂直或水平
UF_DRF_add_to_dimension	附加文本,形位公差符号及标识符号给指定的尺寸
UF_DRAW_ask_view_of_note	获得与指定注释相关联的视图标识。如果没有视图与指定的注释相关联,则输出的视图标识为 NULL_TAG
UF_DRAW_ask_view_of_view_label	获得与指定视图标签相关联的视图标识。如果没有视图与指定的视图标签相关联,则输出的视图标识为 NULL_TAG

9.5.3　辅助文本与尺寸实例实践

1. 运行环境

新建一个部件文件。

2. 程序代码及注释

```
#include <stdio.h>
#include <uf.h>
#include <uf_ui.h>
#include <uf_drf.h>
#include <uf_part.h>
#include <uf_modl.h>
#include <uf_draw.h>
#include <uf_draw_types.h>
#include <uf_obj.h>
#include <uf_layout.h>
#include <uf_view.h>

extern void ufusr( char * param, int * retcod, int param_len )
{
    if ( ! UF_initialize( ) )
    {
        /* 创建圆柱 */
        double cyl_origin[ 3 ] = { 0.0, 0.0, 0.0 };
        double cyl_direction[ 3 ] = { 0.0, 0.0, 1.0 };
        tag_t tag_cyl;
        UF_MODL_create_cyl1( UF_NULLSIGN, cyl_origin, "cyl_height=6",
            "cyl_diameter=4", cyl_direction, &tag_cyl );
        /* 预设置工程图参数 */
        char radsym[7], diasym[7];
        int mpi[100];
        double mpr[70];
        UF_DRF_ask_preferences( mpi, mpr, radsym, diasym );
        mpi[3]  = 2;    /* 小数点的位数保留2位 */
        mpr[32] = 0.5;  /* 设置尺寸文本的高度 */
        mpr[44] = 0.3;  /* 设置附加文本的高度 */
        UF_DRF_set_preferences( mpi, mpr, radsym, diasym );
        /* 创建一张图纸 */
        tag_t  drawing_tag;
        UF_DRAW_info_t drawing_info;
        drawing_info.size_state = UF_DRAW_METRIC_SIZE;
        drawing_info.size.metric_size_code = UF_DRAW_A2;
        drawing_info.drawing_scale = 1.0;
        drawing_info.units = UF_PART_METRIC;
        drawing_info.projection_angle = UF_DRAW_THIRD_ANGLE_PROJECTION;
        UF_DRAW_create_drawing( "my_drawing", &drawing_info, &drawing_tag );
        UF_DRAW_open_drawing( drawing_tag );
        /* 创建前视图 */
```

```
tag_t view_tag = NULL;
UF_OBJ_cycle_by_name( "FRONT", &view_tag );
double reference_point[ 2 ] = { 80.0, 200.0 };
UF_DRAW_view_info_t view_info;
UF_DRAW_initialize_view_info( &view_info );
view_info. view_status = UF_DRAW_ACTIVE_VIEW;
view_info. anchor_point = NULL_TAG;
view_info. view_scale = 1.0;
view_info. use_ref_pt = TRUE;
view_info. inherit_boundary = FALSE;
tag_t front_view_tag;
UF_DRAW_import_view( drawing_tag, view_tag,
    reference_point, &view_info, &front_view_tag );
UF_DRAW_define_view_auto_rect( front_view_tag );
/* 创建俯视图 */
tag_t bottom_view_tag;
reference_point[ 0 ] = 80.0;
reference_point[ 1 ] = 100.0;
UF_DRAW_add_orthographic_view( drawing_tag, front_view_tag,
    UF_DRAW_project_below, reference_point, &bottom_view_tag );
UF_DRAW_define_view_auto_rect( bottom_view_tag );
tag_t cyl_face_tag = NULL_TAG;
uf_list_p_t cyl_face_list;
UF_MODL_ask_feat_faces( tag_cyl, &cyl_face_list );
UF_MODL_ask_list_item( cyl_face_list, 2, &cyl_face_tag );
UF_MODL_delete_list( &cyl_face_list );
/* 在前视图上标注圆柱的高 */
tag_t object = NULL_TAG, front_objects[6];
int     subtype, type, count = 0;
UF_VIEW_cycle_objects( front_view_tag, UF_VIEW_VISIBLE_OBJECTS, &object );
while(object! = NULL_TAG)
{
    UF_OBJ_ask_type_and_subtype (object,&type, &subtype );
    if(type == UF_solid_type && subtype == UF_solid_edge_subtype )
    {
        front_objects[count] = object;
        count ++ ;
    }
    UF_VIEW_cycle_objects(front_view_tag, UF_VIEW_VISIBLE_OBJECTS, &object);
}
UF_DRF_object_t object1;
UF_DRF_object_t object2;
UF_DRF_init_object_structure( &object1 );
```

```
UF_DRF_init_object_structure( &object2 );
object1.object_tag = front_objects[ 0 ];
object1.object_assoc_type = UF_DRF_end_point;
object1.object_assoc_modifier = UF_DRF_first_end_point;
object1.object_view_tag = front_view_tag;
object2.object_tag = front_objects[ 1 ];
object2.object_assoc_type = UF_DRF_end_point;
object2.object_assoc_modifier = UF_DRF_first_end_point;
object2.object_view_tag = front_view_tag;
UF_DRF_text_t dim_text;
dim_text.lines_app_text = 0;
dim_text.appended_text = NULL;
dim_text.user_dim_text = NULL;
double dimension_3d_origin[ 3 ] = { 8.0, 11.0, 0.0 };
tag_t dimension_tag = NULL_TAG;
UF_DRF_create_vertical_dim( &object1, &object2,
    &dim_text, dimension_3d_origin, &dimension_tag );
/* 为圆柱底面创建标签 */
char text[1][132 +1];
tag_t text_aid_tag;
strcpy(text[0], "bottom face of cylinder");
double  origin[3] = {6.0, 7.0, 0.0};
double base_pt[3] = {6.0, 7.0, 0.0};
UF_DRF_create_label( 1, text, origin, UF_DRF_leader_attach_object,
                    &object2, base_pt, &text_aid_tag);
/* 在俯视图上标注圆柱的直径 */
UF_DRF_object_t object3;
UF_DRF_init_object_structure( &object3 );
UF_VIEW_cycle_objects( bottom_view_tag, UF_VIEW_VISIBLE_OBJECTS, &object );
while(object! =NULL_TAG)
{
    UF_OBJ_ask_type_and_subtype (object,&type, &subtype );
    if(type == UF_solid_type && subtype == UF_solid_edge_subtype )
    {
        object3.object_tag = object;
        break;
    }
    UF_VIEW_cycle_objects( bottom_view_tag, UF_VIEW_VISIBLE_OBJECTS, &object );
}
object3.object_view_tag = bottom_view_tag;
object3.object_assoc_type = UF_DRF_arc_center;
dimension_3d_origin[ 0 ] = 8.0;
dimension_3d_origin[ 1 ] = 2.0;
```

```
            UF_DRF_create_diameter_dim( &object3, &dim_text,dimension_3d_origin, &dimension_tag);

            /* 在图纸上创建一个注释 */
            int num_lines_text;
            char * text_string[2];
            double origin_3d[3];
            int orientation;
            tag_t note_tag = NULL;

            num_lines_text = 2;
            text_string[0] = "This is a note!";
            text_string[1] = "mark dimension for cylinder!";
            origin_3d[0] = 6.0;
            origin_3d[1] = 15.0;
            origin_3d[2] = 0.0;
            orientation = 0;

    UF_DRF_create_note( num_lines_text, text_string, origin_3d, orientation, &note_tag);
            /* 更新图纸上所有的视图 */
            UF_DRAW_upd_out_of_date_views( drawing_tag );
            UF_terminate( );
        }
    }
```

3. 运行结果

编译连接后,通过"File→Execute→NX Open"调用生成的动态链接库文件,结果如图 9-8所示。

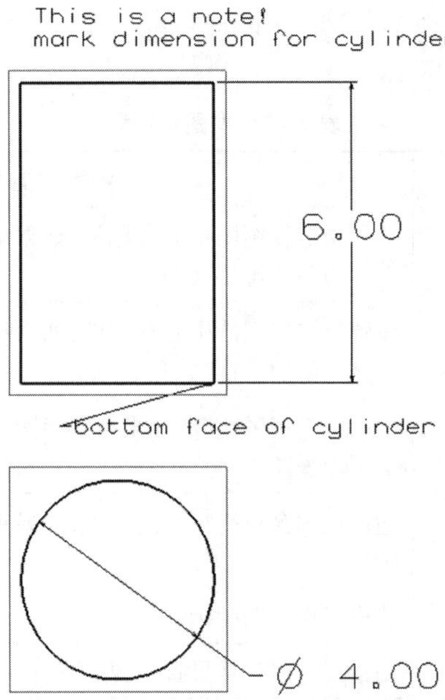

图 9-8　创建尺寸和辅助文本

9.6 创建坐标系、视图与控制布局

坐标系、视图和布局是经常使用的工具,由于二次开发过程中视图的切换不像在 NX 交互环境中那样方便,因此必须了解一些常用的坐标系、视图和布局的函数,以便针对不同视图工作时进行视图切换。NX Open 允许用户创建和操纵坐标系,用户可以移动坐标系的原点、设置坐标系的显示状态、查询坐标系的参数。

9.6.1 坐标系、视图与控制布局相关函数

在工程图环境中常见的与坐标系有关的函数如表 9-11 所示,它们包含在头文件 uf_csys. h 中。

表 9-11 坐标系函数

函数名称	函数功能及要点
UF_CSYS_ask_wcs	获得工作坐标系的标识
UF_CSYS_create_csys	通过定义坐标原点、x 轴和 y 轴创建一个坐标系,返回坐标系标识
UF_CSYS_create_matrix	创建一个 3 ×3 的矩阵,返回矩阵标识
UF_CSYS_create_temp_csys	创建一个临时坐标系,返回坐标系标识
UF_CSYS_set_origin	设置指定坐标系的原点
UF_CSYS_set_wcs	设置指定坐标系为工作坐标系
UF_CSYS_set_wcs_display	设置工作坐标系是否显示,输入“1”表示显示,输入“0”表示不显示

NX Open 允许用户创建和操纵视图,用户可以拷贝、移动、旋转和删除视图,查询视图的参数。在工程图环境中常见的与视图有关的函数如表 9-12 所示,它们包含在头文件 uf_view. h中。

表 9-12 视图函数

函数名称	函数功能及要点
uc6430	获得指定视图的中心和比例,如果指定视图为 NULL_TAG,则系统默认为当前工作视图
uc6431	设置指定视图的中心和比例,如果指定视图为 NULL_TAG,则系统默认为当前工作视图
uc6433	获得指定视图矩阵,如果指定视图为 NULL_TAG,则系统默认为当前工作视图
UF_VIEW_ask_tag_of_view_name	通过视图名获得视图的标识,如果视图名为空,则返回工作视图的标识
UF_VIEW_ask_work_view	获得工作视图的标识
UF_VIEW_copy_view	用指定的名字拷贝指定视图,返回新视图的标识

续表

函数名称	函数功能及要点
UF_VIEW_delete	删除指定视图,如果操作不成功,将返回错误标识指明失败的原因
UF_VIEW_fit_view	按指定的比例拟合指定视图,如果指定视图为 NULL_TAG,则系统默认为当前工作视图
UF_VIEW_rename	用新的名字为指定视图重新命名
UF_VIEW_save_all_active_views	保存当前布局中所有的视图
UF_VIEW_update_view	更新指定的视图,指定的视图必须在当前布局中,如果指定视图为 NULL_TAG,则系统默认为当前工作视图

NX Open 允许用户创建和编辑布局。在工程图环境中常见的与布局有关函数如表9-13所示,它们包含在头文件 uf_layout. h 中。

表9-13　布局函数

函数名称	函数功能及要点
uc6460	创建一个布局
uc6464	用新的视图取代指定布局中的旧视图,如果指定布局为空字符串(""),则系统默认为当前工作布局;如果旧视图为空字符串(""),则系统默认为当前工作视图
uc6466	获得当前布局和工作视图的名字
uc6467	如果输入参数为空字符串(""),则保存当前布局;如果输入参数为一个新的名字,并且没有同名的布局,则用新的名字创建一个布局;如果输入的参数有同名的布局存在,则参数返回错误标识
uc6468	切换指定布局
uc6469	删除指定布局,当前布局不可删除
uc6470	用新的名字为指定布局重新命名,如果指定布局为空字符串(""),则系统默认为当前工作布局
uc6472	获得当前布局视图的个数,如果指定布局为空字符串(""),则系统默认为当前工作布局

9.6.2　坐标系、视图与控制布局实例实践

1. 运行环境

新建一个部件文件。

2. 程序代码及注释

```
#include <stdio.h>
#include <uf.h>
#include <uf_modl.h>
#include <uf_view.h>
#include <uf_disp.h>
#include <uf_layout.h>
#include <uf_csys.h>
```

```
#include <uf_ui.h>

/* 调整视图大小,并为视图对象着色 */
void adjust_view_visualization( tag_t view_tag )
{
    UF_VIEW_visualization_t view_data;
    UF_VIEW_ask_visualization( view_tag, &view_data );
    view_data.display_mode = UF_VIEW_FULLY_SHADED;
    UF_VIEW_set_visualization( view_tag, &view_data );
    UF_VIEW_fit_view( view_tag, 0.8 );
}
/* 设置视图坐标 */
void set_wcs_to_view( char * vname )
{
    tag_t   mat;
    tag_t   csys;
    double  center[3];
    doublescale;
    doublematrix[9];
    uc6430( vname, center, &scale );
    uc6433( vname, matrix );
    UF_CSYS_create_matrix( matrix, &mat );
    UF_CSYS_create_temp_csys( center, mat, &csys );
    UF_CSYS_set_wcs( csys );
}

extern void ufusr( char * param, int * retcod, int param_len )
{
    if ( ! UF_initialize() )
    {
        /* 建立一个圆柱 */
        double cyl_origin[ 3 ] = { 0.0, 0.0, 0.0 };
        double cyl_direction[ 3 ] = { 0.0, 0.0, 1.0 };
        tag_t cyl_obj_id;
        UF_MODL_create_cyl1( UF_NULLSIGN, cyl_origin,
            "20.0", "10.0", cyl_direction, &cyl_obj_id );
        /* 调整视图到合适的大小,并着色显示模型对象 */
        tag_t view_tag = NULL_TAG;
        UF_VIEW_ask_work_view( &view_tag );
        adjust_view_visualization( view_tag );
        uc1601( "转换到前视图", 1 );
        UF_VIEW_fit_view( view_tag, 0.4 );
        double view_rotate_axis[3] = { 1.0, 0.0, 0.0 };
```

```
        UF_VIEW_rotate_view( view_tag, view_rotate_axis, 3.0, 29);
        /* 转换到前视图 */
        uc6464("","","FRONT");
        UF_VIEW_ask_work_view( &view_tag );
        adjust_view_visualization( view_tag );
        /* 设置前视图的坐标 */
        set_wcs_to_view( "FRONT" );
        UF_terminate( );
    }
}
```

3. 运行结果

在编译连接后，通过“File→Execute→NX Open”调用生成的动态链接库文件。此时程序将创建一个圆柱，其视图和视图坐标系为当前系统缺省值，同时界面弹出一个消息对话框，如图9-9所示，用户单击“OK”按钮后视图将转换到前视图，并调整视图坐标。

图9-9　创建坐标系、视图

9.7　平垫圈创建及导出工程图

本例通过从创建平垫圈的实体模型到平垫圈的工程图，详细说明了如何利用NX Open创建零件的工程图并标注尺寸。本例首先在指定视图中标注尺寸，再将尺寸对象与指定的视图相关联，然后在图纸上插入与尺寸相关联的视图来标注尺寸。

1. 运行环境设置

(1) 在项目目录下新建2个目录：“…\gasket\application”用于存放对话框文件(*.dlg)及编译连接后生成的动态链接库文件(*.dll)；“…\gasket\startup”用于存放菜单文件(*.men)。

(2) 设置环境变量：“UGII_VENDOR_DIR =…\gasket”使NX系统在启动后自动执行菜单文件，并调入生成的动态链接库文件。

2. 流程图

创建平垫圈的流程如图9-10所示。

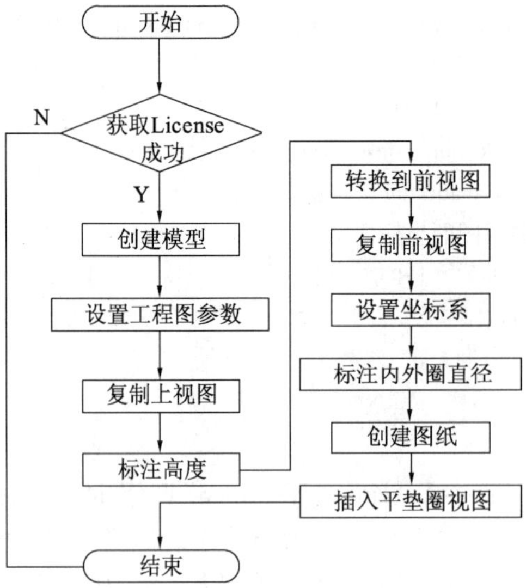

图 9-10 创建平垫圈流程图

3. 资源文件

(1) 菜单文件

本系统在菜单栏菜单“Help”的右侧建立一个新的菜单“综合实例”,综合实例下将包含一个子菜单项“创建平垫圈...”。本系统的菜单文件为 gasket. men,其内容如下:

```
VERSION 120

EDIT UG_GATEWAY_MAIN_MENUBAR
TOP_MENU
    CASCADE_BUTTON CUSTOM_MYMENU
    LABEL 综合实例
END_OF_TOP_MENU
MENU CUSTOM_MYMENU
    BUTTON MAKE_COUPLING
    LABEL 创建平垫圈...
    BITMAP coupling_ico. bmp
    ACTIONS coupling. dlg
END_OF_MENU
```

(2) 对话框文件

本例采用 NX Open UI Styler 创建对话框,以与 NX 系统本身的对话框风格相一致。

(3) 主程序代码

```
#include <stdio. h>
#include <uf. h>
#include <uf_defs. h>
#include <uf_exit. h>
#include <uf_styler. h>
#include <uf_mb. h>
```

```
#include <uf_ui.h>
#include <uf_drf.h>
#include <uf_part.h>
#include <uf_modl.h>
#include <uf_draw.h>
#include <uf_draw_types.h>
#include <uf_obj.h>
#include <uf_layout.h>
#include <uf_view.h>
#include <uf_csys.h>

#define FG_ACTION_0                    ("ACTION_0")
#define FG_ACTION_1                    ("ACTION_1")
#define FG_ACTION_2                    ("ACTION_2")
#define FG_ACTION_3                    ("ACTION_3")
#define FG_DIALOG_OBJECT_COUNT         ( 4 )
#define FG_CB_COUNT                    ( 4 + 1 )

/* 声明命令按钮回调函数 */
int FG_create_modeling_cb ( int dialog_id, void * client_data,
            UF_STYLER_item_value_type_p_t callBack_data);
int FG_create_top_view_dimension_cb ( int dialog_id, void * client_data,
            UF_STYLER_item_value_type_p_t callBack_data);
int FG_create_front_view_dimension_cb ( int dialog_id, void * client_data,
            UF_STYLER_item_value_type_p_t callBack_data);
int FG_create_drafting_cb ( int dialog_id, void * client_data,
            UF_STYLER_item_value_type_p_t callBack_data);
void create_modeling( void );
void mark_dimension_on_top_view( void );
void mark_dimension_on_bottom_view( void );
void create_drawing( void );
void set_drafting_parameters( void );
void set_button_sensitivity( int dialog_id, char * item_id );
void adjust_view_visualization( tag_t view_tag   );

tag_t    edge[4];
static UF_STYLER_callBack_info_t FG_cbs[FG_CB_COUNT] =
{
 {FG_ACTION_0, UF_STYLER_ACTIVATE_CB, 0, FG_create_modeling_cb},
 {FG_ACTION_1, UF_STYLER_ACTIVATE_CB, 0, FG_create_top_view_dimension_cb},
 {FG_ACTION_2, UF_STYLER_ACTIVATE_CB, 0, FG_create_front_view_dimension_cb},
 {FG_ACTION_3, UF_STYLER_ACTIVATE_CB, 0, FG_create_drafting_cb},
 {UF_STYLER_NULL_OBJECT, UF_STYLER_NO_CB, 0, 0 }
```

```
};
static UF_MB_styler_actions_t actions[ ] = {
    { "gasket.dlg",  NULL,   FG_cbs,  UF_MB_STYLER_IS_NOT_TOP },
    { NULL,  NULL,  NULL,  0 }
};

extern void ufsta (char * param, int * retcode, int rlen)
{
    int   error_code;
    if ( (UF_initialize()) != 0)
        return;
    if ( (error_code = UF_MB_add_styler_actions ( actions ) ) != 0 )
    {
        char fail_message[133];

        UF_get_fail_message(error_code, fail_message);
        printf ( "%s\n", fail_message );
    }
    UF_terminate();
    return;
}
/* 创建平垫圈实体模型,并激活第二个命令按钮 */
int FG_create_modeling_cb ( int dialog_id, void * client_data,
            UF_STYLER_item_value_type_p_t callBack_data)
{
    if ( UF_initialize() != 0)
        return ( UF_UI_CB_CONTINUE_DIALOG );
    create_modeling();
    set_button_sensitivity( dialog_id, "ACTION_1" );
    UF_terminate ();
    return (UF_UI_CB_CONTINUE_DIALOG);
}
/* 在上视图中标注平垫圈的高,并激活第三个命令按钮 */
int FG_create_top_view_dimension_cb ( int dialog_id, void * client_data,
            UF_STYLER_item_value_type_p_t callBack_data)
{
    if ( UF_initialize() != 0)
        return ( UF_UI_CB_CONTINUE_DIALOG );
    mark_dimension_on_top_view();
    set_button_sensitivity( dialog_id, "ACTION_2" );
    UF_terminate ();
    return (UF_UI_CB_CONTINUE_DIALOG);
}
```

```
/* 在前视图中标注平垫圈的内外圈直径,并激活第四个命令按钮 */
int FG_create_front_view_dimension_cb ( int dialog_id, void * client_data,
            UF_STYLER_item_value_type_p_t callBack_data)
{
    if ( UF_initialize( ) ! = 0)
        return ( UF_UI_CB_CONTINUE_DIALOG );
    mark_dimension_on_bottom_view( );
    set_button_sensitivity( dialog_id, "ACTION_3" );
    UF_terminate ( );
    return (UF_UI_CB_CONTINUE_DIALOG);
}
/* 创建一张图纸,并创建平垫圈的视图 */
int FG_create_drafting_cb ( int dialog_id, void * client_data,
            UF_STYLER_item_value_type_p_t callBack_data)
{
    if ( UF_initialize( ) ! = 0)
        return ( UF_UI_CB_CONTINUE_DIALOG );
    create_drawing( );
    UF_terminate ( );
    return (UF_UI_CB_CONTINUE_DIALOG);
}

void create_modeling( void )
{
    /* 创建圆柱特征 */
    double cyl_origin[ 3 ] = { 0.0, 0.0, 0.0 };
    double cyl_direction[ 3 ] = { 0.0, 1.0, 0.0 };
    tag_t tag_cyl, tag_edge;
    int    i, ecount;
    UF_MODL_create_cyl1( UF_NULLSIGN, cyl_origin, "cyl_height = 1",
        "cyl_diameter = 4", cyl_direction, &tag_cyl );
    /* 创建孔特征 */
    tag_t face_li;
    tag_t face_t1;
    tag_t tag_hole;
    uf_list_p_t cyl_face_list;
    UF_MODL_ask_feat_faces( tag_cyl, &cyl_face_list );
    UF_MODL_ask_list_item( cyl_face_list, 1, &face_li );
    UF_MODL_ask_list_item( cyl_face_list, 0, &face_t1 );
    UF_MODL_delete_list( &cyl_face_list );
    UF_MODL_create_simple_hole( cyl_origin, cyl_direction,
        "hole_diameter = 2", NULL, "hole_angle = 0",face_li, face_t1, &tag_hole );
    /* 获得平垫圈的边标识,用于尺寸标注 */
```

```
        uf_list_p_t cyl_edge_list;
        UF_MODL_ask_feat_edges( tag_cyl, &cyl_edge_list );
        UF_MODL_ask_list_count(cyl_edge_list,&ecount );
        for(i = 0; i < ecount; i++)
        {
            UF_MODL_ask_list_item(cyl_edge_list,i,&tag_edge );
            edge[i] = tag_edge;
        }
        UF_MODL_delete_list(&cyl_edge_list);
        /* 调整视图的显示模式及大小 */
        tag_t view_tag;
        UF_VIEW_ask_work_view( &view_tag );
        adjust_view_visualization( view_tag );
        double view_rotate_axis[3] = { 1.0, 0.0, 0.0 };
        UF_VIEW_rotate_view( view_tag, view_rotate_axis, 1.0, 30);
    }
    /* 设置工程图参数 */
    void set_drafting_parameters( void )
    {
        char radsym[7], diasym[7];
        int mpi[100];
        double mpr[70];
        UF_DRF_ask_preferences( mpi, mpr, radsym, diasym );
        mpi[3] = 2;     /* 设置尺寸的小数位数 */
        mpr[32] = 3.0;  /* 设置尺寸文本的大小 */
        UF_DRF_set_preferences( mpi, mpr, radsym, diasym );
    }
    /* 在 TOP 视图上标注平垫圈的高 */
    void mark_dimension_on_top_view( void )
    {
    /* 复制 TOP 视图为"TOP_DRF",并用新创建的 TOP_DRF 视图替换当前布局的 TOP 视图 */
        tag_t view_tag;
        UF_VIEW_ask_work_view( &view_tag );
        UF_VIEW_copy_view( view_tag, "TOP_DRF", &view_tag );
        uc6464( "", "", "TOP_DRF" );
        /* 标注平垫圈的高 */
        UF_DRF_object_t object1;
        UF_DRF_object_t object2;
        UF_DRF_init_object_structure( &object1 );
        UF_DRF_init_object_structure( &object2 );
        object1.object_tag = edge[1];
        object1.object_view_tag = view_tag;
        object1.object_assoc_type = UF_DRF_end_point;
```

```
        object1.object_assoc_modifier = UF_DRF_first_end_point;
        object2.object_tag = edge[3];
        object2.object_view_tag = view_tag;
        object2.object_assoc_type = UF_DRF_end_point;
        object2.object_assoc_modifier = UF_DRF_first_end_point;
        UF_DRF_text_t dim_text;
        dim_text.lines_app_text = 0;
        dim_text.appended_text = NULL;
        dim_text.user_dim_text = NULL;
        double dimension_3d_origin[ 3 ] = { 3.0, 0.5, 0.0 };
        tag_t dimension_tag;
        UF_DRF_create_vertical_dim( &object1, &object2, &dim_text,
            dimension_3d_origin, &dimension_tag );
        /* 调整视图的显示模式及大小 */
        adjust_view_visualization( view_tag );
    }
    /* 设置指定视图的工作坐标系 */
    void set_wcs_to_view( char * vname )
    {
        tag_t   mat;
        tag_t   csys;
        double center[3];
        double scale;
        double matrix[9];
        uc6430( vname, center, &scale );
        uc6433( vname, matrix );
        UF_CSYS_create_matrix( matrix, &mat );
        UF_CSYS_create_temp_csys( center, mat, &csys );
        UF_CSYS_set_wcs( csys );
    }
    /* 在 FRONT 视图上标注平垫圈的内外圈直径 */
    void mark_dimension_on_bottom_view( void )
    {
        /* 打开 FRONT 视图并设置视图的工作坐标系 */
        tag_t view_tag;
        uc6464("","","FRONT" );
        set_wcs_to_view( "FRONT" );
        /* 复制 FRONT 视图为“FRONT_DRF”,并用新创建的 FRONT_DRF
        视图替换当前布局的 FRONT 视图 */
        UF_VIEW_ask_work_view(&view_tag );
        UF_VIEW_copy_view(view_tag,"FRONT_DRF",&view_tag );
        uc6464("","","FRONT_DRF" );
        /* 定义尺寸及附加文本的参数 */
```

```
    UF_DRF_text_t dim_text;
    dim_text.lines_app_text = 0;
    dim_text.appended_text = NULL;
    dim_text.user_dim_text = NULL;
    double dimension_3d_origin[3] = { 2.0, 2.0, 0.0 };
    tag_t dimension_tag;
    /* 标注平垫圈的内圈直径 */
    UF_DRF_object_t object1;
    UF_DRF_init_object_structure( &object1 );
    object1.object_tag = edge[0];
    object1.object_view_tag = view_tag;
    object1.object_assoc_type = UF_DRF_arc_center;
    object1.object_assoc_modifier = 0;
    UF_DRF_create_diameter_dim( &object1, &dim_text,
        dimension_3d_origin, &dimension_tag );
    /* 标注平垫圈的外圈直径 */
    UF_DRF_object_t object2;
    UF_DRF_init_object_structure( &object2 );
    object2.object_tag = edge[1];
    object2.object_view_tag = view_tag;
    object2.object_assoc_type = UF_DRF_arc_center;
    object2.object_assoc_modifier = 0;
    dimension_3d_origin[ 0 ] = 0.0;
    dimension_3d_origin[ 1 ] = 0.0;
    dimension_3d_origin[ 2 ] = 0.0;
    UF_DRF_create_diameter_dim( &object2, &dim_text,
        dimension_3d_origin, &dimension_tag );
    /* 调整视图的显示模式及大小 */
    adjust_view_visualization( view_tag );
}
/* 创建平垫圈的工程图 */
void create_drawing( void )
{
    /* 创建并打开一张工程图 */
    tag_t     drawing_tag;
    UF_DRAW_info_t drawing_info;
    drawing_info.size_state = UF_DRAW_METRIC_SIZE;
    drawing_info.size.metric_size_code = UF_DRAW_A3;
    drawing_info.drawing_scale = 1.0;
    drawing_info.units = UF_PART_METRIC;
    drawing_info.projection_angle = UF_DRAW_THIRD_ANGLE_PROJECTION;
    UF_DRAW_create_drawing( "my_drawing", &drawing_info,&drawing_tag);
    UF_DRAW_open_drawing( drawing_tag );
```

```
/* 插入TOP_DRF视图(左上角的) */
tag_t view_tag = NULL_TAG;
UF_OBJ_cycle_by_name( "TOP_DRF", &view_tag );
double top_reference_point[ 2 ] = { 100.0, 160.0 };
UF_DRAW_view_info_t view_info;
UF_DRAW_initialize_view_info( &view_info );
view_info.view_status = UF_DRAW_ACTIVE_VIEW;
view_info.anchor_point = NULL_TAG;
view_info.view_scale = 0.5;
view_info.use_ref_pt = TRUE;
view_info.inherit_boundary = FALSE;
tag_t top_view_tag;
UF_DRAW_import_view( drawing_tag, view_tag,
    top_reference_point, &view_info, &top_view_tag );
UF_DRAW_define_view_auto_rect( top_view_tag );
/* 插入轴测图(右下角的) */
tag_t tri_view_tag = NULL_TAG;
UF_OBJ_cycle_by_name( "TFR-TRI", &tri_view_tag );
top_reference_point[ 0 ] = 260.0;
top_reference_point[ 1 ] = 80.0;
tag_t trimetric_view_tag;
UF_DRAW_import_view( drawing_tag, tri_view_tag,
    top_reference_point, &view_info, &trimetric_view_tag );
UF_DRAW_define_view_auto_rect( trimetric_view_tag );
/* 插入FRONT_DRF视图(右下角的) */
tag_t fr_view_tag = NULL_TAG;
UF_OBJ_cycle_by_name( "FRONT_DRF", &fr_view_tag );
top_reference_point[ 0 ] = 100.0;
top_reference_point[ 1 ] = 80.0;
tag_t front_view_tag;
UF_DRAW_import_view( drawing_tag, fr_view_tag,
    top_reference_point, &view_info, &front_view_tag );
UF_DRAW_define_view_auto_rect( front_view_tag );
/* 基于TOP_DRF视图创建剖视图(右上角的) */
double step_dir[ 3 ] = { 0.0, 1.0, 0.0 };
double arrow_dir[ 3 ] = { 1.0, 0.0, 0.0 };
UF_DRF_object_t cut_object;
UF_DRF_init_object_structure( &cut_object );
cut_object.object_assoc_type = UF_DRF_dwg_pos;
cut_object.assoc_dwg_pos[ 0 ] = 100.0;
cut_object.assoc_dwg_pos[ 1 ] = 160.0;
top_reference_point[ 0 ] = 260.0;
top_reference_point[ 1 ] = 160.0;
```

```
    tag_t sxview_tag;
    UF_DRAW_create_simple_sxview ( drawing_tag, 1.0,step_dir,
        arrow_dir, top_view_tag, &cut_object,
        top_reference_point, &sxview_tag );
    UF_DRAW_define_view_auto_rect( sxview_tag );
    /* 更新当前图纸上所有视图 */
    UF_DRAW_upd_out_of_date_views( drawing_tag );
}

/* 激活指定的命令按钮 */
void set_button_sensitivity( int dialog_id, char * item_id )
{
    UF_STYLER_item_value_type_t data;

    data.item_attr = UF_STYLER_SENSITIVITY;
    data.value.integer = TRUE ;
    data.item_id =item_id;
    UF_STYLER_set_value(dialog_id,&data);
}

/* 设置指定视图的显示模式并调整大小 */
void adjust_view_visualization( tag_t view_tag    )
{
    UF_VIEW_visualization_t view_data;
    UF_VIEW_ask_visualization( view_tag, &view_data );
    view_data.display_mode = UF_VIEW_FULLY_SHADED;
    UF_VIEW_set_visualization( view_tag, &view_data );
    UF_VIEW_fit_view( view_tag, 0.6 );
}
```

4. 运行结果

设置运行环境后，将生成的动态链接库文件放到项目的application目录下，启动NX系统，新建一个部件文件，此时在主菜单“Help”之后出现一个新的“综合实例”菜单项，含有一个“创建平垫圈... ”的子菜单项，结果如图9-11所示。

图9-11 平垫圈菜单

单击菜单项“创建平垫圈... ”将弹出创建平垫圈的设计对话框，让用户选择设计步骤，结果如图9-12所示。

单击“创建平垫圈的实体模型”命令按钮后，将创建平垫圈的实体模型，并激活第二个命令按钮，结果如图9-13所示。

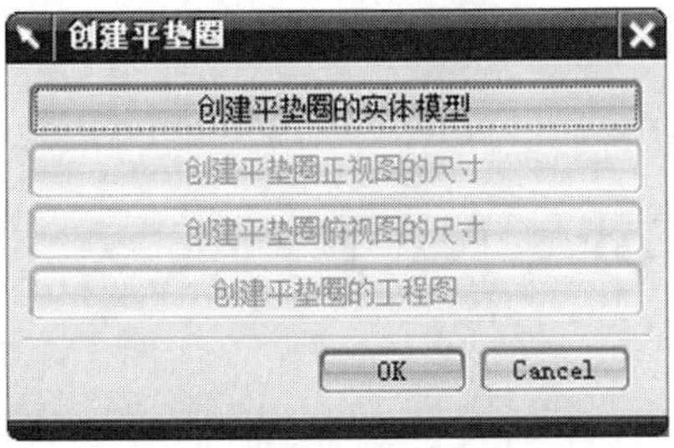

图9-12　创建平垫圈对话框

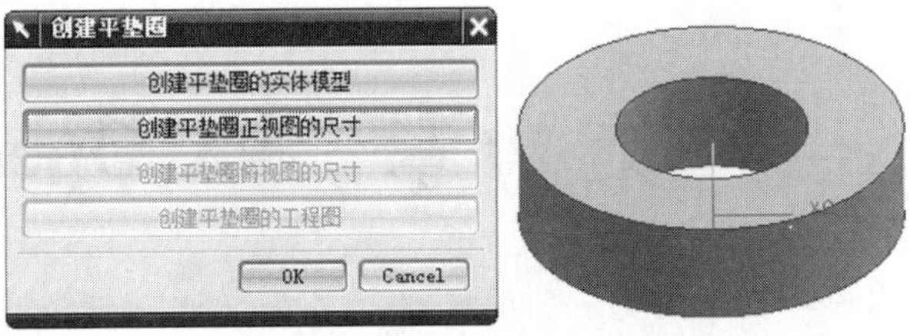

图9-13　创建平垫圈实体模型

单击“创建平垫圈正视图的尺寸”命令按钮后，将在FRONT视图中标注平垫圈的高，并激活第三个命令按钮，如图9-14所示。

单击“创建平垫圈俯视图的尺寸”命令按钮后，将在BOTTOM视图中标注平垫圈内外圈直径，并激活第三个命令按钮，如图9-15所示。

单击“创建平垫圈的工程图”命令按钮后，新建一张图纸，在图纸中插入标注尺寸的正视图、俯视图及平垫圈的轴测图，并基于正视图创建平垫圈的剖视图，结果如图9-16所示。

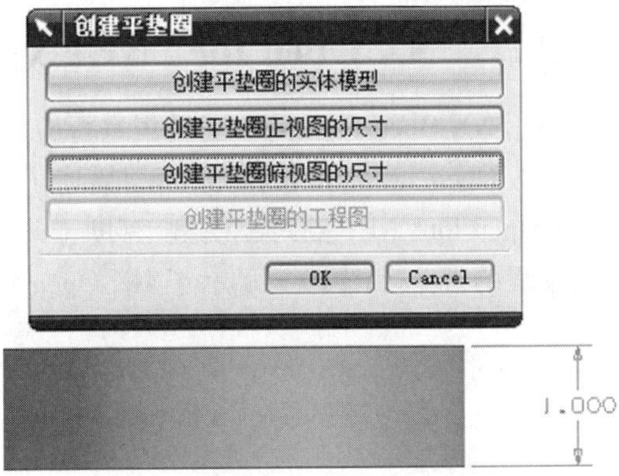

图9-14　标注平垫圈的高度

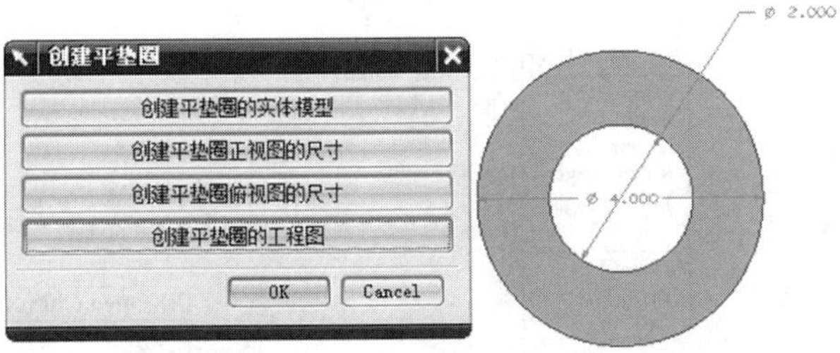

图9-15　标注平垫圈的内外直径

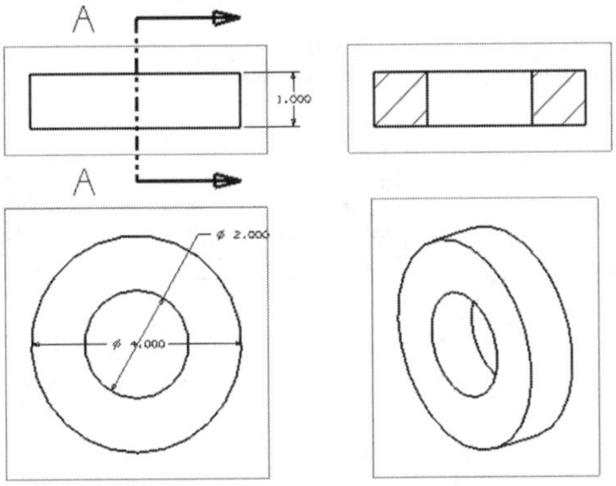

图9-16　平垫圈工程图

第 10 章　NX Open for . NET

10.1　NX Open for . NET 对象模型

使用 NX Open for . NET 工具集进行应用程序开发时，必须了解 NX Open for . NET 对象模型，NX Open for . NET 的对象模型描述了 NX 内部数据对象的结构和继承关系。熟练掌握 NX Open for . NET 的对象模型，有助于开发人员迅速创建、查找、编辑 NX 会话中的对象，提高编程的效率。图 10-1 显示了 NX Open for . NET 对象模型的关系。

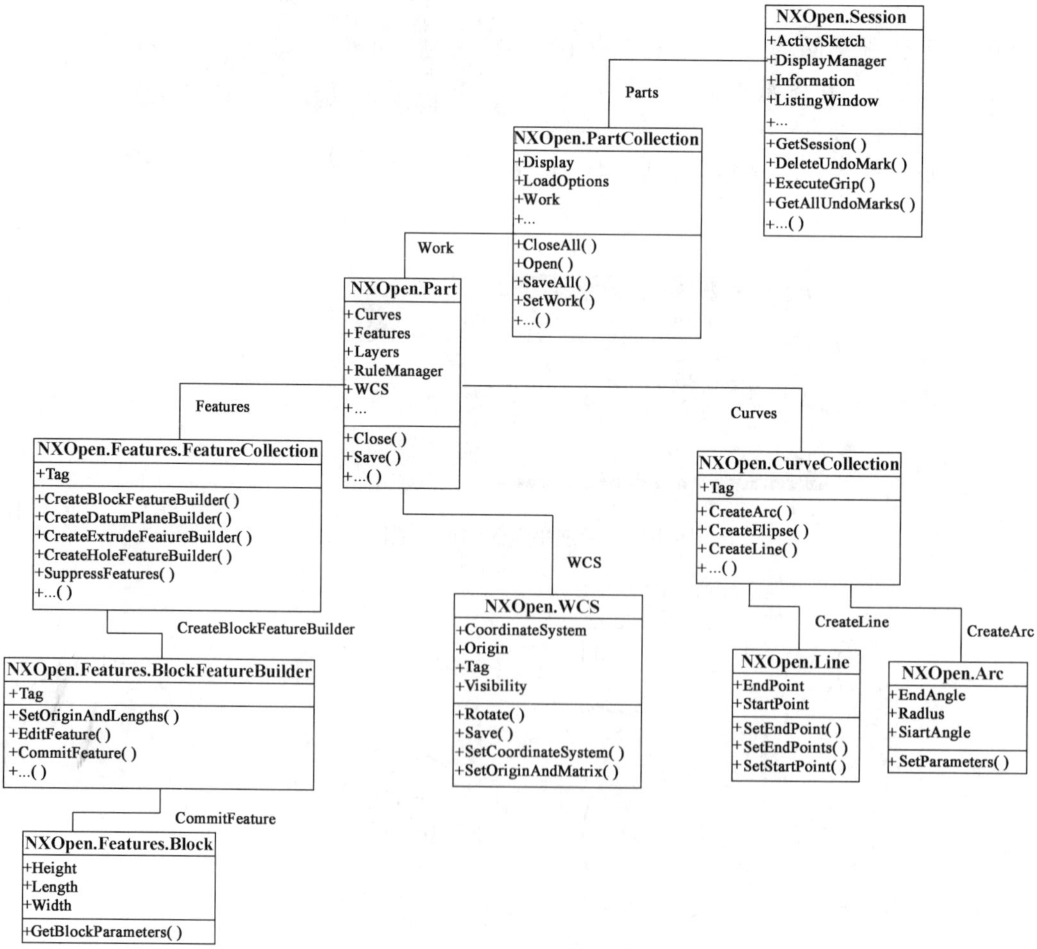

图 10-1　NX Open for . NET 对象模型

10.1.1 NX Open for . NET 类库文件

NX Open for. NET 常用类库文件包含 NXOpen. dll、NXOpen. UF. dll、NXOpenUtilities. dll、NXOpenUI. dll 共 4 个文件。这些类文件封装了 NX Open 中所有对象的创建、方法调用和属性访问等功能。

- NXOpen:它包含了 NX Open for . NET 基础功能的类,这些类支持交互模式和批处理模式;
- NXOpen. UF:该类库几乎封装了 NX Open C 的所有函数(uc××××之类的函数没有封装),使得这些函数可以在 NX Open for . NET 环境下使用,这些类支持交互模式和批处理模式;
- NXOpen. Utilities:它包含了 NX 对象管理的功能的类,如通过对象的 Tag 创建对象的实例。这些类同样支持交互模式和批处理模式;
- NXOpenUI:它提供了 NX 选择类和用户接口的参数预设置的类等,只能在 NX 交互模式中使用。

用户可以使用集成开发环境来查看 NX Open for . NET 对象模型,图 10-2 为使用 Visual Studio 2010 查看 NX Open for . NET 对象模型。

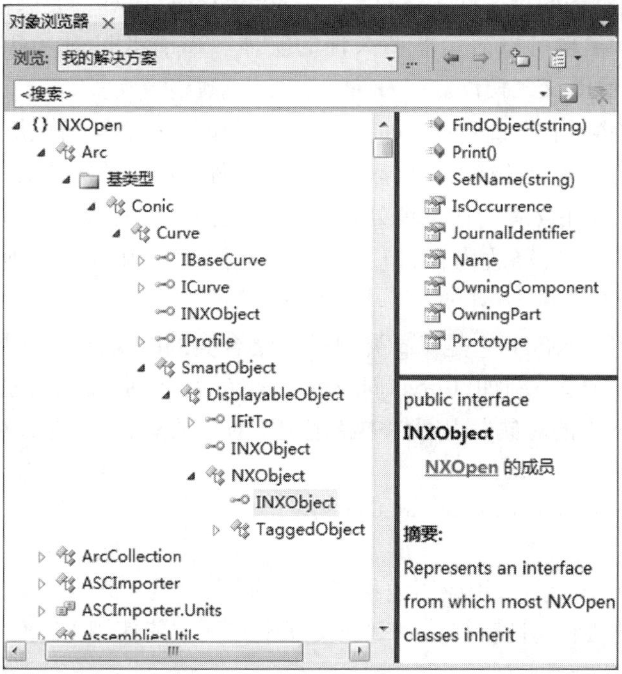

图 10-2 使用集成开发环境查看 NX Open for . NET 对象模型

10.1.2 NX Open for . NET 类

NX Open for . NET 类是 NX Open for . NET 工具集使用的基础,同其他. NET 类库一样,NX Open for . NET 类是通过名称空间来组织分类的,比如 NXOpen、Annotations、UF 等。编程人员必须熟悉 NX Open for . NET 中一些常用类的使用方法。NX Open for . NET 类结构如

图 10-3 所示。

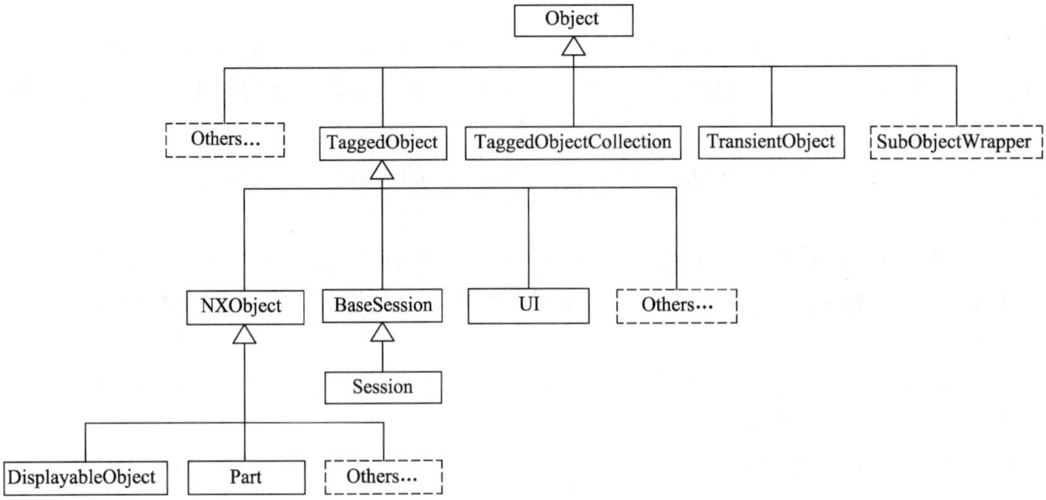

图 10-3 NX Open for .NET 类结构

- TaggedObject：NX 模型中所有实体类型对象的基类，例如线、拉伸体等。TaggedObject 一般用来表示 NX 模型中的持久性实体对象，当部件保存时，该对象会保存在部件中。特殊情况下，TaggedObject 类也可以表示非持久性的实体。TaggedObject 类型的对象存在一个 Tag 属性，可以与 UF API 交互访问。

- NXObject：它继承自 TaggedObject，提供了设置和获取实体名称、属性的方法。

- TransientObject：表示没有 Tag 和不能保存在部件中的对象。该对象必须调用Dispose 方法用来释放内存。使用含有内存垃圾处理机制的编程语言时（例如 VB. NET 和 C#），系统会自动调用 Dispose 方法释放内存，但是在 C ++ 语言中，内存释放须由编程人员编码实现。

- TaggedObjectCollection：它是 Tag 类型对象集合类的基类。这些类通常也都有创建新 TaggedObject 对象方法。例如，CurveCollection 含有创建新曲线的方法。用户可以使用 TaggedObjectCollection类的对象获得部件中特定类型对象的集合。例如，对部件中所有曲线进行操作，可以使用

```
foreach (NXOpen. Curve curve in part. Curves)
{…}
```

- Session 和 UI：它们是通用应用编程接口中的"入门类"，其他对象都能够直接或间接地通过这 2 个类的方法和属性获得。只有在交互模式下才能使用 UI，换句话说，UI 不能用于批处理模式的程序。

- Part：它表示一个 NX 部件。该对象中包含许多 TaggedObjectCollection 对象，用来获取或创建 TaggedObject 对象。例如，部件有一个名为 Features 的 TaggedObjectCollection 对象，该对象包含了部件中所有的特征，用户可以使用该对象获得 FeatureBuilder 对象，用来创建或者编辑特征。

- Builder：通过该类创建和编辑特征或其他类型的实体。Builder 类的方法和属性用于获取和设置构建实体的数据。这些方法与在用户界面上输入数据创建或编辑实体相似，

Builder 也可以用来查询实体。通过 Builder 创建实体或应用编辑时，用户必须调用 Commit( )方法。使用 Builder 对象后，须调用 Destroy( )方法。

10.2 NX Open for . NET 对象间的操作

10.2.1 体、面、边对象的操作

一般情况下部件包含一定数量的实体，实体是由一系列的面、边集合定义的。每个面至少包含了一个它所属实体的引用和一个定义该面的边列表。每条边也将包含一个所属实体的引用和一个由该边定义的面列表。NX Open 很容易找到部件中的实体，以及与定义该实体的面和边相关联的对象。

通常情况下，实体包含多个面，一个边被 2 个面使用。当然也存在特殊情况，比如球只有一个面，没有边。NX 应用程序中，经常涉及不同对象之间的操作，常见对象之间的操作包括通过 NXSession 访问部件列表、通过部件访问实体列表、通过实体访问面列表、通过实体访问边缘列表、通过面访问关联的边列表、通过面访问实体、通过边访问关联的面列表、通过边访问实体等。

10.2.1.1 NX Session 访问部件列表

通过 Session 的 Parts 属性来得到当前 Session 中所有部件的集合，然后用集合的迭代器访问每个部件。

```
Session NXSession = Session. GetSession( ) ;
foreach (Part partObject in NXSession. Parts)
{
    processPart( partObject) ;
}
```

10.2.1.2 部件访问实体列表

通过部件中的 Bodies 属性访问实体集合，然后通过类型转换访问对应的面和边。

```
public static void  processPart( Part partObject )
{
    foreach (Body  bodyObject in partObject. Bodies)
    {
        processBodyFaces( bodyObject) ;
        processBodyEdges( bodyObject) ;
    }
}
```

10.2.1.3 实体访问面列表

通过实体的 GetFace( )方法来返回一个面集合。

```
public static void processBodyFaces( Object bodyObject )
{
    foreach (Face faceObject in bodyObject. GetFaces( ))
   { processFace( faceObject) ; }
```

```
}
```

10.2.1.4 实体访问边列表

通过实体的 GetEdges( )方法来返回一个边集合。

```
public static void processBodyEdges( Body bodyObject )
{
    foreach (Edge edgeObject in bodyObject. GetEdges( ))
    { processEdge( edgeObject) ; }
}
```

10.2.1.5 面访问相关边列表和面访问相关实体

通过面的 GetEdges( )方法访问面的边列表;通过面的 GetBody( )方法访问面所属的实体。

```
public static void   processFace( Face faceObject )
{
    foreach (Edge edgeObject in faceObject. GetEdges( ))
    { processEdge( edgeObject) ; }
    Body bodyOfFace  =  faceObject. GetBody( ) ;
}
```

10.2.1.6 边访问相关面列表和边访问实体

通过边的 GetFaces( )方法访问使用该边的所有的面;通过边的 GetBody( )方法得到使用该边所属的实体。

```
public static void processEdge( Edge edgeObject )
{
    foreach (Face faceObject in edgeObject. GetFaces( ))
    {processEdgeFace( faceObject) ; }
    Body bodyOfEdge = edgeObject. GetBody( ) ;
}
```

10.2.2 创建和编辑特征

大部分特征能使用 Builder( )方法进行创建和编辑,只有少数类型的特征可以通过构造函数的方法生成。可以说,Builder( )方法是创建和编辑特征最一般的方法,本节仅讨论特征的 Builder( )方法。

10.2.2.1 Builder( )方法步骤

使用 Builder 创建特征和编辑特征的步骤相同,编辑特征时该特征必须存在。详细步骤如下:

(1) 创建该类型特征 Builder 的实例,使用空对象作为输入参数;

(2) 编辑 Builder 对象的属性来设置特征参数和选项;

(3) 使用生成器的 Commit( )方法创建特征的实例,Commit( )方法返回新特征对象;

(4) 使用 Destroy( )方法释放 Builder 对象。

每种类型的特征具有特定的 Builder,Builder 类可以在特征名称空间中找到。例如 Block 特征的 Builder 位于 Features. BlockFeatureBuilder 中。

Part 类包含一个名为 Features 的属性,该属性含有创建特征 Builder( )的方法。例如

NX Open C 和 NX Open for . NET 枚举之间的映射见表 10-4。

表 10-4　枚举映射

NX Open C 枚举类型	NX Open for . NET 类	NX Open for . NET 枚举类型
UF_CURVE_direction_e	UFCurve	Direction

10.4.2.2　NX Open for . NET 调用自定义开发的 C 函数

下例说明如何在 NX Open for . NET 应用程序中调用 NX Open C 函数库。实例分为 2 个步骤，第一步定义 2 个 NX Open C 外部调用的函数，第二步在 NX Open for . NET 中调用 NX Open C 函数。

步骤 1　定义外部调用的 NX Open C 函数。

在以下 NX Open C 代码的 UFapp. cpp 文件中定义了 2 个静态函数 myFunction1、myFunction2和 2 个外部调用的函数 UFappFunction1、UFappFunction2。定义外部调用函数时需注意 C 函数必须带有 dllexport 标识，且使用_declspec 规范，外部调用函数将会在 NX Open for . NET 中被调用。

```
// UFapp. cpp
#include <stdio. h>
#include <uf. h>
#include <uf_ui. h>
#include <uf_mb. h>
#include <uf_exit. h>
// 2 个静态函数
static int myFunction1(void)
{
    UF_initialize();
    UF_print_syslog("BEGIN myFunction1\n",0);
    UF_print_syslog("END myFunction1\n",0);
    return(77);
}
static int myFunction2(int value, char *string)
{
    int ret1,ret2;
    char message[MAX_STRING_SIZE] = "";
    ret1 = ret2 = 0;
    sprintf_s(message,"value:%d string:%s\n",value,string);
    UF_initialize();
    UF_print_syslog("BEGIN myFunction2\n",0);
    UF_print_syslog(message,0);
    UF_print_syslog("END myFunction2\n",0);
    return(value+1);
}
// 定义外部调用函数 UFappFunction1,通过. NET 可以调用
```

```
extern "C" __declspec(dllexport) int UFappFunction1(void)
{return( myFunction1() ); }

// 定义外部调用函数 UFappFunction2,通过.NET 可以调用
extern "C" __declspec(dllexport) int UFappFunction2(int value, char *string)
{return ( myFunction2(value,string) ); }

// ufsta() - NX 菜单启动用户出口,这里用于测试
extern void ufsta (char *param, int *retcode, int rlen)
{
    UF_initialize();
    UF_print_syslog("BEGIN UGapp (Running from File -> Execute)\n",0);
    myFunction1();
    myFunction2(22,"Testing from File -> Execute");
    UF_print_syslog("END UGapp\n",0);
}
```

步骤 2 NX Open for .NET 应用程序中调用 C 函数。

由于 NX Open for .NET 使用_stdcall 规范,C 函数使用_cdecl 属性,因此外部调用的 C 函数必须在 NX Open for .NET 中封装后才能调用,为此需要在 NX Open for .NET 中创建一个封装的类,定义 2 个静态的方法封装 NX Open C 函数。

文件 wrappers.cs 显示了在 NX Open for .NET 中创建封装类以及定义调用 NX Open C 函数的静态方法。封装类中的静态方法必须与外部调用 C 函数具有同样的参数。封装类及方法的使用方式和其他.NET 类及方法的使用方式没有区别。

客户端应用程序文件 CallCApp.cs 通过封装类调用了 NX Open C 中定义的 2 个外部调用的函数 UFappFunction1、UFappFunction2。

封装文件 wrappers.cs

```
using System;
using System.Collections.Generic;
using System.Runtime.InteropServices;
namespace NXOpen_Call_C
{
    class wrappers
    {
        public const string UFAPP_DLLNAME =
"D:\\UF_Journal\\Quick_Extrude\\debug\\UFAPP_DLLNAME.dll";
        [DllImport(UFAPP_DLLNAME, EntryPoint = "UFappFunction1",
CallingConvention = CallingConvention.Cdecl)]
        public static extern int UFappFunction1();
        [DllImport(UFAPP_DLLNAME, EntryPoint = "UFappFunction2",
CallingConvention = CallingConvention.Cdecl)]
        public static extern int UFappFunction2(int value, string str);
```

```
        }
    }
客户端调用程序 CallCApp. cs
using NXOpen;
using NXOpen. UF;
namespace NXOpen_Call_C
{
  class CallCApp
  {
    private static Session theNXsession ;
    private static UFSession theUFsession;

    public static void Main(string[ ] args)
    {
        int ret1  = 0;
        int ret2  = 0;
        theNXsession  = Session. GetSession( ) ;
        theUFsession  = UFSession. GetUFSession( ) ;
        System. Windows. Forms. MessageBox. Show( "BEGIN NX Open Call C (Running from
File -> Execute" ) ;
        ret1  = wrappers. UFappFunction1( ) ;
        ret2  = wrappers. UFappFunction2(88, "This string is from NX Open Call C!" ) ;
        System. Windows. Forms. MessageBox. Show ( " funtions1:"  +  ret1. ToString ( )  +  " "
 + "function2:"  + ret2. ToString( ) ) ;
        System. Windows. Forms. MessageBox. Show( "END NX Open Call C!" ) ;
    }

    public int GetUnloadOption( string arg)
    { return (int)Session. LibraryUnloadOption. Immediately; }

    public int UnloadLibrary( string arg )
    {
        Session. GetSession( ). LogFile. WriteLine( "NX Open Call C: UnloadLibrary" ) ;
        return 0;
    }
  }
}
```

10.5 NX Open for . NET 应用实现

10.5.1 创建 NX Open for . NET 项目一般步骤

在编程开发环境 Visual Studio 2010 中创建 NX Open for . NET 项目的一般步骤如下:

(1) 打开 Visual Studio 2010;

(2) 打开或创建一个解决方案;

(3) 创建新的 Visual C#项目,选择创建项目类型,比如类库、控制台应用程序等;

(4) 添加引用:NXOpen. dll、NXOpen. Utilities. dll、NXOpen. UF. dll、NXOpenUI. dll;

(5) 添加一个带有主函数 Main( )的类文件;

(6) 编译,生成"<项目名字>. dll"或者"<项目名字>. exe";

(7) 运行程序或在 NX 下执行"File→Execute→NX Open"。

10.5.2 NX Open for . NET 实例实践

10.5.2.1 实例说明

本实例创建 2 个文件:一个是部件文件 EX_Curve_CreateArc. prt,另一个是 log 文件 EX_Curve_CreateArc. log。在部件文件中创建了一个曲线,log 文件记录了创建部件的一些过程信息。

实例创建了一个名为 EX_Curve_CreateArc 的类,类中定义了一些属性和方法,属性中包含了 2 种会话的属性 theUfSession、theSession,分别为调用封装 NX Open C 会话和调用 NX Open for . NET 通用编程接口的会话。这 2 种会话在类中一般定义成静态属性,便于类内的方法调用。

```
private static UFSession theUfSession;
private static Session theSession;
```

方法 Execute( )中创建了一个部件,在部件创建了一个 arc,使用 Tag 表示 NX 中的对象。在 NX Open for . NET 中新建部件、保存部件的方法如下:

```
Tag UFPart; //定义部件返回 Tag
string part_name = "D:\\ Example\\part\\EX_Curve_CreateArc";//部件路径和名称
int units = 2; //设置单位公制还是英制
theUfSession. Part. New(part_name, units, out UFPart);//新建部件

//完成后保存部件
theUfSession. Part. Save( );
```

在 NX Open for . NET 中创建一个 arc 对象方法如下:

```
Tag arc, wcs;
UFCurve. Arc arc_coords = new UFCurve. Arc( );

//设置要创建 arc 对象的参数
arc_coords. start_angle = 0.0;
arc_coords. end_angle = 3.0;
arc_coords. arc_center = new double[3];
arc_coords. arc_center[0] = 0.0;
arc_coords. arc_center[1] = 0.0;
arc_coords. arc_center[2] = 1.0;
arc_coords. radius = 2.0;
```

```
//查询当前工作坐标系
theUfSession. Csys. AskWcs( out wcs) ;
theUfSession. Csys. AskMatrixOfObject( wcs, out arc_coords. matrix_tag) ;
//在当前工作坐标系中创建 arc 对象
theUfSession. Curve. CreateArc( ref arc_coords, out arc) ;
```

方法 Main( )是该项目的入口函数,在该函数中定义了一个 log 文件,并在该 log 文件中记录信息。示例代码如下:

```
fs = new FileStream ( " D: \ \ Example \ \ log \ \ EX _ Curve _ CreateArc. log" , FileMode. Create,
FileAccess. Write) ;
w = new StreamWriter( fs) ; // create a stream writer
w. Write( "Log Entry : \r\n" ) ;
w. WriteLine( " -- Log entry goes here -- " ) ;
w. Flush( ) ; // update underlying file
```

如果部件文件存在,创建 EX_Curve_CreateArc 对象,运行 Execute 方法( ),同时记录创建部件文件的信息。示例代码如下:

```
EX_Curve_CreateArc curveTest1 = new EX_Curve_CreateArc( ) ;
if ( curveTest1. Execute( ) ==0)
{ w. WriteLine( "Successful" ) ; }
```

10.5.2.2　实例步骤

步骤 1　建立新项目。

打开 Visual Studio 2010 新建一个项目,语言选择 Visual C#,项目类型为类库,项目名为 EX_Curve_CreateArc,目录路径为"d:\",单击"确定"按钮后即建立一个新的 C#项目,见图 10-4。删除项目中系统自动生成的 Program. cs 文件。

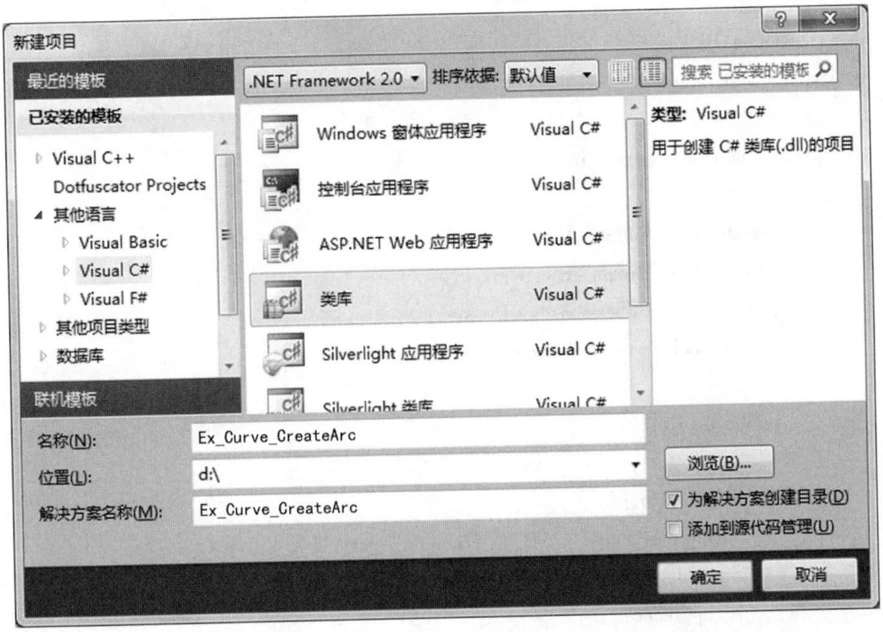

图 10-4　新建项目

步骤 2 添加引用。

在新建项目中添加引用,选择"浏览",选择路径% UGII_ROOT_DIR% \managed,选择"NXOpen. dll"、"NXOpen. UF. dll"、"NXOpen. Utilities. dll"、"NXOpenUI. dll"文件,单击"确定"按钮,见图 10-5。

图 10-5 添加引用

步骤 3 添加自定义文件。

添加用户自定义文件,添加文件中必须有一个文件含有唯一入口函数 Main()。本例中添加文件 EX_Curve_CreateArc. cs,代码如下:

```
using System;
using System. IO;
using NXOpen;
using NXOpen. UF;
namespace NetExample
{
    public class EX_Curve_CreateArc
    {
        private static FileStream fs;
        private static StreamWriter w;
        private static UFSession theUfSession;
        private static Session theSession;

        public int Execute()
        {
            Tag UFPart;
            string part_name = "D:\\Example\\part\\EX_Curve_CreateArc";
            int units = 2;
            string name;
```

```
            theUfSession. Part. New( part_name, units, out UFPart);
            theUfSession. Part. AskPartName( UFPart, out name);
            w. WriteLine(" Loaded: "  + name);
            Tag arc, wcs;
            UFCurve. Arc arc_coords  =  new UFCurve. Arc( );

            /* 数据结构赋值 */
            arc_coords. start_angle  =  0.0;
            arc_coords. end_angle  =  3.0;
            arc_coords. arc_center  =  new double[3];
            arc_coords. arc_center[0]  =  0.0;
            arc_coords. arc_center[1]  =  0.0;
            arc_coords. arc_center[2]  =  1.0;
            arc_coords. radius  =  2.0;
            theUfSession. Csys. AskWcs( out wcs);
            theUfSession. Csys. AskMatrixOfObject( wcs, out arc_coords. matrix_tag);
            theUfSession. Curve. CreateArc( ref arc_coords, out arc);
            theUfSession. Part. Save( );
            return 0;
        }
        public static void Main( string[ ] args)
        {
            theSession = Session. GetSession( );
            theUfSession =  UFSession. GetUFSession( );

            fs  =  new FileStream(" D:\\Example\\log\\EX_Curve_CreateArc. log",
FileMode. Create, FileAccess. Write);
            w  =  new StreamWriter( fs); // create a stream writer
            w. Write(" Log Entry  :  \r\n");
            w. WriteLine("  -- Log entry goes here -- ");
            w. Flush( ); // update underlying file

            if (  File. Exists(" D:\\Example\\part\\EX_Curve_CreateArc. prt")  )
            {
         w. WriteLine(" Remove EX_Curve_CreateArc. prt file from  <Project
    Folder>\\bin\\Debug !!");
                w. WriteLine(" EX_Curve_CreateArc. prt already exists.  !!");
                w. Close( );
                return;
            }
            try
            {
                EX_Curve_CreateArc curveTest1  =  new EX_Curve_CreateArc( );
```

```
                if (curveTest1.Execute() == 0)
                {
                    w.WriteLine("Successful");
                }
                else
                {
                    w.WriteLine("Failed");
                }
            }
            catch(NXException e)
            {
                w.WriteLine("Exception is: {0}", e.Message);
            }
            w.WriteLine("End of Log File");
            w.Close();
        }
        public static int GetUnloadOption(string dummy)
        {
            return UFConstants.UF_UNLOAD_IMMEDIATELY;
        }
    }
}
```

步骤 4 编译、运行程序。

编译程序得到文件 EX_Curve_CreateArc. dll，打开 NX，选择“File→Execute→NX Open”，选择可执行文件“EX_Curve_CreateArc. dll”，如图 10-6 所示。

图 10-6　运行程序

运行结果如图 10-7 所示。

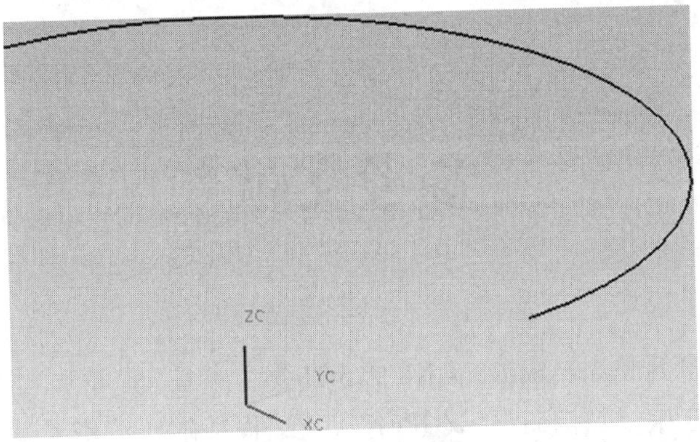

图 10-7　运行结果

参考文献

[1] Siemens PLM Software:Seimens NX 7.5 Help。
[2] 董正卫,田立中,付宜利:《UG/OPEN API 编程基础》,清华大学出版社,2002 年。
[3] 黄翔,李迎光:《UG 应用开发教程与实例精解》,清华大学出版社,2005 年。
[4] 洪如瑾:《NX7 CAD 快速入门指导》,清华大学出版社,2011 年。